POWDER MEASURING AND ANALYTICAL TECHNIQUES

粉体测试与分析技术

王介强　徐红燕　等编著

化学工业出版社

·北京·

随着新材料产业的迅速发展,各种粉体材料与粉体测试技术日益受到人们的关注。掌握粉体测试技术不仅对开发和生产各种新型粉体材料具有非常重要的意义,也为能更好地监测大气中的细微颗粒物(如PM2.5等)打下坚实的基础。本书对粉体超细或纳米化后的性能变化及细微颗粒物的危害性有系统和详细的论述。

全书概念清楚,思路清晰,内容全面,易于读者理解。主要内容包括粉体试样的取样方法、粉体的表观特性及其测试技术、粉体的密度与测定、粉体晶态结构与成分测试、粉体表面特性及其测试技术、粉体显微分析技术、粉体的分子光谱测试与分析、粉体的力学性能及其评价方法、超微粉体理化特性的基本理论、超微粉体的物理特性与测试、超微粉体的化学特性与测试、细微颗粒物的危害性及其监测等。

本书既可供粉体材料、无机非金属材料以及化工、环境保护等相关行业工程技术人员、科研人员阅读和参考,也可供在校大专院校有关专业师生阅读和参考。

图书在版编目(CIP)数据

粉体测试与分析技术/王介强等编著．—北京：化学
工业出版社，2017.3(2023.1重印)
ISBN 978-7-122-28947-6

Ⅰ.①粉…　Ⅱ.①王…　Ⅲ.①粉体-参数测试②粉
体-参数分析　Ⅳ.①TB44

中国版本图书馆 CIP 数据核字(2017)第 017667 号

责任编辑：朱　彤　　　　　　　　　　文字编辑：王　琪
责任校对：王　静　　　　　　　　　　装帧设计：史利平

出版发行：化学工业出版社(北京市东城区青年湖南街 13 号　邮政编码 100011)
印　　装：涿州市般润文化传播有限公司
787mm×1092mm　1/16　印张 15　字数 371 千字　2023 年 1 月北京第 1 版第 5 次印刷

购书咨询：010-64518888　　　　　　售后服务：010-64518899
网　　址：http://www.cip.com.cn
凡购买本书,如有缺损质量问题,本社销售中心负责调换。

定　　价：59.00 元

前 言

粉体材料涉及的种类很多，微纳米化后，性能通常发生很大变化。随着粉体材料科学与工程的深入发展，特别是粉体材料的微纳米化，作为一种特殊而又重要的材料存在形态，对其表征及其相关性能测试与分析方面尚没有专门的书籍，基于此，结合编著者多年从事粉体科研与教学的积累，编写了这本《粉体测试与分析技术》。

本书针对材料粉体化后的特点，首先介绍了粉体的粒度、形貌、比表面积、多孔特征、密度、晶态结构、化学成分、表面成分、表面能、表面电性等基本性能的测试方法及其原理，还介绍了显微分析技术和分子光谱分析技术在粉体表征中的应用，分别对粉体的力学性能、超微粉体的物理性能和化学性能及其测试技术进行了重点介绍，并且介绍了细微颗粒物的危害性及其监测技术。

本书在撰写过程中得到了笔者所在的材料工程教研室各位老师的大力支持，他们为本书的编写提出了很多很好的建议，付出了辛勤劳动。本书编写分工如下：王介强教授编写了第 1、第 3～7、第 9、第 12 章；徐红燕副教授编写了第 2、第 11 章；陶珍东教授编写了第 8 章，还进行了统稿并提出了宝贵的修改意见；李金凯博士编写了第 10 章。赵蔚琳教授和郑少华教授就纳米流体和纳米颗粒的抗磨减摩性及其测试提供了有益的资料，姜奉华副教授对本书的编写也提出了许多有益的建议，研究生刘庆、薛菲以及本科生刘鸣天和靖彭同学为本书图表编辑以及参考文献整理做了大量工作，在此一并表示衷心感谢。

由于水平有限，书中难免存在疏漏和不妥之处，恳请读者批评指正。

编著者

2016 年 10 月

目 录
Contents

第 10 章　超微粉体的物理特性与测试 ································· 136

第 11 章　超微粉体的化学特性与测试 ································· 166

第1章
粉体试样的取样方法 ▶▶

对粉体进行性能测试，首先要选取有代表性的试样，液体和气体一经搅拌就均匀化，采取其代表性试样就不需要特别下功夫，但是，粉体在流动和搅拌情况下，会因粒度差或密度差而引起分离、偏析。不管性能测试方法是如何正确，如果取样的操作方法不适当，就不能获得令人信赖的结果。所以，粉体试样的科学取样是进行粉体性能测试的必要前提。

粉体试样的取样通常要进行划分和缩分操作。所谓划分就是把大量粉体试样分为组成相同的复数份数的操作。所谓缩分就是指粉体制品的进厂检查、出厂检查和工程管理时，从大量粉体中，选取少量的代表性试样的操作。一种情况是反复上述的划分操作后进行缩分，另一种情况是系统地进行抽样，把这些试样合并后，再重复划分操作来取得缩分的试样。通常有以下几种操作方法。

1.1 二分法

图 1-1 所示为中型粉体物料二分器结构简图及实物照片，以左右交错的斜槽装置，使粉体料流分为左右两个方向，成为分别由两个受料箱接料的结构。必须使所含的最大颗粒试料不堵塞斜槽，所选择的双划分器，其缝隙宽度要与粉体粒度相适应。该划分器适用于比较干燥的流动性好的粉体，而不适用于具有扬尘性、黏附凝聚性的粉体。后者以采用带有特殊加料器的旋转划分机（如后所述）为佳。受料箱至少备有三个，此箱是不可缺少的容器，但容易被挪作他用而散失，所以使用后必须整理齐备，妥善保管。

使两个受料箱准备接受来自八个分份的粉体试样，在进行划分操作时，应注意如下事项。

（1）将附着在斜槽和受料箱上的料尘用刷子或压缩空气仔细地除净，必要时可用水清洗。

（2）把应划分的试样向受料箱投入时，一边沿着受料箱长边方向振动，同时使试样能在受料箱中逐层地叠积。这对粒度分布范围宽而容易偏析的试样，显得更为重要。

（3）使受料箱长边与斜槽缝隙方向垂直，慢慢地倾斜给料容器使试样流出。如果向划分器急剧地倒入粉料，则将使斜槽的两侧流出的粉体量互不平衡，而使划分精度降低。这是由于倒入时的惯性，容易使粉料在斜槽的某一侧流出的缘故，所以，应该保持细流且与斜槽缝隙方向垂直的方向撒料。

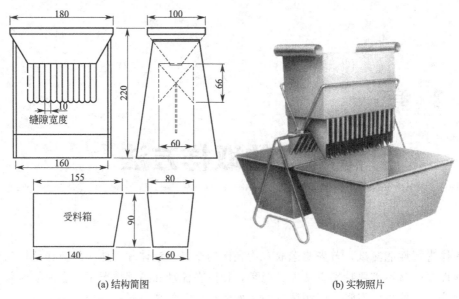

(a) 结构简图   (b) 实物照片

图 1-1　中型粉体物料二分器结构简图及实物照片（单位：mm）

　　双划分器的制造精度即使很好，但从斜槽左右两侧流出的粉体量与粒度也多少存在偏差，因此，Carpenter 提出了左右相抵的方法。如图 1-2 所示，反复进行划分操作，得到编号①～⑧的划分试样，然后将①与⑧、②与⑦等分别合并，得到四个划分试样。

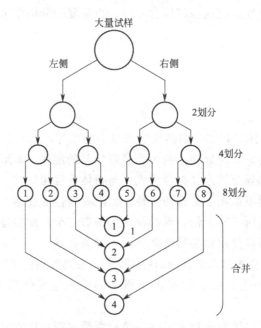

图 1-2　划分粉体物料 Carpenter 左右相抵法示意图

1.2 圆锥四分法

　　此法就是众所周知的历来作为化学分析用的试样缩分法。此法对流动性好的粉体试料，由于粒度偏析使其划分精度远远不及双划分器的划分精度。可是，双划分器不适用于具有黏附凝聚性、潮湿等的粉体，而圆锥四分法由于不需要添配特殊的仪器设备，所以仍然常被采用。

如图 1-3(a) 所示，将大小相同的铝箔 1、2、3、4 顺次叠放。将漏斗（直径为 30mm 或 75mm）置于堆积中心 c 的正上方，使粉体垂直落下。对于通不过漏斗的黏附凝聚性粉体，应放在粗孔的筛网上，边用刷子擦下，边使之堆积。用药匙分次做少量加料，也可采用小型振动加料器。粉料堆积后，如图 1-3(b)、(c) 所示，把堆料摊成圆盘形状，然后挪开铝箔，使之划分为四份，再交互合并而成两个部分，即每次操作划分为两份。少量物料时，因为排列铝箔很方便，常采用圆锥四分法。

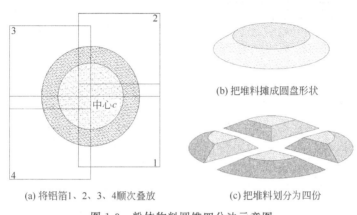

(a) 将铝箔1、2、3、4顺次叠放　　(b) 把堆料摊成圆盘形状　　(c) 把堆料划分为四份

图 1-3　粉体物料圆锥四分法示意图

1.3 层叠交替铲分法

如图 1-4 所示，将试样一层一层地堆成堤状，然后从一端顺序垂直截取，并且左右交替分开做双划分。此方法的精度显然欠佳，但不需要添配特殊的仪器设备，便于处理较大量的物料，该方法也可以用于室外大规模地划分矿石，如对各种矿物原料进行易磨性指数测试常采用该方法取样。

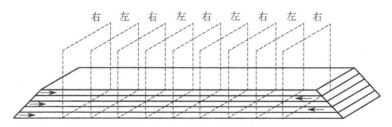

图 1-4　粉体物料层叠交替铲分法示意图

1.4 旋转划分机

如图 1-5 所示，有旋转型受料器和旋转型料嘴两种。前者比较适用于少量物料的划分，而后者由于受料箱的大小不受限制，所以处理量没有限制。大型的划分装置可划分几吨的试

样。如果不停留地划分试样，也能达到使出厂粉体制品批量之间没有偏差的目的。

划分数最大每次约为 12 划分，超过 12 划分数则偏差就变得明显。旋转速度达到最佳值，能使试样质量分配精度符合标准。旋转轴的设计必须可靠，以保证作完全水平的旋转。

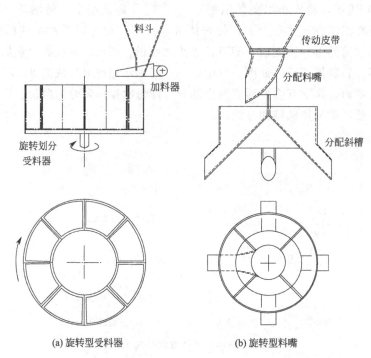

(a) 旋转型受料器　　　　　(b) 旋转型料嘴

图 1-5　粉体物料旋转划分机结构示意图

1.5 料流切断法

图 1-6(a) 所示为取样时的情况，一边使加料斗全部料粉流出，一边定时横切料流来取得试样。在工程中可以采用如图 1-6(b) 所示的取样器。这时，需要注意如图 1-6(c) 所示的料流切断形状。由于料流偏析，以均等切断的方式为佳。

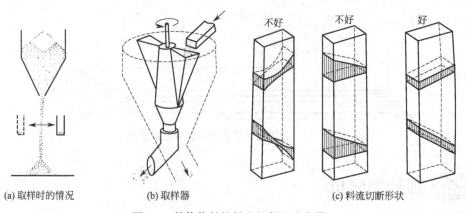

(a) 取样时的情况　　　　(b) 取样器　　　　　(c) 料流切断形状

图 1-6　粉体物料的料流切断法示意图

1.6 超微粉体的取样

开展超微粉体的研究，对于如何得到具有代表性的样品是一大难题。在实际操作过程中，要化验的物料是大量的，其组成有的比较均匀，有的很不均匀。化验时所称取的分析试样只是几克、几百毫克或更少，而分析结果必须能代表全部物料的平均组成，因此，仔细而正确地采取具有代表性的"平均试样"，就具有极其重要的意义。一般来说，采样误差常大于分析误差，因此如果采样不正确，分析结果就毫无意义，甚至给生产和科研带来很坏的后果。对颗粒大小不均匀的超微粉体试样，加之微颗粒表面因带电等作用对取样器产生的吸附或排斥作用，选取具有代表性的均匀试样是一项较为复杂的操作。为了保证采取的试样具有代表性，必须按一定的程序，自物料的各个不同部位，取出一定数量大小不同的颗粒，取出的份数越多，试样的组成与被分析物料的平均组成越接近。但考虑以后在试样处理上所花费的人力、物力等，应该以选用能达到预期准确度的最节约的采样量为原则。目前，超微粉体的取样方法有多种，取样器以管式取样器为主，以取样器在料桶内与水平面呈 45°夹角取样，两侧对称取样。还有定量取样器、螺旋绞刀取样器、自动连续取样器、水泥取样器、闭合式取样器等多种。图 1-7 所示为闭合式粉体取样器的取样方法示意图。但因超微粉体的流动性差，这几种取样器对超微粉体的适用性低，要取得具有代表性的试样非常困难，需要针对超微粉体的特点，研制新型的取样器或采用特殊的取样方法。如对超微粉体进行电镜观测时，观测区域通常为很小的视野范围，这就要求所观测区域内的微量颗粒样品具有代表性，为保证取样的代表性，通常采用将粉体制成分散液再取样的方法，一般取约 20mg 的粉体置于 50mL 的小烧杯中，加入 30mL 无水乙醇或超纯水，然后在搅拌的同时进行超声波处理 10min 左右，得到高度分散的两相体，然后尽快用滴管将分散液滴加到表面覆有碳膜的透射电镜用铜网上，或扫描电镜用的试样台或锡纸上，待液体介质完全挥发后，就可放入电镜观测，若用锡纸就将其粘在样品台的导电胶带上放入电镜。由于制取了均匀分散的悬浮体，采用该法取样可使被观测的粉体具有较好的代表性，该方法非常适于超微粉体的取样分析。

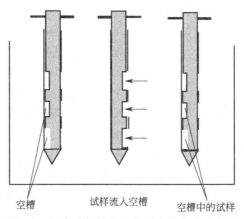

空槽　　　　试样流入空槽　　　空槽中的试样

图 1-7 闭合式粉体取样器的取样方法示意图

参 考 文 献

[1] ［日］三轮茂雄，日高重助. 粉体工程实验手册 ［M］. 杨伦，谢淑娴译. 北京：中国建筑工业出版社，1987.
[2] 陆厚根. 粉体工程导论 ［M］. 上海：同济大学出版社，1993.

第 2 章

粉体的表观特性及其测试技术 ▶▶

2.1 粉体粒度及其测试技术

粉体的颗粒尺寸是反映粉体特性的基本指标之一，它影响了粉体的物理、化学、力学性能及其使用性能，如粉体的颗粒尺寸缩减到纳米尺度（一般认为在 100nm 以下）时，粉体的一些物理和化学性能如导电性、磁性、催化性等与毫米以上级粉体颗粒相比会发生根本性的变化；粉体粒度变化对粉体的力学性能也影响显著，如粉体颗粒尺寸缩减到纳米尺度时，其抗破坏能力急剧增强，传统的机械力难以制备更细的粉体产品；颗粒尺寸的变化也直接影响粉体的使用性能，表现在粉体的堆积、分散、沉降和流变性能等。

2.1.1 单颗粒尺寸的表示方法

球形颗粒的大小可用直径表示，长方体颗粒可用其边长来表示，对于其他形状规则的颗粒可用适当的尺寸来表示。有些形状规则的颗粒可能需要一个以上的尺寸来表示其大小，如锥体需要用直径和高度来表示，长方体需用长度、宽度、高度来表示。

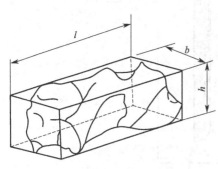

图 2-1 颗粒的外接长方体

真正由形状规则的颗粒构成的粉体颗粒并不多，对于不规则的非球形颗粒，是利用测定某些与颗粒大小有关的性质推导而来，并且使之与线性量纲有关。常用如下方式来定义它们的大小和粒径。

(1) 几何径 所谓几何径就是以颗粒的三维尺度来反映颗粒的大小。设一个颗粒以最大稳定度（重心最低）置于一个水平面上，此时颗粒的投影如图 2-1 所示。以颗粒的长度 l、宽度 b、高度 h 定义的粒度平均值称为三轴径，计算式及物理意义列于表 2-1。

在显微镜下测定颗粒尺寸时，用显微镜的线性目镜测微标尺如游丝测微标尺，将颗粒的投影面积分成面积大约相等的两部分。这个分界线在颗粒投影轮廓上截取的长度，称为马丁直径（d_m）。沿一定方向测量颗粒投影轮廓的两端相切的切线间的垂直距离，在一个固定方向上的投影长度，称为弗雷特直径（d_f）。马丁直径和弗雷特直径如图 2-2 所示。显然，在显微镜下，一个不规则的颗粒的粒径 d_m 和 d_f 的大小均与颗粒取向有关。然而，当测量的颗粒数目很多时，因取向所引起的偏差大部分可以互相抵消，故所得到的统计平均粒径的平均值，还是能够比较准确地反映出颗粒的真实大小。

表 2-1　三轴径的平均值计算式及物理意义

序号	计算式	名称	意义
1	$\dfrac{l+b}{2}$	二轴平均径	显微镜下出现的颗粒基本大小的投影
2	$\dfrac{l+b+h}{3}$	三轴平均径	算术平均
3	$\dfrac{3}{\dfrac{1}{l}+\dfrac{1}{b}+\dfrac{1}{h}}$	三轴调和平均径	与颗粒的比表面积相关联
4	$\sqrt{lb}$	二轴几何平均径	接近于颗粒投影面积的度量
5	$\sqrt[3]{lbh}$	三轴几何平均径	假想的等体积的长方体的边长
6	$\sqrt{\dfrac{2(lb+lh+bh)}{6}}$		假想的等表面积的长方体的边长

由上面可以看出，对于非球形不规则形状的粉体颗粒，采用单纯的几何径来定义颗粒尺寸尽管比较直观，但测量起来还是有一定难度，在工程上很不实用。

（2）当量径　对于形状不规则的颗粒如一块石头，它也具有一些用单一物理量可以描述的性质，如它的质量、体积和表面积等。因此，我们可以用这样的方法：先测量出石头的质量，将这块石头转换成相同质量也即相同体积的球体，得出球体的直径（$2r$），这就是等球体理论，也就是说尽管要测量的这块石头的形状不规则，但存在一个与这块石头质量相等的球体，因而可以用该球体的直径来反

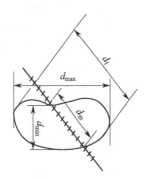

图 2-2　马丁直径和弗雷特直径

映石头的粒径，这就是所谓的"当量径"，即利用测定某些与颗粒大小有关的性质推导而来，并且使之与线性量纲有关。除采用上述的等体积球当量直径，类似的还有等表面积球当量直径。对于薄片状的二维颗粒，常用与圆形颗粒相类比的方法，所得到的粒径称为圆当量径，常用的有等投影面面积圆当量径和等周长圆当量径。表 2-2 中列出颗粒当量直径的定义。

表 2-2　颗粒当量直径的定义

符号	名称	定义	公式
d_v	体积直径	与颗粒具有相同体积的圆球直径	$V=\dfrac{\pi}{6}d_v^3$
d_s	面积直径	与颗粒具有相同表面积的圆球直径	$S=\pi d_s^2$
d_{sv}	面积体积直径	与颗粒具有相同外表面积和体积比的圆球直径	$d_{sv}=\dfrac{d_v^3}{d_s^2}$
d_{St}	Stokes 直径	与颗粒具有相同密度且在同样介质中具有相同自由沉降速度（层流区）的直径	
d_a	投影面直径	与置于稳定的颗粒的投影面面积相同的圆的直径	$A=\dfrac{\pi}{4}d_a^2$
d_L	周长直径	与颗粒的投影外形周长相等的圆的直径	$L=\pi d_L$
d_A	筛分直径	颗粒可以通过的最小方筛孔的宽度	

对一个不规则形状的颗粒，利用粉体颗粒所具有的不同的物理性质可以得出不同的当量直径，不同的描述方式给出不同的颗粒尺寸。需要注意的是，每一种表征手段描述的是颗粒某一特定的性质（如体积、比表面积、自由沉降速度、投影面面积或周长等）所对应的颗粒尺寸。每一种表述方法都是正确的，只是描述了颗粒的不同性质。我们只能用同一种描述方式来对不同颗粒的大小进行比较。

2.1.2　颗粒群尺寸的表示方法

我们实际处理的粉体试样一般是以颗粒群的形式存在，是由许多颗粒构成的一个集合体。如果构成粉体的所有颗粒，其大小和形状都是一样的，则称这种粉体为单分散粉体。在自然界中，单分散粉体尤其是超微单分散粉体极为罕见，目前只有用人工化学合成的方法可以制备出近似的单分散粉体。迄今为止，还没有利用机械的方法制备出单分散粉体的报道。大多数粉体都是由参差不齐的各种不同大小的颗粒所组成，而且形状也各异，这样的粉体称为多分散粉体。

对于多分散粉体物料的颗粒尺寸表示，则采用粒度分布的概念。实践证明，多分散粉体的颗粒大小服从统计学规律，具有明显的统计效果。如果将这种物料的粒径看作是连续的随机变量，那么，从一堆粉体中按一定方式取出一个分析样品，只要这个样品的量足够大，完全能够用数理统计的方法，通过研究样本的各种粒径大小的分布情况，来推断出总体的粒度分布。有了粒度分布数据，便不难求出这种粉体粒度的某些特征值，例如平均粒径、粒径的分布宽窄程度和粒度分布的标准偏差等，从而可以对成品粒度进行评价。

粉体粒度分布情况可以用频率分布或累积分布及其特征参数来表示。频率分布表示与各个粒径相对应的粒子占全部颗粒的百分含量。累积分布表示小于或大于某一粒径的粒子占全部颗粒的百分含量，累积分布是频率分布的积分形式，一种是按粒径从小到大进行累积，称为筛下累积（undersize，用"－"号表示），另一种是从大到小进行累积，称为筛上累积（oversize，用"＋"号表示）。百分含量一般以颗粒质量或个数为基准。粉体的频率分布和累积分布常用坐标图曲线的形式表达，如图2-3中的A曲线为试样粒度的频率分布曲线，B曲线为该试样粒度的筛下累积分布曲线，两条曲线都能反映该试样的粒度分布特征，只是反映的角度不同，一个是基于某一粒度的频率值，另一个是基于某一粒度的累积值。在科学研究和工程实际中，为方便，常采用粒度分布的特征参数来反映粉体试样的粒度特征，常用的有众数粒径（mode diameter）D_{mo}、中位粒径（medium diameter）D_{50}和D_{90}、D_{10}及ΔD_{mo}等。众数粒径D_{mo}是指颗粒出现最多的粒度值，即粒度频率分布曲线的最高峰值，也称最频粒径。中位粒径D_{50}是指将粉体样品的个数（或质量）分成相等两部分的颗粒粒径，在粒度累积分布曲线上累积值为50%对应的粒度值。同样的道理，D_{90}和D_{10}则分别是指累积值为90%和10%所对应的粒径。ΔD_{mo}是指众数直径即最高峰的半高宽。

值得注意的是，对于同一粉体试样的粒度分布曲线，其纵坐标百分含量是以颗粒质量为基准还是以颗粒个数为基准，相应的粒度分布曲线具有很大的差异。如图2-4是对同一粉体试样粒度分布的测试结果，以颗粒个数为基准对测试数据进行处理得到的粒度频率分布曲线如图2-4(a)所示，其对应的平均粒径为$0.087\mu m$；而以颗粒质量为基准对测试数据进行处理得到的粒度频率分布曲线如图2-4(b)所示，其对应的平均粒径为$8.831\mu m$，二者相差100倍。

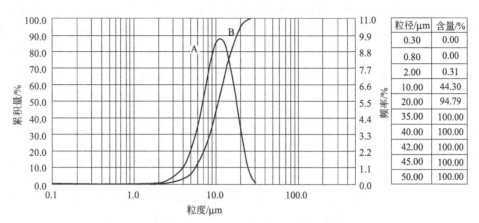

粒径/μm	含量/%
0.30	0.00
0.80	0.00
2.00	0.31
10.00	44.30
20.00	94.79
35.00	100.00
40.00	100.00
42.00	100.00
45.00	100.00
50.00	100.00

图 2-3 粉体粒度频率分布和累积分布曲线

A—试样粒度的频率分布曲线；B—试样粒度的筛下累积分布曲线

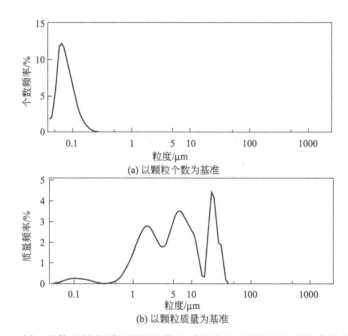

(a) 以颗粒个数为基准

(b) 以颗粒质量为基准

图 2-4 同一粉体试样分别以颗粒个数和质量为基准所得的粒度频率分布曲线

2.1.3 粉体粒度的测量技术

粉体粒度的测量，通常按测试的方法可分为群体法（即由众多粒子的宏观测量而求得样品的特征）与非群体法（即由测量众多单个粒子的特性而得到样品的特征）。前者有快速、统计精度高、动态范围大但分辨率低的特征；后者正好相反，分辨率高、较慢、动态范围小、统计精度差。对同一粉体样品，不同的粒度测试方法给出不同的粒度结果。

2.1.3.1 筛分法

筛分法是一种传统的粒度分析方法，它是用一定大小筛孔的筛子将分散性较好的粉体待测试样过筛，分成两部分，即通过筛孔粒径较细的通过量（筛下量）和留在筛面上粒径较粗的不通过量（筛余量），二者的质量之比即为过筛率。实际操作时，按被测试样的粒径大小及分布范围，一般选 5～6 个不同大小筛孔的筛子叠放在一起。筛孔较大的放在上面，筛孔较小的放在下面。最上层筛子的顶部有盖，以防止筛分过程中试样的飞扬和损失，最下层筛子的底部有一个容器，用于收集最后通过的细粉。被测试样由最上面的一个筛子加入，依次通过各个筛子后即可按粒径大小被分成若干个部分。按操作方法经规定的筛分时间后，小心地取下各个筛子，仔细地称重并记录下各个筛子上的筛余量（未通过的物料量），即可求得被测试样以质量计的颗粒粒径分布。筛分法主要用于粒径较大颗粒的测量。

筛分法使用的标准筛每一个国家都有自己的标准筛系列，它由一组不同规格的筛子所组成。标准筛系列中，除筛子直径（有 400mm、300mm、200mm、150mm、75mm 等多种，以 200mm 使用最多）及深度（有 60mm、45mm 及 25mm，以 45mm 最普遍）外，最主要的是筛孔尺寸。筛孔大小有不同的表示方法。例如，在编织筛的方形孔情况下，美国 Tyler 标准筛系列中以目（mesh）来表示筛孔的大小。目是每英寸（1in＝25.4mm）长度内筛网编织丝的根数，也就是每英寸长度上的筛孔数。筛孔的目数越大，筛孔越细，反之亦然。200 目的 Tyler 筛，每英寸共有 200 根编织丝，丝的直径为 0.053mm（53μm），因此，筛孔的尺寸（孔宽）为 0.075mm（75μm）：

$$200 \times (0.053 + 0.075) = 25.4(\text{mm})$$

美国 Tyler 标准筛系列以 200 目为基准，其他筛子的筛孔尺寸以 $\sqrt[4]{2}$ 为等比系数增减。例如，与 200 目相邻的 170 目和 250 目筛子的筛孔尺寸分别为 $75 \times \sqrt[4]{2} \approx 88\mu$m 和 $75 \div \sqrt[4]{2} \approx 61\mu$m，以此类推。

表 2-3　ISO 标准筛系列与美国 Tyler 标准筛系列

美国 Tyler 标准筛系列		ISO 标准筛系列	美国 Tyler 标准筛系列		ISO 标准筛系列
筛目/目	筛孔尺寸/mm	筛孔尺寸/mm	筛目/目	筛孔尺寸/mm	筛孔尺寸/mm
4	3.962	4.000	42	0.351	0.355
5	3.327		48	0.295	
7	2.794	2.800	60	0.246	0.250
8	2.362		65	0.280	
9	1.981	2.000	80	0.175	0.180
10	1.651		100	0.147	
12	1.397	1.400	115	0.124	0.125
14	1.168		150	0.104	
16	0.991	1.000	170	0.088	0.090
20	0.883		200	0.075	
24	0.701	0.710	250	0.061	0.063
28	0.589		270	0.053	
32	0.495	0.500	325	0.043	0.045
35	0.471		400	0.038	

ISO（国际标准化组织）标准筛系列与美国 Tyler 标准筛系列基本相同，但不是采用目，而是直接标出筛子的筛孔尺寸，而且以 $\sqrt[2]{2}$ 为等比系数递增或递减其他各个筛子的筛孔宽度。为此，ISO 标准筛系列中的筛子数比 Tyler 系列的要少，相邻两个筛孔的筛孔尺寸间隔也较大。ISO 标准筛系列中，最细的筛孔尺寸为 45μm，而 Tyler 系列为 38μm。表 2-3 给出了 ISO 标准筛系列和美国 Tyler 标准筛系列对照。

筛分法有干法和湿法两种，测定粒度分布时多采用干法筛分，湿法可避免很细的颗粒附着在筛孔上面堵塞筛孔。若粉体试样含水较多，特别是颗粒较细的物料，若允许与水混合，颗粒凝聚性较强时最好使用湿法筛分。此外，湿法不受物料温度和大气湿度的影响，还可以改善操作条件，精度比干法筛分高。所以，湿法与干法均被列为国家标准方法，用于测定水泥及生料的细度等。筛分法除了常用的手筛分、机械筛分、湿法筛分外，还有空气喷射筛分、超声波筛分、淘筛分等。图 2-5 为干法筛分常用的机械振动筛分装置。测试时，先将待测粉体材料放入烘箱中烘干至恒重后用天平称取 200g，套筛按孔径由大到小顺序叠好，装上筛底，将称好的粉料倒入最上层筛子，加上筛盖，然后安装在振筛机上并固定；开动振筛机，一般振动 10min 左右，静置 1min 后从筛分机上取下套筛，打开筛盖，用天平准确称量各筛上和底盘中的试样质量，把数据记录在表 2-4 中，进而得到相应的粒度频率分布和累积分布曲线。

图 2-5　振动筛分机

表 2-4　筛分法粒度分析测试数据记录

标准筛		筛上粉质量/g	分级质量百分率/%	筛上累积/%	筛下累积/%
筛目/目	筛孔尺寸/mm				

在数据处理前，检查筛分后粉体总质量与筛分前质量的误差，误差不应超过 2%，此时可把损失的质量加在最细粒级中，若误差超过 2%，需重新筛分。根据筛分数据，使用数据处理软件就可在平面直角坐标图中绘制如图 2-3 所示的粉体粒度频率分布和累积分布曲线，进而对待测试样进行粒度分析。

目前，最细的标准筛只到 500 目（相当于 25μm 左右），新发展的电沉积筛网虽然可以筛分小至 5μm（2500 目）的粉体物料，但筛分时间长，而且经常发生堵塞，也很少用于粒度分析。因此，对于小于 10μm（1250 目）的超细粉体乃至纳米粉体来说，不可能用传统的筛分法进行粒度分析和检测。

2.1.3.2　激光粒度测试法

激光法集成了激光技术、现代光电技术、电子技术、精密机械技术和计算机技术，具有测量速度快、动态范围大、操作简便、重复性好等优点，现已成为全世界最流行的粉体粒度测试技术。激光法测粉体粒度的原理即光散射理论及光能数据分析算法等都比较复杂，涉及较深的物理和数学知识，这里我们仅做简单了解。对于大多数粉体而言，光散射粒子尺寸分析取决于所测粒子尺寸的范围或入射光的波长。这一技术要求单色光通过粉体的悬浮介质，激光便是一种良好的单色光源。光散射的模式由粒子尺寸和入射光波长（常用的激光波长 λ 为 632nm）所决定。

光在行进过程中遇到颗粒（障碍物）时，将有一部分偏离原来的传播方向，这种现象称

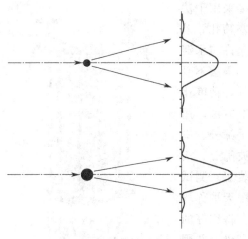

图 2-6 光的散射现象示意图

为光的散射或者衍射。另外一种描述是：光在传播中，波前受到与波长尺度相当的孔隙或颗粒的限制，以受限波前处各光波为源的发射在空间干涉而产生衍射和散射。如图 2-6 所示，颗粒尺寸越小，散射角越大；颗粒尺寸越大，散射角越小。激光粒度分析仪就是根据光的散射现象测量颗粒大小的。

众所周知，光是一种电磁波。散射现象的物理本质是电磁波和物质的相互作用。传统上，当颗粒大于光波长时，这种现象称为衍射；当颗粒小于光波长时，称为散射。为了便于以后叙述，在此特别说明：散射和衍射对应于同样的物理现象和物理本质，本书一般都称散射。

在涉及光学理论时，"散射"是指用严格的电磁波理论即米氏散射理论描述这一现象；"衍射"则指用衍射理论（基于惠更斯原理）描述这一现象。后面将看到，后者是一种近似理论。

（1）激光静态光散射理论 该理论认为散射光波长与入射光波长相同，测量的是散射光强平均值，研究的是体系的平衡性质，属于静态的研究。其原理是散射光的强度与颗粒尺寸的关系符合瑞利（Rayleigh）散射定律：

$$I_{\theta} = \frac{9\pi^2 c v^2}{2\lambda^4 R^2} I_0 \left(\frac{n_2^2 - n_1^2}{n_2^2 + 2n_1^2} \right)^2 (1 + \cos^2\theta) \tag{2-1}$$

式中，I_{θ} 为 θ 方向的散射光强度；θ 为散射角，为散射光与入射光方向的夹角；c 为单位体积中的粒子数；v 为单个粒子的体积；λ 为入射光波长；n_1 和 n_2 分别为分散介质和分散相（固体粒子）的折射率，本书附录中列出了各种常见材料的折射率；R 为检测器距样品的距离。激光静态光散射法测试粉体粒度分布的结构示意图如图 2-7 所示。

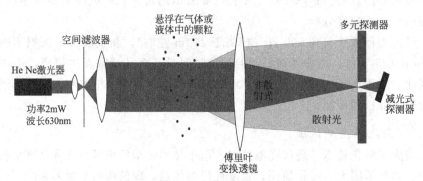

图 2-7 激光静态光散射法测试粉体粒度分布的结构示意图

由式（2-1）可以得到散射光强度与以下因素有关。

① 散射光强度与入射光波长的 4 次方成反比，即波长越短的光越易被散射。

② 散射光强度与粒子体积的平方（粒子直径的 6 次方）成正比，$I \propto \dfrac{D^6}{\lambda^4}$，即粒子尺寸越小，散射光越弱。

③ 散射光在各个方向的强度是不同的。

散射的光能的空间（角度）分布与光波波长和颗粒的尺度有关。用激光作为光源，光为波长一定的单色光时，散射的光能在空间（角度）的分布就主要与颗粒粒径有关。对颗粒群的散射，各颗粒级的多少决定着对应各特定角处获得的光能量的大小，各特定角光能量在总光能量中的比例应反映出各粒度级的分布丰度。按照这一思路可建立表征粒度级丰度与各特定角处获取的光能量的数学模型，进而研制仪器，测量光能，由特定角测得的光能与总光能的比较推出颗粒群相应粒度级的丰度比例量，即前面所提的粒度频率。

基于瑞利散射定律的激光静态光散射测试粉体粒度分布，目前有基于两种数学模型的设备：弗朗霍夫（Fraunhofer）光散射模型和米氏（Mie）光散射模型。弗朗霍夫光散射模型是用于颗粒粒度测量的最初光学模型的基础。在这种应用中，除了颗粒的球形假设外，还有以下严格的假定：所有颗粒粒径都比波长大许多，即 $D \gg \lambda$，仅仅考虑接近正方向的散射，即散射角很小。在此假定前提下建立的数学模型相对简单且便于计算。弗朗霍夫模型没有利用材料光学特性的任何知识，如考虑分散介质和粉体颗粒对光的折射与吸收。因此，它可应用于由不同材料混合的样品的测量。在实际情况中，近似公式对那些较大的颗粒（直径至少约为光的波长的 40 倍）或者对一些较小的不透明的或相对于悬浮介质有一个高的折射率的颗粒是有效的。然而，对那些相对折射率较低的小颗粒，按体积比例描述某一已知粒度时就出现了错误。米氏光散射模型与弗朗霍夫模型有着相似的特征，但建立了形式更加复杂的方程，然而随着计算机的发展，对复杂数学模型的计算则不是问题，利用该模型进行数据处理必须知道测试系统的光学特性。这一特性就是颗粒的复合折射率（包括实部和虚部）和悬浮介质的折射率（实部）。总之，如果颗粒的粒度大于 $50 \mu m$，那么由弗朗霍夫模型就能得出好的结果，对于小于 $50 \mu m$ 的颗粒，米氏模型提供了最好的解决办法。对前者有一个优点就是简单和不需要折射率值，后者的优点是通常能提供很少偏差的颗粒粒度分布。

（2）激光动态光散射理论　该理论认为当粉体颗粒粒度为纳米级时，采用激光静态光散射测试结果往往与实际存在很大偏差，因为纳米颗粒的布朗运动严重影响了静态光散射的测试基础。以激光照射纳米粒子，粒子内的电子被激发后向外放出新的电磁波，因而散射光除光强度变化外其频率也发生改变，通过探测由于纳米颗粒的布朗运动所引起的散射光强度或频率的变化来测定粒子的大小分布，其尺寸参数取决于 Stocks-Einstein 方程：

$$D = \frac{kT}{3\pi\eta d} \tag{2-2}$$

式中，D 为微粒在分散体系中的平动扩散系数；k 为玻耳兹曼常数；T 为热力学温度；η 为分散介质的黏度；d 为粒子的等体积当量径。因此只要测出扩散系数的值，即可获得粒子的尺寸。扩散系数的测定是通过光子相关谱（photon correlation spectroscopy，PCS）法实现的，因此激光动态光散射法又称光子相关谱法。散射光强度随时间的变化是随机的，其与时间的相关函数 $R_1(\tau)$ 定义为 t 时刻的光强度和 $t+\tau$ 时刻的光强度的乘积对时间的平均值，它表征光强度在两个不同时刻的相关联程度，如图 2-8(a) 所示为散射光强度随时间的变化曲线，对该曲线进行数学处理可得如图 2-8(b) 所示的相关函数曲线，并且进而求出扩散系数 D。

图 2-9 所示为激光动态光散射法测试粉体粒度分布的结构示意图。当激光照射到作布朗运动的粒子上时，用光电倍增管测量它们的散射光，在任何给定的瞬间，这些颗粒的散射光

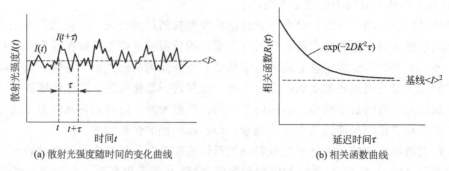

(a) 散射光强度随时间的变化曲线   (b) 相关函数曲线

图 2-8 散射光强度涨落过程的相关函数

会叠加形成干涉图形,光电倍增管探测到的光强度取决于这些干涉图形。当粒子在溶剂中作混乱运动时,它们的相对位置发生变化,这就引起一个恒定变化的干涉图形和散射光强度。布朗运动引起的这种强度变化出现在微秒至毫秒级的时间间隔中,粒子越小,粒子位置改变越快,散射光强度变化(涨落)也越快。光子相关谱法的基础就是测量这些散射光涨落,根据这种涨落可以测定粒子尺寸。为了根据光强度的变化来计算扩散系数从而获得粒径尺寸,这些信号必须转换成数学表达式,这种转换得到的结果称为自相关函数(autocorrelation function,ACF),它由光子相关谱仪的相关器自动完成。由光子相关谱仪计算出颗粒的扩散系数,进而利用式(2-2)得到颗粒的尺寸。

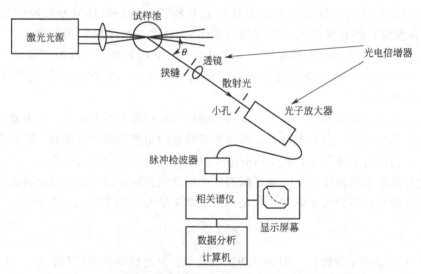

图 2-9 激光动态光散射法测试粉体粒度分布的结构示意图

  激光法用于粉体粒度的测定尽管有速度快、统计性强等优点,但其前提是要求被测试的粉体试样在介质中高度分散,通常要求粉体在液体或气体介质中的体积浓度不超过 40%,否则会导致测得的结果与粉体的实际粒度分布出现较大偏差。

2.1.3.3 沉降法

  相同材料的颗粒大小不同,质量就不同,则在力场中的沉降速度不同,其沉降速度是颗粒大小的函数。通过测量粉体分散体系因颗粒沉降而发生的浓度变化,即可测定粒子大小和粒度分布。沉降法得到的是等效径,即等于具有相同沉降末速的球体的直径。按力场不同,沉降法又分为重力沉降法和离心沉降法。光透过原理与沉降法相结合，大大提高了测试的精度和自动化水平，使用的光源主要为激光和 X 射线。

（1）重力沉降法　重力沉降法是根据不同大小的粒子在重力作用下，在液体中的沉降速度各不相同这一原理而得到的。粒子在液体（或气体）介质中作等速自然沉降时所具有的速度，称为沉降速度。其大小可以用 Stocks 方程表示：

$$v_t = \frac{(\rho_p - \rho_L)gd_p^2}{18\mu} \tag{2-3}$$

式中　v_t——粒子的沉降速度，cm/s；

μ——液体的动力黏度，g/(cm·s)；

ρ_p——粒子的真密度，g/cm³；

ρ_L——液体的密度，g/cm³；

g——重力加速度，981cm/s²；

d_p——粒子的直径，cm。

由式(2-3) 可得：

$$d_p = \sqrt{\frac{18\mu v_t}{(\rho_p - \rho_L)g}} = \sqrt{\frac{18\mu H}{(\rho_p - \rho_L)gt}} \tag{2-4}$$

这样，粒径便可以根据其沉降速度求得。由于沉降速度是沉降高度与沉降时间的比值，以此替换沉降速度。使上式变为：

$$t = \frac{18\mu H}{(\rho_p - \rho_L)gd_p^2} \tag{2-5}$$

式中　H——粒子的沉降高度，cm；

t——粒子的沉降时间，s。

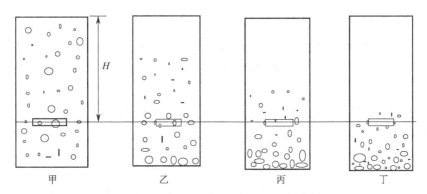

图 2-10　颗粒在液体中的沉降状态示意图

粒子在液体中的沉降情况可用图 2-10 表示。将粉体试样放入玻璃瓶内某种液体介质中，经搅拌后，使粉体均匀地分散在整个液体中，如图中状态甲。经过 t_1 后，因重力作用，悬浮体由状态甲变为状态乙。在状态乙中，直径为 d_1 的粒子全部沉降到虚线以下，由状态甲变到状态乙，所需时间为 t_1。根据式(2-5) 应为：

$$t_1 = \frac{18\mu H}{(\rho_p - \rho_L)gd_1^2} \tag{2-6}$$

粒径为 d_2 的粒子全部沉降到虚线以下（即达到状态丙）所需时间为：

$$t_2 = \frac{18\mu H}{(\rho_p - \rho_L)g d_2^2}$$

同理

$$t_i = \frac{18\mu H}{(\rho_p - \rho_L)g d_i^2}$$

根据上述关系，将粉体试样放在一定液体介质中，自然沉降，经过一定时间后，不同直径的粒子将分布在不同高度的液体介质中。根据这种情况，在不同沉降时间、不同沉降高度上取出一定量的液体，称量出所含有的粉体质量，便可以测定出粉体的粒径分布。

重力沉降法包括移液管法、比重计法、浊度法和天平法。

① 移液管法　利用安德逊移液管测定分散体因颗粒沉降而发生的浓度变化来获得粒子大小和粒度分布，测试范围为 $1 \sim 100\mu m$。

② 比重计法　利用比重计在一定位置所示分散体密度随时间的变化测定粒度分布，测试范围为 $1 \sim 100\mu m$。

③ 浊度法　利用光透过法或 X 射线透过法测定因分散体浓度变化引起的浊度变化，测定粒子大小和粒度分布，测试范围为 $0.1 \sim 100\mu m$。

④ 天平法　通过测定已沉降下来的粒子的累积质量测定粒子大小和粒度分布，测试范围为 $0.1 \sim 150\mu m$。

上述几种粒度测试方法简单，浊度法还可用于在线粒度分析，但其他三种方法测定过程工作量大，而且误差较大，目前已不常应用。

(2) 离心沉降法　离心沉降法常用的测试仪器是 X 射线圆盘离心沉降仪。其原理是：在离心力场中，颗粒沉降服从 Stocks 定律，即把实际测量的直径等效成 Stocks 直径。Stocks 直径是指在层流区（雷诺数 $Re < 0.2$）内的自由降落直径。对离心沉降而言：

$$D_{St} = \frac{18\eta \ln \dfrac{r}{s}}{(\rho_s - \rho_1)\omega^2 t} \tag{2-7}$$

式中，η 为分散体系的黏度；ρ_s、ρ_1 为固体粒子、分散介质的密度；ω 为离心转盘的角速度。该式表明，粒子尺寸为 D_{St} 的颗粒从距离心轴 s 处的分散介质的表面沉降至 r 处的时间为 t。

使用 X 射线进行粒度分析时，已经知道 X 射线的密度和粒子浓度的关系。X 射线的密度 D_X 由下式决定：

$$D_X = \lg \frac{I}{I_0} \tag{2-8}$$

式中，I 和 I_0 分别为透射和入射 X 射线的光强度。X 射线的强度和颗粒浓度的关系由 Lambert-Beer 定律给出：

$$D_X = \lg \frac{I}{I_0} = BC \tag{2-9}$$

式中，B 为常量；C 为粒子浓度。

对 X 射线沉降分析而言，测试的误差绝大部分来源于样品的制备，即如何制备分散性良好的悬浮液。如果样品中存在团聚，则不能准确地反映粒子的大小。另外，当进行多元混合物的分析时，会导致一定的误差。因为不同种类的物质密度不同，吸收 X 射线的强度不一样，当把它们等效成一种物质时，便会人为地引入误差。由于离心力场明显提高了颗粒的沉降速度，因而该方法可用于测试微小的颗粒，其测试范围为 $0.01 \sim 30 \mu m$。

2.1.3.4 电子传感器法

库尔特计数器是一种典型的采用电子传感器法测试粒子尺寸及粒度分布的测试仪。其原理是：如图 2-11 所示，悬浮在电解液中的颗粒随电解液通过小孔管时，取代相同体积的电解液，在恒电流设计的电路中导致小孔管内外两电极间电阻发生瞬时变化，产生电位脉冲。脉冲信号的大小和次数与颗粒的大小和数目成正比。因其属于对颗粒个体的测量和三维的测量，不但能准确测量物料的粒径分布，更能做粒子绝对数目和浓度的测量。其所测粒径更接近真实，而且不像激光衍射和散射原理受物料的颜色和浓度的影响。并且兼具速度快、统计性好等特点，对于粒径范围在 $0.4 \sim 200 \mu m$ 的试样测试特别是医学领域血细胞计数，该方法被广泛应用。

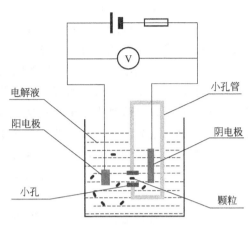

图 2-11 库尔特计数器的结构与原理示意图

2.1.3.5 X 射线衍射线宽法

X 射线衍射线宽法是测定颗粒晶粒尺度的最好方法。当颗粒为单晶时，该方法测得的是颗粒度。当颗粒为多晶时，该方法测得的是组成单个颗粒晶粒的平均晶粒度。这种测量方法只适用于晶态的超微粉晶粒度的评估。试验表明，晶粒度≤50nm 时测量值与实际值相近；反之，测量值往往小于实际值。

晶粒度很小时，由于晶粒细小可引起 X 射线衍射线的宽化，衍射线峰高一半处的线宽度 B 与晶粒尺寸 D 的关系符合谢乐公式（Scherrer's equation）：

$$B = \frac{K\lambda}{D\cos\theta} \tag{2-10}$$

式中，D 为晶粒尺寸；K 为衍射峰形谢乐常数，一般取 0.89；λ 为所用 X 射线的波长；θ 为衍射角；B 为单纯因晶粒度细化引起的宽化度。B 等于实测宽度 B_M 与仪器宽度 B_S 之差：

$$B = B_M - B_S \tag{2-11}$$

B_S 可通过测量标准物的 X 射线衍射峰高一半处的宽度得到。B_S 的测量峰位应与 B_M 的测量峰位尽可能靠近，最好是选取与被测量粉体相同材料的粗晶样品（晶粒度为 $5 \sim 20 \mu m$）来测得 B_S 值。

在计算晶粒度时还需注意以下问题。

（1）应选取多条低角度 X 射线衍射线（$2\theta \leqslant 50°$）进行计算，然后求得平均粒径。这是因为高角度 X 射线衍射线的 $K_{\alpha 1}$ 与 $K_{\alpha 2}$ 双线分裂开，会影响测量线宽化值。

（2）当粒径很小，例如几纳米时，由于表面张力的增大，颗粒内部受到大的压力，结果颗粒内部会产生第二类畸变，这也会导致 X 射线衍射线宽化。因此，为了精确测定晶粒度，应当从实测宽度 B_M 中扣除第二类畸变引起的宽化。在大多数情况下，很多人用谢乐公式计算晶粒度时未扣除第二类畸变引起的宽化。

（3）扫描速度对 XRD 谱图有影响，要尽可能慢，测试时 X 射线的扫描速度一般为 2°/min。

2.1.3.6　图像观测法

上述各种粉体粒度的测试方法，其共同特征都是通过测试与粉体粒度分布相关的其他物理量，通过数学模型的建立与计算得到粒度结果，因而属于间接的方法。图像法是利用显微镜对测试的粉体样品成像，从而直接对颗粒的平均粒径或粒径分布进行评估。该方法是一种颗粒度观察测定的绝对方法，因而具有可靠性和直观性。显微镜的分辨率与成像所采用光源的波长成反比，即显微镜成像光源的波长越长，其分辨率越低。普通光学显微镜采用可见光作为光源，因入射光波长较长（以 500nm 计），其分辨率约为 200nm，因而可用于观测大于 200nm 的颗粒，对于小于 200nm 的颗粒如纳米颗粒，则需采用电子显微镜，因为电子显微镜以电子波（波长比可见光的波长短得多）代替可见光成像极大地提高了显微镜的分辨能力。常用的电子显微镜有扫描电子显微镜和透射电子显微镜，前者是利用被观测物反射的二次电子成像，后者则是利用透过观测物的电子成像。用显微镜对观测粉体样品就不同区域尽量多拍摄有代表性的图像，然后由这些照片对颗粒尺度进行测量。

图像观测法用于粉体粒度测试虽然直观可靠，但其观测存在许多人为的不确定因素，特别是电镜观测，测量结果缺乏统计性，这是因为电镜观察使用的粉体量极少，这就有可能导致观察到的粉体粒子分布范围并不代表整体粉体的粒径范围。此外，其操作与观测都相当费时，特别是电子显微镜其测试成本非常高。

2.2　粉体颗粒形状与表征

绝大多数粉体颗粒都不是球形对称的，颗粒的形状影响粉体的流动性能、包装性能、颗粒与流体相互作用以及涂料的覆盖能力等性能。因此如果除了粒径大小外，还能给出颗粒形状的某一指标，那么就能较全面地反映出颗粒的真实形象。常用各种形状因数来表示颗粒的形状特征。

2.2.1　颗粒形状因数

2.2.1.1　表面积形状因数和体积形状因数

不管颗粒形状如何，只要它是没有孔隙的，它的表面积就一定正比于颗粒的某一特征尺寸的平方，而它的体积就正比于这一尺寸的立方。如果用 d 代表这一特征尺寸，那么有：

$$S = \pi d_s^2 = \varphi_s d^2 \tag{2-12}$$

$$V = \frac{\pi}{6} d_v^3 = \varphi_v d^3 \tag{2-13}$$

故：

$$\varphi_s = \frac{S}{d^2} = \frac{\pi d_s^2}{d^2} \tag{2-14}$$

$$\varphi_v = \frac{V}{d^3} = \frac{\pi d_v^3}{6 d^3} \tag{2-15}$$

φ_s 和 φ_v 分别称为颗粒的表面积形状因数和体积形状因数。显然，对于球形对称颗粒，$\varphi_s = \pi$，$\varphi_v = \dfrac{\pi}{6}$。各种形状的颗粒，其 φ_s 和 φ_v 值如表 2-5 所示。

表 2-5 各种形状颗粒的 φ_s 和 φ_v 值

各种形状的颗粒	φ_s	φ_v
球形颗粒	π	$\pi/6$
圆形颗粒(水冲蚀的砂子、溶凝的烟道灰和雾化的金属粉末颗粒)	2.7~3.4	0.32~0.41
带棱的颗粒(粉碎的煤粉、石灰石和砂子等粉体物料)	2.5~3.2	0.20~0.28
薄片状颗粒(滑石、石膏等)	2.0~2.8	0.12~0.16
极薄的片状颗粒(云母、石墨等)	1.6~1.7	0.01~0.03

2.2.1.2 球形度 ϕ_C（Carmann 形状因数）

球形度 ϕ_C 是一个应用较广泛的形状因数，其定义是：一个与待测的颗粒体积相等的球形颗粒的表面积与该颗粒的表面积之比。若已知颗粒的当量表面积直径为 d_s，当量体积直径为 d_v，则其表达式为：

$$\phi_C = \frac{\pi d_v^2}{\pi d_s^2} = \left(\frac{d_v}{d_s}\right)^2 \tag{2-16}$$

若用 φ_s 和 φ_v 表示，则有：

$$\phi_C = \frac{\pi(6\varphi_v/\pi)^{2/3} d^2}{\varphi_s d^2} = \frac{4.836\varphi_v^{2/3}}{\varphi_s} \tag{2-17}$$

表 2-6 为理论计算的各种形状规则颗粒的球形度和少数几种物料的实测球形度。

表 2-6 各种颗粒和几种物料的球形度

颗粒形状或物料名称	球形度 ϕ_C	颗粒形状或物料名称	球形度 ϕ_C
球形	1.000	圆盘体 $h=r$	0.827
八面体	0.847	圆盘体 $h=r/3$	0.594
正方体	0.806	圆盘体 $h=r/10$	0.323
长方体 $L\times L\times 2L$	0.767	天然煤粉	0.650
长方体 $L\times 2L\times 2L$	0.761	粉碎煤粉	0.730
长方体 $L\times 2L\times 3L$	0.725	粉碎玻璃	0.650
圆柱体 $h=3r$	0.860	参差不齐的燧石砂	0.650
圆柱体 $h=10r$	0.691	参差不齐的片状燧石砂	0.430
圆柱体 $h=20r$	0.580	接近于球体的渥太华砂	0.95

注：L 为单边长度，h 为高度，r 为半径。

2.2.2 颗粒形状的分形表征

随着计算机技术的飞速发展和图像分析技术的问世，使过去只能根据几何外形对颗粒形状进行大致分类发展至可在数值化的基础上严格定义颗粒形状及描述颗粒表面的粗糙度，使颗粒形状的表征方法发生了飞跃。这种表征方法是通过数值化处理对颗粒表面形貌进行的分形表征。

分形（fractal），具有以非整数维形式填充空间的形态特征，其原意具有不规则、支离破碎等意义，是美国数学家芒德勃罗（B. B. Mandelbrot）于 20 世纪 70 年代首先提出的。分形几何是一门以不规则几何形态为研究对象的几何学。由于不规则现象在自然界普遍存在，因此分形几何学又被称为描述大自然的几何学。分形几何学建立以后，很快就引起了各个学科领域的关注。不仅在理论上，而且在实用上，分形几何都具有重要价值。

分形几何与传统欧几里得几何相比有以下特点。

(1) 从整体上看，分形几何图形是处处不规则的。例如，海岸线和山川形状，从远距离观察，其形状是极不规则的。在欧氏空间中，人们习惯把空间看成三维，把平面或球面看成二维，而把直线或曲线看成一维。也可以稍加推广，认为点是零维的，还可以引入高维空间，但通常人们习惯于整数的维数。分形理论把维数视为分数，图 2-12 表示了整数维和分数维情况。其整数维均为 1，但分数维的差别较大。可以看出，曲线形状越复杂，分数维数值越大。

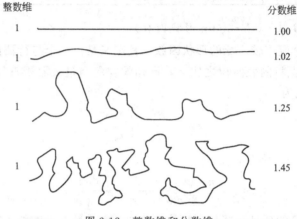

图 2-12　整数维和分数维

(2) 分形的另一重要特点是自相似性，即在不同尺度上，图形的规则性又是相同的。海岸线和山川形状，从近距离观察，其局部形状又和整体形态相似，它们从整体到局部都是自相似的。如图 2-13 中的树枝，其局部形状与整体形态存在典型的自相似性。当然，也有一些分形几何图形，它们并不完全是自相似的。

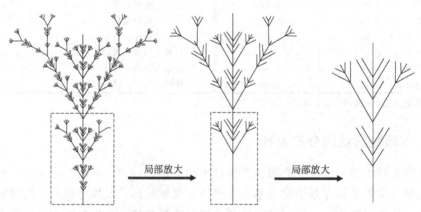

图 2-13　自然界中的自相似性图形

为了得到分维数，我们画一个如图 2-14 所示的 Koch 曲线。其画法是将相对长度为 1 的线段分为 3 份，从中间 1/3 长度的线段画一个正三角形的两边，去掉底边，得 4 条长度为 1/3 的线段。再以长度为 1/3 的线段重复上述过程，继续以长度为 $(1/3)^n$ 的线段重复上述过程，即可得 Koch 曲线。其整体是一条无限长的线折叠而成，显然，用小直线段量，其结果是无穷大，而用平面量，其结果是 0（此曲线中不包含平面），那么只有找一个与 Koch 曲线维数相同的尺子量，它才会得到有限值，而这个维数显然大于 1、小于 2，那么只能是小数（即分数）了，所以存在分维。Koch 曲线的每一部分都由 4 条跟它自身比例为 1：3 的形状相同的小曲线组成，那么它的分维数为 $d = \lg 4 / \lg 3 \approx 1.26$。

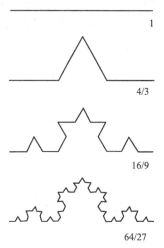

图 2-14　Koch 分形曲线的画法示意图

利用分数维的自相似原理，可以表征许多不规则非球形颗粒的形状。

2.2.3　颗粒形状的观测

对颗粒形状表征最流行的测量手段就是颗粒图像观测，前面的粉体粒度图像观测法在得到颗粒粒度结果的同时也用于颗粒形状的测量。通过颗粒图像分析仪自主开发的软件系统，既能获得具有代表性的粒径分布数据，又可以获得包括长径比、球形度等在内的形状参数。

2.2.3.1　粉体颗粒光学图像观测

对于粒径大于 $10\mu m$ 的粉体试样，可采用基于光学显微镜的颗粒图像分析系统观测。当前的图像颗粒分析系统由光学显微镜、数字 CCD 摄像头、图像处理与分析软件、电脑、打印机等部分组成。它是将传统的显微测量方法与现代的图像处理技术结合的产物。它的基本工作流程是：通过专用数字摄像机将显微镜的图像拍摄下来；通过 USB 数据传输方式将颗粒图像传输到电脑中；通过专门的颗粒图像分析软件对图像进行处理与分析；通过显示器和打印机输出分析结果。该系统具有直观、形象、准确、测试范围宽以及自动识别、自动统计、自动标定等特点，不仅可以用来观察颗粒形貌，还可以得到粒度分布、平均长径比以及长径比分布等。

观测试样的制备主要采取两种方法：一种方法是将待观测粉体样品直接分散在载玻片上，置于显微镜下进行观测，但该方法难以保证粉体颗粒在载玻片上的分散性与稳定性；另一种方法是将颗粒分散固化在某种基体（如环氧树脂）中，进行观测，其样品制备分为以下几步。

（1）取样　从待观测试样中选取有代表性的颗粒样品，每个样品一般应制作 3 个试片。

（2）制模　将环氧树脂与三乙醇胺质量比为 9：1 的混合液分别倒入装有各试样颗粒的塑料模子内，使树脂充分包裹试样颗粒，然后把模子放入温度调至 80℃ 的恒温箱中，保持 5～6h，待其完全固结后取出。

（3）切片　将固结后的模子取出，去掉外壳，在切片机上沿试样最大截面进行切割。

（4）磨片　切割后的试样表面很粗糙，须在磨片机上进行磨平，先使用细度为 50～60μm 较粗的碳化硅磨料对试样进行粗磨，使其平整，并且使其上下两面近于平行，然后换用细度为 28μm 的碳化硅磨料进行细磨，将粗磨料对试样造成的擦痕磨平，之后再在干净的玻璃板上依次使用细度分别为 14μm、7μm、3.5μm 的白刚玉粉磨料进行精磨，直至磨到试样表面平整光润为止，以去掉在磨片机上对试样进行研磨时造成的人为损伤。磨片是一项需要耐心的细致工作，每完成一道磨片工序，在进入下一道磨片工序之前，都要用清水将试样和手清洗干净，以防将粗磨料带入下一道工序中，而使整个磨片报废。

（5）抛光　该工作在抛光机上进行，使用经烧制而成细度为 $1\mu m$ 的刚玉粉作为抛光剂，抛光后的表面不应有任何细微的擦痕。

2.2.3.2　粉体颗粒形貌的电镜观测

对于粒径在 $1nm\sim10\mu m$ 区间的粉体试样，基于光学显微镜的图像观测系统已难以分辨颗粒，可采用扫描电子显微镜或透射电子显微镜进行观测，对此，在本书第 6 章有详细阐述。

2.3　粉体比表面积与孔分析

2.3.1　粉体比表面积与孔的基本概念

粉体的表面积分为外表面积、内表面积两类，比表面积是指单位质量或单位体积粉体的总表面积，常用质量比表面积，单位为 m^2/g。理想的非孔性物料只具有外表面积，如硅酸盐水泥、一些黏土矿物粉粒等，其比表面积相对较小，通常小于 $1m^2/g$；有孔和多孔物料兼具外表面积和内表面积，如沸石、分子筛、硅藻土等，具有较大的比表面积，高达几百平方米每克甚至上千平方米每克。

比表面积是粉体材料，特别是超细粉体和微纳米粉体材料的重要特征之一，粉体的颗粒越细，形状越不规则，多孔，其比表面积越大，其表面效应，如表面活性、表面吸附能力、催化能力等越强。测定方法有溶剂吸附法、氮气吸附法、流动吸附法、透气法、气体附着法等。

按照 1971 年国际纯粹与应用化学协会（IUPAC）的定义，孔径大于 50nm 的孔称为大孔，孔径小于 2nm 的孔称为微孔，孔径为 $2\sim50nm$ 的孔称为介孔。孔大小范围的边界还依赖于吸附分子的性质和孔的形状，微孔又被划分为发生增强效应的超微孔（ultramicropore）和次微孔（supermicropore）两类，次微孔是超微孔和介孔之间的中间孔区。

2.3.2　粉体比表面积与孔分析表征原理

由于粉体材料的颗粒很细，颗粒形状及表面形貌错综复杂，因此直接测量它的表面积是不可能的，只能采用间接的方法，多年来人们已提出了多种测量方法，如邓锡克隆发射法（Densichron examination）、溴化十六烷基三甲基铵吸附法（CTAB）、电子显微镜测定法（electronic mieroscopic examination）、着色强度法（tint strength）、氮气吸附法（nitrogen surface area）等。E. M. Nelsn 通过对各种方法的比较，认为氮气吸附法是最可靠、最有效、最经典的方法。目前美国材料试验协会（ASTM）已将低温氮吸附法列在 D3037 内，国际标准化协会 ISO 4652 已将其列为测试标准；我国已在 1998 年把该方法列在国家标准 GB 10517 中，实践中也已被广泛采用。

下面重点介绍气体吸附测定法测粉体比表面积和孔径分布的原理与方法。

2.3.2.1　气体吸附等温线

粉体暴露于气体中，气体分子碰撞在粉体上，并且可在粉体表面上停留一定的时间，这种现象称为吸附。吸附的量取决于粉体（吸附剂）和气体（吸附质）的性质以及吸附发生时的压力。在恒温下，以吸附量（V）对吸附压力（P）作图，所得曲线称为吸附等温线。如果气体处于临界压力以下，即若为蒸气，则可用相对压力 $x = P/P_0$ 来表示，P_0 为饱和蒸气压。

测定粉体比表面积的常用方法是由吸附等温曲线推导出单分子饱和吸附容积（V_m）。V_m 的定义是：以单分子层覆盖在吸附剂上所需要的吸附质数量。通常，在单分子层完全形成以前可能已形成第二层，但 V_m 的确定是用与此无关的等温方程计算而得。还有一些其他不通过单分子层的容量来测定比表面积的气体吸附法。

吸附过程按作用力的性质可分为物理吸附和化学吸附。物理吸附也称范德华吸附，是由分子间作用力所引起的。物理吸附层的形成，可比作蒸气凝聚成液体。因此，这种类型的吸附只有在低于气体临界温度的温度下才是重要的。不仅物理吸附热与液化热为相同的数量级，而且物理吸附层在许多方面的行为与二维空间的液体相像。另外，化学吸附涉及吸附剂与吸附质之间某种程度的特殊化学作用，相应地，其吸附能可能相当大，并且可与化学键形成能相比。

由于物理吸附是粉体表面与气体之间比较弱的相互作用力的结果，所以几乎所有被吸附的气体可在吸附的同样的温度下通过抽真空来除去。在一定压力下，物理吸附的气体量随温度下降而增加。所以，大部分测定表面积的吸附测量是在低温下进行的。化学吸附的气体通过降低压力是不易除去的，并且当化学吸附的气体除去时，可能同时发生化学变化。

大多数吸附等温线可以归纳为六种类型，如图 2-15 所示。图中 P_0 表示在吸附温度下，吸附质的饱和蒸气压。这六种吸附等温线反映了六种不同吸附剂的表面性质、孔径分布性质以及吸附质与吸附剂相互作用的性质。

第 I 型等温线的特点是，在低压力下吸附量一开始就迅速上升，随之为一个平坦阶段。在有些情况下，这一曲线是可逆的，被吸附量达到一个极限值。在另一些情况下，这一曲线渐进地接近直线 $P/P_0 = 1$，脱附曲线可以位于吸附曲线之上，一直到很低的压力。许多年来，人们一直认为这种等温线的形状是由于吸附被限制于单分子层，以及根据 Langmuir 理论来解释这一等温线（这种类型的等温线仍被认为是 Langmuir 等温线）。现在一般认为，这种曲线形状是孔填充的特征，极限吸附量为微孔容积的一种量度，而不是单分子层表面的量度，因此又被称为微孔型。第 I 型的等温线也出现在能级高的表面吸附中。

第 II 型可逆等温线是在许多无孔或有中间孔的粉末上吸附测得的，它代表在多相基质上不受限制的多层吸附。虽然不同能级的吸附层可以同时存在，但单分子层吸附的完成仍出现在等温线的拐点处。这可以用 B 点表示，这首先是由 Emmett 和 Brunauer 确定的。他们随后研究出了一种带有一个常数 c 的理论，来确定该点的位置。在 c 值大时，出现第 II 型等温线，随 c 值的增大，在拐点处的"拐角"变得更为明显。c 值的增大表明吸附质与吸附剂之间亲和力的增加。随着压力的增加，逐渐产生多分子层吸附，当压力相当高时，吸附量又急剧上升，这表明被吸附的气体已开始凝结为液相。

当吸附质与吸附剂相互之间的作用微弱，c 值小于 2 时，就出现第 III 型等温线，称为弱基型，这种情况比较少见。

第 IV 型等温线的特征是具有滞后回线，即在相对压力较小时与第 II 型可逆等温线相似，但在相对压力较大时，脱附曲线与吸附曲线不重合，出现滞后回线的缘故可由吸附质在孔内发生毛细管凝聚现象解释，因而这部分等温曲线适用于孔尺寸分布的估算。该类等温线在低

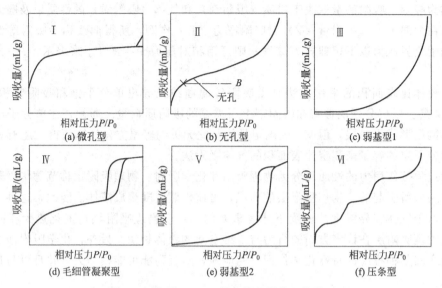

图 2-15　按照 IUPAC 划分的吸附等温线类型

压下是上凸的，表明吸附质和吸附剂有相当强的亲和力，并且也易于确定像在第Ⅱ型等温线 B 点的位置（相当于盖满单分子层时的饱和吸附量 V_m）。随着压力的增加，又由多层吸附逐渐产生毛细管凝聚，所以吸附量大幅度增加。最后由于毛细孔中均装满吸附质液体，故吸附量不再增加，等温线又平缓起来。随着压力从饱和压力值下降，在吸附剂的毛细孔中，凝聚的气体分子不像其从整个液体中那样容易蒸发，这是由于从孔隙中凝聚液体形成的凹形弯月面上的蒸气压降低之故，因而吸附不可逆，产生了滞后回线。介孔粉体材料的等温线通常表现为第Ⅳ型。

第Ⅴ型的等温线与第Ⅳ型相似，只是吸附质与吸附剂之间的相互作用较弱，表现在等温线在低压下是下凹的，和第Ⅲ型低压时相似，而且相对也不常见。

第Ⅵ型的等温线是由于均匀非孔基质表面上惰性气体分子分阶段多层吸附而引起，复合粉体材料的吸附特征多表现为该类型。这种等温线的完整形式，不能由液氮温度下的氮气吸附来获得。

2.3.2.2　单分子层的 Langmuir 等温线

Langmuir 提出了被吸附气体的量与气体的平衡压力之间的关系的第一个理论方程。在 Langmuir 的模型中，限定了单分子层吸附，因而 Langmuir 方程被较广泛地应用在化学吸附和溶液中吸附溶质（包括染料分子）的物理吸附，其适用性是有限制的。

Langmuir 方法是基于从表面蒸发的分子数目与向表面凝聚的分子数目相等。由于表面力为近距离的，只有碰撞在裸露表面的分子能被吸附，碰撞在早先已被吸附的分子上的分子被弹性反射而回到气相。

从动力学理论看，单位时间内碰撞单位面积的分子数目为：

$$Z = \frac{P}{\sqrt{2\pi m k T}} \tag{2-18}$$

式中，k 是玻耳兹曼常数；m 是一个分子的质量；P 是压力；T 是热力学温度。

蒸发数 n 取决于分子与表面之间的结合能。如果 Q 是吸附一个分子时所放出的能，而

τ_0 是分子的振动时间，则滞留时间为：

$$\tau = \tau_0 \exp\left(\frac{Q}{RT}\right) \tag{2-19}$$

式中，τ_0 为 10^{-13} s；对于物理吸附，Q 为 $6 \sim 40$ J/mol。因而，用 $1/\tau$ 表示每秒钟从单位面积上蒸发的分子数。

设在压力 P 下，被吸附分子所覆盖的表面分数为 θ，则在表面 $1-\theta$ 上吸附速率等于从表面 $1-\theta$ 上的脱附速率，即：

$$\frac{P\alpha_0(1-\theta)}{\sqrt{2\pi mkT}} = \frac{1}{\tau_0 \exp\left(-\dfrac{Q}{RT}\theta\right)} \tag{2-20}$$

式中，α_0 为凝聚系数，是在裸露表面上弹性碰撞数与完全碰撞数的比（在动态平衡条件下，α_0 趋近于 1）。

如果在压力 P 时，被吸附气体的容积是 V，形成单分子层所需要气体的容积是 V_m，则：

$$\theta = \frac{V}{V_m} = \frac{bp}{1+bP} \tag{2-21}$$

式 (2-21) 就是著名的 Langmuir 吸附等温式，式中：

$$b = \frac{a_0\tau_0 \exp\left(\dfrac{Q}{RT}\right)}{\sqrt{2\pi mkT}} \tag{2-22}$$

此式常写成：

$$\frac{P}{V} = \frac{1}{bV_m} + \frac{P}{V_m} \tag{2-23}$$

以 P/V 对 P 作图，得到单分子层容积 V_m，为了从 V_m 求出表面积，必须知道一个分子所占据的面积 σ。进而可以用下式由单分子层容积计算吸附剂的比表面积：

$$S_w = \frac{N_A \sigma V_m}{M_V W} \tag{2-24}$$

式中，S_w 为比表面积，m^2/g；N_A 为阿伏伽德罗常数，mol^{-1}，取值为 $6.023 \times 10^{23} mol^{-1}$；$\sigma$ 为一个吸附质分子所占据的面积，m^2，一般认为是吸附质分子的截面面积，对于氮气分子常取 $16.2 \times 10^{-20} m^2$；V_m 为所测吸附剂表面吸附的单分子层容积，cm^3；M_V 为摩尔体积，对于氮气其值为 $22410 cm^3 \cdot g/mol$；W 为吸附剂质量，g。因此采用氮气吸附法测比表面积时，式 (2-24) 可简化为：

$$S_w = \frac{V_m \times 6.023 \times 10^{23} \times 16.2 \times 10^{-20}}{22410} = \frac{4.35 V_m}{W} \tag{2-25}$$

推导 Langmuir 方程的一个基本假设是：吸附能量 Q 是常数，因此 b 也为常数。这就意味着表面是完全均匀一致的，虽然这没有实验室试验所证实。

2.3.2.3 多层吸附的 BET 等温线

从试验测得的许多吸附等温线看，大多数粉体对气体的吸附并不是单分子层的，尤其物理吸附基本上都是多分子层的吸附。1938 年 Brunauer、Emmett 和 Teller 三人在 Langmuir 单分子层吸附理论的基础上，提出了气体在粉体颗粒表面的多层吸附理论，简称 BET 吸附理论，该理论在气体吸附研究和表面积测定方面一直占有中心地位。

假定产生凝聚的力主要为多分子吸附的结合能，他们用 Langmuir 处理单分子层的方法，推导了多分子吸附的等温方程。理想定位单分子层处理的概括运用，是假定每一个被吸附的第一层分子都是第二层分子的吸附点，并且以此类推。这样，定位的概念普及到所有的分子层中，而它们之间的相互作用力则忽略不计。

S_0，S_1，S_2，…，S_i 分别表示被 0，1，2，…，i 层吸附质分子所覆盖的面积。在平衡时，S_0 上的吸附速率等于从 S_1 上的脱附速率：

$$a_1 P S_0 = b_1 S_1 \exp\left(\frac{-Q_1}{RT}\right) \tag{2-26}$$

式中，P 为气体压力；Q_1 为第一层吸附热；a_1、b_1 为常数，$a_1 = \dfrac{\alpha_1}{\sqrt{2\pi mkT}}$，$b_1 = \dfrac{1}{\tau}$。已假定各层的分子振动是不同的。

这基本是 Langmuir 方程，它包含这样的假定，即 a_1、b_1、Q_1 与已存在于第一层的被吸附分子数无关。

同样地，在第一层平衡时，在 S_1 上的吸附速率等于从 S_2 上的脱附速率：

$$a_2 P S_1 = b_2 S_2 \exp\left(\frac{-Q_2}{RT}\right) \tag{2-27}$$

以此类推，第 $i-1$ 层与第 i 层之间平衡时的一般式为：

$$a_i P S_{i-1} = b_i S_i \exp\left(\frac{-Q_i}{RT}\right) \tag{2-28}$$

1g 吸附剂粉体的总表面积为：

$$S = S_0 + S_1 + S_2 + \cdots + S_i + \cdots = \sum_{i=0}^{\infty} S_i \tag{2-29}$$

相应地，吸附平衡时，吸附质的总容积为：

$$V = V_0(1S_1 + 2S_2 + \cdots + iS_i + \cdots) = V_0 \sum_{i=1}^{\infty} iS_i \tag{2-30}$$

式中，V_0 是在单位面积表面上形成一个完全单分子层时被吸附气体的容积。

式(2-30) 除以式(2-29)，则得：

$$\frac{V}{SV_0} = \frac{V}{V_m} = \frac{\sum\limits_{i=1}^{\infty} iS_i}{\sum\limits_{i=0}^{\infty} S_i} \tag{2-31}$$

而该式中的 SV_0 即为吸附剂整个表面覆盖单分子层时的吸附量即 V_m。Brunauer 等通过以下两个简化的假定来求其和：

$$Q_2 = Q_3 = \cdots = Q_i = Q_L \tag{2-32}$$

式中，Q_L 是吸附质的液化热，这就是假定第二层以上的吸附热都等于吸附质的液化热，它们不同于第一层的吸附热 Q_1。以及：

$$\frac{b_2}{a_2} = \frac{b_3}{a_3} = \cdots = \frac{b_i}{a_i} = g \tag{2-33}$$

g 值为一个常数，这就是认定第二层以上的脱附、吸附的性质和液态吸附质的蒸发、凝聚是一样的，换言之，就是将第二层以上的吸附质看作是液体。由式(2-26) 可得 $S_1 = YS_0$，

式中的 Y 可表示为：

$$Y = \frac{a_1 P \exp\left(\dfrac{Q_1}{RT}\right)}{b_1} \tag{2-34}$$

同样地，可写出 $S_2 = XS_1$，式中的 X 可表示为：

$$X = \frac{a_2 P \exp\left(\dfrac{Q_2}{RT}\right)}{b_2} = \frac{P \exp\left(\dfrac{Q_L}{RT}\right)}{g} \tag{2-35}$$

$$S_3 = XS_2 = X^2 S_1 \tag{2-36}$$

而在 $i > 0$ 的一般情况下：

$$S_i = X^{i-1} S_1 = YX^{i-1} S_0 = cX^i S_0 \tag{2-37}$$

式中：

$$c = \frac{Y}{X} = \frac{a_1 g \exp\left(\dfrac{Q_1 - Q_L}{RT}\right)}{b_1}$$

其中 $a_1 g / b_1$ 近似等于 1，即 $c \approx \exp\left(\dfrac{Q_1 - Q_L}{RT}\right)$。

将式 (2-37) 代入式 (2-31) 得：

$$\frac{V}{V_m} = \frac{c \sum i X^i}{1 + c \sum X^i} \tag{2-38}$$

分母中的和仅是一个无限几何级数的和：

$$\sum X^i = \frac{X}{1-X} \tag{2-39}$$

而在分子中的和为：

$$\sum i X^i = X \frac{\mathrm{d}}{\mathrm{d}X} \sum X^i = \frac{X}{(1-X)^2} \tag{2-40}$$

因此：

$$\frac{V}{V_m} = \frac{cX}{(1-X)(1-X+cX)} \tag{2-41}$$

在一个自由表面上吸附量是无限的，只有当 $P = P_0$（即压力等于吸附温度下吸附质的饱和蒸气压），才能使 $V = \infty$。由式 (2-41) 可知，只有 $X = 1$ 时，$V = \infty$。将 $P = P_0$、$X = 1$ 带入式 (2-35) 得：

$$1 = \frac{P_0 \exp\left(\dfrac{Q_L}{RT}\right)}{g} \quad \text{或} \quad P_0 = g \exp\left(-\dfrac{Q_L}{RT}\right)$$

这说明 X 就是相对压力，即 $X = P/P_0$，将其带入式 (2-41) 得：

$$V = \frac{V_m c P}{(P_0 - P)\left[1 + \dfrac{(c-1)P}{P_0}\right]} \tag{2-42}$$

可变换为：

$$\frac{P}{V(P_0 - P)} = \frac{1}{V_m c} + \frac{(c-1)(P/P_0)}{V_m c} \tag{2-43}$$

这就是著名的 BET 二常数方程，式中 V_m 为常数，即单位质量吸附剂材料表面盖满一个单分子层时的饱和吸附量，其单位为 mL/g，c 也为常数，其物理意义是 $c \approx \exp\left(\dfrac{Q_1-Q_L}{RT}\right)$，显然如能得到 c 值，利用吸附质的液化热 Q_L，就可以计算出第一层的吸附热 Q_1。以 $P/[V(P_0-P)]$ 对 P/P_0 作图，将得到一条斜率是 $(c-1)/V_m c$、截距是 $1/(V_m c)$ 的直线，通过直线的斜率和截距便可计算出常数 V_m 和 c。

BET 理论归纳了Ⅰ、Ⅱ、Ⅲ三种类型的等温吸附规律。当吸附层数为 1 时，BET 方程即可推导成 Langmuir 方程，因而也可用于单分子层吸附等温线。当吸附层数大于 1 时，根据不同的 c 值，BET 方程可用来说明第Ⅱ型或第Ⅲ型等温线。根据 $c \approx \exp\left(\dfrac{Q_1-Q_L}{RT}\right)$，若 $c>1$，则 $Q_1>Q_L$，即吸附剂与吸附质分子之间的吸引力大于吸附质为液体时分子之间的吸引力，这时低压下曲线是上凸的，于是等温线呈 S 形，即第Ⅱ型。反之，若 $c \leqslant 1$，则 $Q_1 \leqslant Q_L$，即吸附质分子之间的吸引力大于吸附剂与吸附质分子之间的吸引力，这时低压下曲线是下凹的，这就是第Ⅲ型等温线。对于第Ⅱ型等温线，c 越大，曲线越凸，等温线的转折点越明显。Brunauer 等将等温线的转折点 B（图 2-15 中的第Ⅱ型曲线）所对应的体积 V_B 视为单分子层饱和吸附量，此值与 V_m 的真值一般误差在 10% 以内。对于吸附剂，求得 V_m 值就可计算该吸附剂的比表面积，这可以说是 BET 二常数方程的一个重要用途。第Ⅳ型和第Ⅴ型等温线属于有毛细管凝聚作用的吸附，吸附发生在多孔材料上，吸附层数受到限制，因为气体在毛细管凝聚时，最后的吸附层要被两个面所吸引，并且有两个面消失，这时不仅有液化热，而且有两倍于表面张力的能量释出。因此 BET 二常数或三常数方程均不能说明这两种类型等温线变化的规律。考虑到吸附层数限制和表面张力的影响因素，又有人导出 BET 四常数方程，这个方程更为复杂，虽然实用意义不大，但它却可以半定量地说明第Ⅳ型和第Ⅴ型等温线。

2.3.2.4　气体吸附法粉体孔径分布分析原理

从化学催化中细粉的吸附到砖的抗冻等广大范围的许多现象中，孔尺寸分布具有重要的作用。通常认为孔的表面积是颗粒的总表面积和包围颗粒表面积之间的差值。孔隙可由颗粒中的孔穴和裂缝所组成，它们可以是 V 形的孔，也就是大颈的，或者是墨水瓶形状的孔，也就是窄颈的。只有孔隙不完全封闭，而且测定用的分子能通过孔径进入孔隙，方能测得其孔隙容积分布。气体吸附法是进行孔径分布分析的主要方法。

在沸点温度下，当相对压力为 1 或非常接近于 1 时，吸附剂的微孔和介孔一般可因毛细管凝聚作用而被液化的吸附质充满。试样的孔隙体积由气体吸附质在沸点温度下的吸附量计算。蒸气在多孔粉体上的吸附取决于 Kelvin 方程：

$$\ln\left(\frac{P}{P_0}\right) = \frac{-2\gamma V_L}{RT} \times \frac{1}{r_m} \tag{2-44}$$

式中，P_0 为液体吸附质在半径无穷大（即液面为平面）时的饱和蒸气压；γ 为液体表面张力；V_L 为液体的摩尔体积；r_m 为毛细管半径；R 为摩尔气体常数；T 为热力学温度。上式中的负号表示在毛细管中的凹液面上的蒸气压 $P<P_0$，从该式可见，r_m 越小，P 越低，即在毛细管内发生凝聚所需的蒸气压越低。这意味着，在吸附过程中，在较低的压力下，蒸气在半径较小的孔中先凝聚；在较高的压力下，在半径较大的孔中接着发生凝聚，直到达到饱和蒸气压时才在孔的平坦部分凝结。在不同分压下吸附的吸附质的液态体积对应于

相应尺寸孔隙的体积，故可由孔隙体积的分布来测定孔径分布。一般来说，脱附等温线更接近于热力学稳定状态，故常用脱附等温线计算孔径分布。假定孔隙为圆柱形，则根据 Kelvin 方程，孔隙半径可表示为：

$$r_K = -\frac{2\gamma V_L}{RT\ln\left(\dfrac{P}{P_0}\right)} \tag{2-45}$$

式中，V_L 为吸附质为液氮时的摩尔体积，一般取 $3.47 \times 10^{-5}\,\mathrm{m^3/mol}$；$T$ 为液体吸附质的沸点（液氮沸点为 77K）；P 为达到吸附或脱附平衡后的气体压力；P_0 为气体吸附质在沸点时的饱和蒸气压，亦即液态吸附质的蒸气压力。将氮的各有关参数代入式(2-45)，则可得出氮为吸附介质所表征的多孔体孔隙的 Kelvin 半径：

$$r_K = -\frac{0.0415}{\lg\left(\dfrac{P}{P_0}\right)} \tag{2-46}$$

式中，r_K 为 Kelvin 半径，表示压力为 P/P_0 时的气体吸附质发生凝聚时的孔隙半径。实际上，孔壁在凝聚之前就已存在吸附层或脱附后还留下一个吸附层。因此，实际的孔隙半径应该为：

$$r = r_K + t \tag{2-47}$$

式中，t 为吸附层的厚度，根据计算可得。在此基础上，对脱附等温线，采用 BJH (Barrett-Joyner-Halenda) 数学模型分析，即可计算出多孔体的孔径分布。现在的仪器大都配备各种运算程序，在获得吸附和脱附等温线后，即可求得孔的各种参数及分布图。

孔容积和孔表面积的分布可以从气体吸附等温线来测定。如在外表面上被吸附的气体的量小于在孔中被吸附的气体的量，则总孔容积即为在饱和压力下被吸附的凝聚容积。

对于许多具有微孔特别是介孔的吸附剂粉体材料来说，等温吸附和脱附分支线之间出现滞后回线，即表现为在中等或较高压力范围内脱附曲线与吸附曲线不重合。在滞后圈内，在同一压力下，脱附量总是大于吸附量；从另一方面说，与同一吸附和脱附量相对应的吸附线上的蒸气压力总是大于脱附线上的蒸气压力，因而表现为滞后，用毛细凝聚和 Kelvin 方程可以解释滞后现象。最早解释此现象的是加拿大物理化学家 McBain 的墨水瓶理论（inkbottle theory）。他认为凝胶中的孔像墨水瓶，设瓶口半径为 r_a，瓶体半径为 r_b，显然 $r_b > r_a$，根据 Kelvin 方程蒸气在瓶内凝聚所需压力比瓶口处高。如图 2-16 所示，吸附时，人们控制的压力由低到高，当压力达到 $P_{吸}$ 时，吸附量为 a，此时凡半径小于或等于按 Kelvin 方程计算的 r_b 的瓶形孔中均被液体充满。脱附时，孔中液体必从孔口蒸发，而且 $r_a < r_b$，如欲达到相同的脱附量 a，只有将压力继续降低到 $P_{脱}$ 时，瓶口处的液体才开始蒸发，这就产生了滞后现象。因此滞后现象与孔的形状及其尺寸分布有密切关系，由于毛细孔的形状不同，可产生各种形状的滞后圈，反之，根据滞后回线的形状也可大致推断孔结构的均匀性和孔大小。

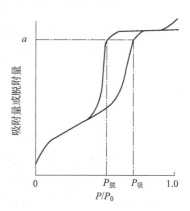

图 2-16　多孔材料的吸附和
脱附滞后回线

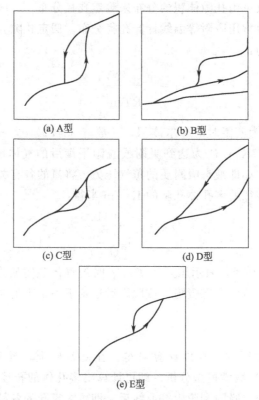

(a) A型 (b) B型

(c) C型 (d) D型

(e) E型

图 2-17 De Boer 的 5 种类型的滞后回线

De Boer 分析了 15 种形状不同的毛细管，提出了 5 种类型的滞后回线，如图 2-17 所示。

（1）A 型　在中等相对压力时，吸附和脱附两个分支线都很陡。

（2）B 型　在饱和压力时，吸附分支线是陡的，在中等相对压力时，脱附分支线是陡的。

（3）C 型　在中等相对压力时，吸附分支线是陡的，而脱附分支线是倾斜的。

（4）D 型　在饱和压力时，吸附分支线是陡的，而脱附分支线是倾斜的。

（5）E 型　在中等相对压力时，脱附分支线是陡的，而吸附分支线是倾斜的。

各种等温线所反映的孔的形状及类型如下。

（1）A 型　包括两端开口的管状毛细管、略带有扩大部分的管状毛细管、具有两种不同的主要尺寸 $r_n < r_w < 2r_n$ 的窄颈墨水瓶形状孔的管状毛细管、带有扩大部分和窄短颈两端开口的槽形毛细管（r_n、r_w 分别为狭窄和扩大部位的半径）。

（2）B 型　包括具有平行管壁的开口狭缝形毛细管、有很大的体积和窄短的颈口的毛细管。

（3）C 型　代表孔径分布不均匀的一些类型，包括具有拔梢状或双拔梢状的毛细管以及具有封闭边和开口端的楔形毛细管。

（4）D 型　滞后回线是由具有很宽尺寸 r_w 及窄颈构成的体积较大的毛细管集合体所产生，具有两端均开口的楔形毛细管也产生 D 型滞后回线。

（5）E 型　滞后回线是由 A 型孔的毛细管集合体所形成。在吸附分支线时，其孔的大小是不均匀分布的，而在脱附分支线时，其孔的大小是相等的。

2.3.3 粉体比表面积和孔径分布测试方法

2.3.3.1 低温氮吸附法测比表面积

到目前为止，测定粉体比表面积的公认标准方法还是 BET 低温氮吸附法，根据其测试结果，也可进行相应的孔径分布分析。

（1）BET 方程 当试样放在氮气体系中时，在低温下，物质表面将发生物理吸附。当吸附达到平衡时，测量平衡吸附压力和物质表面吸附的氮气体积，根据 BET 方程式（2-43），计算试样单分子层吸附体积 V_m，从而求出试样的比表面积。即由下式：

$$\frac{P/P_0}{V(1-P/P_0)} = \frac{c-1}{V_m c} \times \frac{P}{P_0} + \frac{1}{V_m c}$$

令 P/P_0 为 x，$\frac{P/P_0}{V(1-P/P_0)}$ 为 y，$\frac{c-1}{V_m c}$ 为 A，$\frac{1}{V_m c}$ 为 B，便得到一条斜率为 A、截距为 B 的直线，其方程为 $y=Ax+B$，作图如图 2-18 所示。

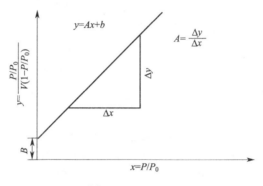

图 2-18 BET 图

图 2-18 中相对压力 P/P_0 在 0.05～0.35 范围内通常是线性的，而两个端点有时会偏离直线，计算式偏离的点应舍掉。通过一系列相对压力 P/P_0 和吸附体积 V 的测量，由 BET 图或最小二乘法求出斜率 A 和截距 B，由式（2-48）计算出单分子层吸附体积 V_m，再由式（2-25）或式（2-49）计算出粉末的质量比表面积 S_w 或体积比表面积 S_v。

$$V_m = \frac{1}{A+B} \tag{2-48}$$

$$S_v = \frac{S_w}{\rho} \tag{2-49}$$

在一般情况下，c 值比较大，即截距 B 很小，则式（2-43）可简化为式（2-50），则有：

$$V_m = V\left(1 - \frac{P}{P_0}\right) \tag{2-50}$$

试验时只测量一点即可计算出 V_m 和 S。

（2）测试氮气吸附量 在不同相对压力下的氮气吸附量可采用两种方法测得。一种是动态色谱法，即所谓的"连续流动法"，整个测试过程是在常压下进行，吸附质是在处于连续流动的状态下被吸附的，测试仪器（图 2-19）主要由气路系统和热导检测器组成。连续流动法是在气相色谱原理的基础上发展而来，借由热导检测器来测定样品吸附气体量的多少。连续动态氮吸附是以氮气为吸附气，以氦气或氢气为载气，两种气体按一定比例混合，使氮気达到指定的相对压力，流经样品颗粒表面。当样品管置于液氮环境下时，粉体材料对混合气体中的氮气发生物理吸附，而载气不会被吸附，造成混合气体成分比例变化，从而导致热导率变化，这时就能从热导检测器中检测到信号电压，即出现吸附峰。吸附饱和后让样品重新回到室温，被吸附的氮气就会脱附出来，形成与吸附峰相反的脱附峰。吸附峰或脱附峰的面积大小正比于样品表面吸附的氮气量的多少，可通过一定量气体来标定峰面积所代表的氮气量。通过测定一系列氮气分压 P/P_0 下样品吸附氮气量，即可绘制出氮等温吸附或脱附曲线。由于测试过程中一直有一定流速的气体（含吸附质）流过待测样品，待测样品充当类似色谱柱中吸附剂的角色，故称动态色谱法。

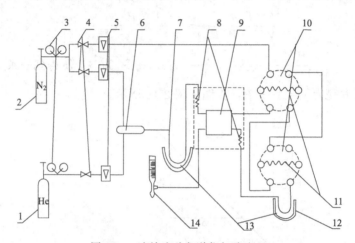

图 2-19　连续流动色谱仪气路流程

1—氦气瓶；2—氮气瓶；3—稳压阀；4—稳流阀；5—转子流量计；6—混气缸；7—冷阱；

8—恒温管；9—热导池；10—六通阀；11—标准体积管；12—试样管；13—杜瓦瓶；14—皂泡流量计

测试氮气吸附量的另一种方法是静态容量法，在低温（液氮浴）条件下，向样品管内通入一定量的吸附质气体（N_2），通过控制样品管中的平衡压力直接测得吸附分压，通过气体状态方程得到该分压点的吸附量。通过逐渐投入吸附质气体增大吸附平衡压力，得到吸附等温线。通过逐渐抽出吸附质气体降低吸附平衡压力，得到脱附等温线。相对动态法，无须载气（He），无须液氮杯反复升降。由于待测样品是在固定容积的样品管中，吸附质相对动态色谱法不流动，故称静态容量法。

两种测试方法相比较，在测试原理及测试过程的异同点有以下几点。

① 液氮温度下的氮吸附原理相同。

② 测定氮吸附量的方法不同。静态法用压力传感器通过气体状态方程求出；动态法用热导检测器通过标定物求出。

③ 氮气分压的改变方法不同。静态法通过高纯 N_2 压力的控制来实现；动态法通过高纯 N_2 和高纯 He 两种气体流量的控制来实现。

④ 液氮容器位置不同。静态法试验全过程中，样品管一直浸在液氮杜瓦瓶中，液氮消耗很少；动态法每测一点，液氮杯必须升降一次，液氮消耗量大。

⑤ 氮气吸附平衡状态不同。静态法为静态平衡，动态法为流动态相对平衡。

静态法和动态法在测试功能上的区别在于以下几点。

① 动态法有直接对比法测比表面积，静态法无此功能。

② 对于吸附、脱附等温曲线，静态法完全，动态法不完全。

③ 对于吸附等温曲线孔径分布测定（BJH），静态法有，动态法无。

④ 自动化程度方面，静态法全自动，动态法基本全自动（液氮需要人为补充）。

⑤ 在测试精度和重复性上，静态法优于动态法。

⑥ 在测试范围方面，二者的比表面积基本相同；但在孔径测试上，静态法的测试范围为 0.35～400nm，动态法为 2～50nm。

总的来说，静态法适用于对平衡状态吸附、脱附等温曲线要求高和需要测孔的场合；动态法适合于多样品快速测定比表面积及对孔径分布测试要求不高的场合。

（3）试验步骤

① 脱气。在吸附测量之前，必须对试样进行脱气处理。

如采用连续流动色谱仪测量时，应在加热和流动的惰性气氛下冲洗试样。加热温度为 100～300℃，视具体样品特性而定，以样品不发生分解或裂解为宜，保持时间为 0.5～3h 或更长。

② 测量。氮气为吸附质，氦气为载气（也可用氢气），两种气体以一定比例混合后，在接近大气压力下流过试样，用热导池监视混合气体的热导率。调节氦气流量约为 40mL/min，用皂泡流量计 14 测量氦气流量 R_{He}。调节氮气流量，待两路气体混合均匀后，再用皂泡流量计 14 测量混合气体的总流量 R_T。然后接通电源，调节电桥零点。待仪器稳定后，把装有液氮的杜瓦瓶套在试样管 12 上，当吸附达到平衡时，热导池 9 测出一个吸附峰。移开液氮浴，热导池 9 又测出一个与吸附峰极性相反的脱附峰。通常，氦气流量调节好后，不再重新调节，通过变化氮气流量 R_{N_2} 来改变相对压力。相对压力 P/P_0 在 0.05～0.35 范围内，至少要测量 3～5 个点。脱附完毕后，将六通阀 10 转至标定位置，向混合气体中注入已知体积的纯氮气，以得到一个标准峰。带有仪器常数的仪器，不需要测量标准峰。

目前测量仪器都已经智能化，只需对仪器标定后，其标定值长期储存在仪器中，测试时仪器直接给出表面积读数，非常简捷和准确。

2.3.3.2 低温氮吸附法测孔径分布

测定时首先通过上述试验方法测出试样的吸附和脱附等温线，再利用 Kelvin 方程式（2-46）算出各相对压力（P/P_0）下发生孔隙凝聚的孔半径 r，然后根据测得的脱附等温线数据作出吸附量随孔半径变化的曲线，如图 2-20 所示，此曲线上任一点处的斜率，即为半径为 r 的孔的出现率。最后由该曲线的斜率 $\dfrac{\Delta V}{\Delta r}$ 对 r 作图，即可得如图 2-21 所示的孔径分布曲线。曲线的最大值表示半径为 r_p 的孔在此吸附剂中所占的比例最大，故常称为最可几孔半径。孔径分布曲线下的面积代表孔总体积，因此可计算出一定半径范围内的孔体积在总孔体积中所占的百分数。应当指出，求孔径分布时通常用脱附曲线，这是因为 Kelvin 方程涉及毛细管凝结和蒸发作用，脱附时孔隙中的气-液平衡更接近于液体的蒸发和气体凝聚的平衡。另外，气体和液体之间有一个弯月面，脱附时液体是从孔端弯月面上蒸发的，但此时并非孔中的凝聚液全部脱走，而是留下厚度为 t 的吸附膜，而从 Kelvin 方程计算的孔半径 r_K 不包括吸附膜厚度，故真正的毛细孔半径 $r=r_K+t$。对于低温氮吸附，N_2 的单分子层厚度为 0.43nm；多分子层吸附膜的厚度与相对压力有关，常用的经验公式为：

$$t = -0.43 \left(\frac{5}{\ln \dfrac{p}{p_0}} \right)^{1/3} \tag{2-51}$$

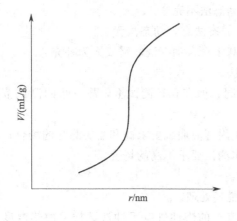

图 2-20　多孔粉体的 V-r 曲线

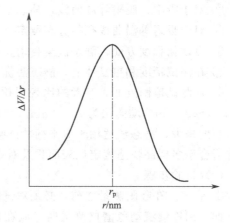

图 2-21　多孔粉体的孔径分布曲线

(a) 扫描电镜照片

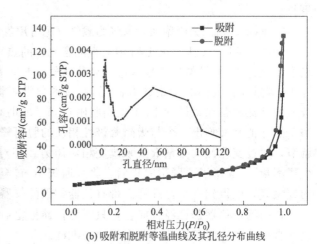

(b) 吸附和脱附等温曲线及其孔径分布曲线

图 2-22　Co_3O_4 纳米粉体试样的扫描电镜照片、吸附和脱附等温曲线及其孔径分布曲线

图 2-22(a) 为以 $Co(NO_3)_2$ 为母盐，KOH 为沉淀剂，通过微波水热处理前驱体，然后经 350℃煅烧制备的 Co_3O_4 纳米粉体试样的扫描电镜照片，可以看出该样品为片状多孔的纳米粉体，采用美国麦克仪器公司的 ASAP2020 型测试仪对样品进行测试，得到如图 2-22 (b) 所示的吸附和脱附等温曲线，对吸附曲线进行 BET 法数据处理求得该粉体试样的比表面积为 $86m^2/g$，对脱附曲线进行 BJH 法数据处理得到图 2-22(b) 中插图所示的孔径分布曲线，呈现双峰特征，表明所制备的片状 Co_3O_4 纳米粉体其孔径主要集中在 5nm 左右，也有 50nm 左右稍大的孔形成，这与扫描电镜的观测结果基本一致。

2.3.3.3　压汞法测孔径分布

当孔直径小于 50nm 时，可用气体吸附法测孔体积及孔径分布，而当孔径大于 50nm 时，可用压汞法（水银测孔仪）测量孔径分布。水银测孔仪广泛用于测定多孔材料的孔径分布和各种片剂及粉末冶金制品的孔隙尺寸分布。这一方法是根据毛细管上升现象，因而要使非润湿液体爬上一根狭窄的毛细管需要加一个额外压力。由于汞对一般粉体表面不润湿，所以汞滴大于孔径者不能钻入孔内，如图 2-23(a) 所示，欲使汞入孔，必须加压。

因为孔端面的面积为 πr^2，所以将汞压入的力 $f = \pi r^2 p$。图 2-23(b) 为汞压入孔隙的放

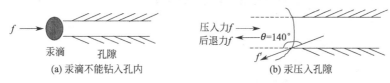

图 2-23　将汞压入孔隙示意图

大图。加压时汞表面要扩大，表面能也变大，因而使它又产生了缩小的趋势（即汞要往回缩），该力为 f'，因为孔隙端面的周长为 $2\pi r$，按表面张力 σ 的定义，$\sigma = f'/2\pi r$，所以孔隙中汞表面的收缩力 $f' = 2\pi r\sigma$。为将 f' 校正成水平方向的力，即后退力 $f = f'\cos 40°$，则平衡时，两个对抗的力即压入力和由表面张力引起的后退力相等，于是：

$$\pi r^2 p = -2\pi r\sigma\cos\theta \tag{2-52}$$

式中，p 为外加压力，Pa；r 为孔半径，nm；σ 为汞的表面张力，N/m，通常取 0.480N/m；θ 为汞与粉体表面的润湿角，(°)，通常取 140°。根据式(2-52)可推导出孔隙半径与外加压力的关系为：

$$r = \frac{7260}{p} \tag{2-53}$$

式(2-53)是用压汞法测孔径分布的基本公式。它的意义是：若 $p = 1.013\times10^5$Pa，则 $r = 7260$nm，表示对于半径为 7260nm 的孔，必须以 0.1MPa 的压力才能把汞压入；同理，$p = 101$MPa 时，$r = 7.3$nm，表示对于半径为 7.3nm 的孔，必须以 101MPa 的压力才能把汞压入。因而压汞法常用于测定孔径较大的多孔物（因为压力越高，试验进行越困难），目前压汞仪（或称汞孔度仪）常用的最大压力在 200MPa 左右。

如图 2-24 所示，压汞仪通常包括抽空系统、电阻测量系统和加压系统。加压系统是核心，其中的膨胀仪（亦称汞孔度计）是关键设备。在膨胀仪中装有样品和汞，测试时通过加压把汞压入孔中。p 越大，进入孔中的汞越多，膨胀仪中汞面越低，从而露出汞面的铂丝越长，铂丝的电阻越大，因此可通过测量铂丝的电阻值计算出压入孔中汞的体积（膨胀仪应事先校正，以确定铂丝电阻每变化 1Ω 汞体积的变化值）。

孔径分布测定方法要点如下。

(1) 将装好样品和汞的膨胀仪放入高压筒中，并且在筒内加油至筒口。

(2) 盖好高压筒盖，并且转紧螺钉。

(3) 测膨胀仪的电阻。

(4) 打开高压阀、低压阀，并且退出高压手轮和低压缸的手摇轮。

(5) 摇低压缸的手摇轮，当压力达 20MPa 时，关低压阀，摇高压手轮，在 100MPa 以前，每加 5MPa 测一次电阻，在 100MPa 后，每加 10MPa 测一次电阻。视样品结构不同，所加的最高压力不同。

压汞法测孔径分布的试验数据处理方法如下。

(1) 根据加压过程中"压力和电阻"的关系以及已知的"电阻和汞压入量"的关系，可以得到"压力 p 和汞压入量 V_{Hg}"的关系，从而可以作出 V_{Hg}-p 图 [图 2-25(a)]。

(2) 由 V_{Hg}-p 图根据式(2-53)可得 V_{Hg}-r 图 [图 2-25(b)]。

(3) 由 V_{Hg}-r 图可以作出 dV/dr-r 图 [图 2-25(c)]，这就是通常所说的孔径分布图，其意义和用吸附法所测得的结果相同。

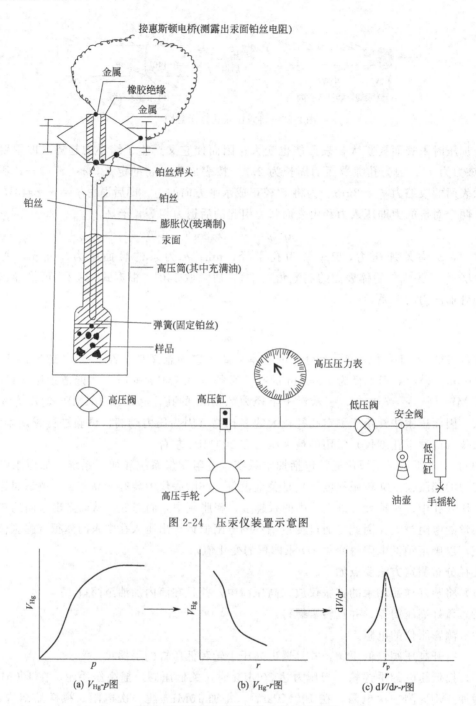

接惠斯顿电桥(测露出汞面铂丝电阻)

金属
橡胶绝缘
金属

铂丝焊头
铂丝
铂丝
膨胀仪(玻璃制)
汞面
高压筒(其中充满油)

弹簧(固定铂丝)
样品

高压压力表

高压阀　　高压缸　　　　　　低压阀　安全阀

低压缸

高压手轮　　　　　　　　　　　油壶　手摇轮

图 2-24　压汞仪装置示意图

(a) V_{Hg}-p图　　(b) V_{Hg}-r图　　(c) dV/dr-r图

图 2-25　压汞法测孔径分布数据处理图

因为压汞仪实际使用压力最大约 200MPa，故根据式(2-53)其可测的孔隙半径范围为 3.75～750nm。用低温氮吸附法可测的孔半径范围为 1～50nm，因此对于某些样品的最可几孔半径在 10nm 左右时，可将这两种方法所测孔径分布结果进行对比。试验证明，尽管这两种方法原理不同，但所得结果却非常一致。压汞法测定孔径分布，相对地比较快速，特别是对于大孔材料更有实际意义。但汞有毒是其主要缺点，某些能和汞生成汞齐的金属催化剂粉体就不能用压汞法测孔径分布。

2.3.3.4 气体透过法测粉体比表面积

对于非孔结构的粉体，如典型的水泥产品、陶瓷粉体、磨料等，粉体的表面积只有颗粒的外表面积，对该类粉体比表面积的测量通常采用更为方便快捷的流体透过法。该方法的基本原理是根据流体（气体或液体）透过粉体颗粒填充层产生的压力损失来求得粉体的比表面积，以空气作为流体的透气法较为常用。其中勃莱恩（Blaine）透气法是一种被广为采用的粉体比表面积的测定方法，在我国该方法已作为水泥产品比表面积测定的标准方法。

流体透过粉体填充层产生的压力损失 ΔP 可以用 Kozeny-Carman 公式导出：

$$\Delta P = \frac{K S_V^2 Q \eta L (1-\varepsilon)^2}{g A t \varepsilon^3} \tag{2-54}$$

式中，ΔP 为流体透过粉体层的压降，Pa；K 为 Kozeny 常数，与粉体层中流体通路的弯曲程度有关，一般取为 5；ε 为粉体层的孔隙率，%；η 为流体黏度，Pa·s；L 为粉体层厚度，cm；Q 为流体透过粉体层的体积流量，cm^3；t 为流体透过粉体层的时间，s；A 为粉体层的截面面积，cm^2；S_V 为粉体的体积比表面积，cm^2/cm^3。

由上式可得粉体的比表面积为：

$$S_V = \frac{\sqrt{\varepsilon^3}}{1-\varepsilon} \sqrt{\frac{g}{5} \times \frac{\Delta P A t}{\eta L Q}} \tag{2-55}$$

$$\varepsilon = 1 - \frac{W}{\rho_p A L}$$

式中，W 为粉体试样的质量，g；ρ_p 为粉体的有效密度，g/cm^3；在粉体试样与测定装置确定的情况下，式中的 η、L、A、ρ_p、W 为已知值，所以，只要测定流体流量 Q、压力降 ΔP 与相应的时间 t，即可由该式求出粉体的比表面积。

图 2-26 为勃氏透气比表面积测试仪结构简图，主要由透气圆筒、穿孔板、捣器、U 形管压力计和抽气装置组成，其中透气圆筒内腔直径为（12.7±0.1）mm，透气圆筒内腔试料层高度为（15±0.5）mm，穿孔板孔数为 35，穿孔板孔径为 0.1mm，穿孔板厚度为（1±0.1）mm。测试时先使试样粉体形成孔隙率一定的粉体层，然后抽真空，使 U 形管压力计右边的液柱上升到一定的高度。关闭旋塞后，外部空气通过粉体层使 U 形管压力计右边的液柱下降，测出液柱下降一定高度（即透过的空气容积一定）所需的时间，即可求出粉体试样的比表面积。

相比气体吸附法测粉体比表面积，透气法仪器结构简单、操作容易、测定方便快捷，但其主要缺点是在计算公式推导中引用了一些试验常数和假设，空气通过粉体层对颗粒作相对运动，粉体层颗粒的表面形状、填充结构、空气分子在颗粒孔壁间

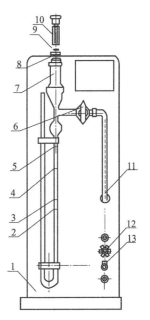

图 2-26　勃氏透气比表面积
测试仪结构简图

1—仪器座；2—水位刻线；3—计时终端刻线；
4—计时开始刻线；5—第一条刻线；6—旋塞；
7—压力计；8—透气圆筒；9—穿孔板；
10—捣器；11—橡胶管接抽气泵；
12—指示灯；13—钮子开关

的滑动等都会影响比表面积测定结果，但这些因素在计算公式中均没有考虑。对于低分散度的粉体层，气体通道孔隙较大，上述因素影响小，测定结果较准确。但对于高分散度的粉体试样，空气通道孔径较小，上述因素影响增大，测得的结果通常偏低，粉体越细，偏低越多。此外，透气法只能测出粉体颗粒的外表面积，对于多孔颗粒的内表面积无法测出，而气体吸附法测量的粉体表面积既包括颗粒的外表面积，又包括颗粒因孔而存在的内表面积。因此，对于多孔颗粒的粉体试样，用气体吸附法测出的比表面积要比透气法大得多。所以，提供和使用比表面积的测定值时，一定要注明测定方法。

参 考 文 献

［1］ 陶珍东，郑少华．粉体工程与设备［M］．第 3 版．北京：化学工业出版社，2014.

［2］ 沈钟，王果庭．胶体与表面化学［M］．第 2 版．北京：化学工业出版社，1997.

［3］ 熊兆贤．陶瓷材料的分形研究［M］．北京：科学出版社，2000.

［4］ 曾文曲，王向阳．分形理论与分形的计算机模拟［M］．沈阳：东北大学出版社，1993.

［5］ ［美］吉布森，［英］阿什比．多孔固体结构与性能［M］．刘培生译．北京：清华大学出版社，2003.

［6］ 廖寄乔．粉体材料科学与工程实验技术原理及应用［M］．长沙：中南大学出版社，2001：66-78.

［7］ 沈钟，王果庭．胶体与表面化学［M］．第 2 版．北京：化学工业出版社，1997.

［8］ 王介强．矿岩料层动态粉碎的实验研究［D］．沈阳：东北大学，1999.

［9］ Jieqiang Wang, Guodong Du, Rong Zeng, Ben Niu, Zhixin Chen, Zaiping Guo, Shixue Dou. Porous Co_3O_4 nano-platelets by self-supported formation as electrode material for lithium-ion batteries［J］．Electrochimica Acta，2010，55：4805-4811.

第 3 章

粉体的密度与测定

粉体材料的理论密度，通常不能代表粉体颗粒的实际密度，因为颗粒几乎总是有孔的，有的与颗粒外表面相通，称为开孔或半开孔（一端相通），颗粒内不与外表面相通的潜孔称为闭孔。所以计算颗粒密度时，看颗粒的体积是否计入这些孔隙的体积而有不同的值，一般来讲有下列三种颗粒密度。

（1）真密度　是指颗粒质量除以除去开孔和闭孔的颗粒体积所得的商值。真密度实际上就是材料的理论密度。

（2）有效密度　是指颗粒质量除以包括闭孔在内的颗粒体积所得的密度值。用比重瓶法测定的密度接近这种密度值，因此又称比重瓶密度。

（3）表观密度　也称容积密度。是指在一定填充状态下，单位体积的粉体质量。单位体积包括了颗粒的开孔和闭孔以及颗粒间的空隙。显然它比上述两种密度值都低，根据填充状态的不同，粉体的表观密度又分为松装密度和振实密度。

3.1 粉体有效密度的测定

3.1.1 测试原理

根据阿基米德原理，将已测质量的粉体样品置于测量容器中，加入液体介质，并且让这种液体介质充分地浸透到粉体颗粒的开孔隙中。测出粉体的有效体积，从而计算出单位有效体积的质量，即测得粉体有效密度。

测量有效密度的方法有两种：一种是比重瓶法；另一种是吊斗法。

3.1.1.1 比重瓶法测定原理

比重瓶法测粉体密度如图3-1所示。比重瓶容积为 V_o，质量为 m_o，盛有质量为 m 的粉体，加入部分浸透液体，经真空除气后（图3-3），将浸透液体充满装有粉体试样的比重瓶中，称其质量为 m_{sl}，粉体有效密度按下式求得：

$$\rho_e = \frac{m}{V_e} = \frac{m_s - m_o}{V_o - (m_{sl} - m_s)/\rho_1} = \frac{(m_s - m_o)\rho_1}{V_o\rho_1 - (m_{sl} - m_s)} \tag{3-1}$$

3.1.1.2 吊斗法测定原理

吊斗法测粉体密度如图 3-2 所示。将质量为 m，有效体积为 V_e 的粉体，装入自身质量为 m_o、自身材质体积为 V_o 的吊斗，加入浸透液体，使液面高于粉体 $2\sim5mm$，经真空除气，恒温处理，然后将粉体和吊斗一起浸入浸透液体中悬浮称量，得其质量为 m_{sl}，按下面关系式计算出粉体试样的有效密度：

$$\rho_e = \frac{m}{V_e} = \frac{(m_s - m_o)\rho_1}{m_s - m_o - (m_{sl} - m_{ol})} = \frac{(m_s - m_o)\rho_1}{(m_s - V_o\rho_1) - (m_{sl} + m_f) + m_f} \tag{3-2}$$

式中，ρ_e 为粉体的有效密度，g/m^3；m 为粉体的质量，g；V_e 为粉体的有效体积，cm^3；m_s 为比重瓶与粉体或吊斗与粉体的质量和，g；m_o 为比重瓶或吊斗的质量，g；m_{sl} 为粉体与比重瓶和浸透液体三者的质量和或粉体与吊斗浸入浸透液体中悬浮称量的质量，g；m_{ol} 为吊斗自身浸入浸透液体中悬浮称量的质量，g；m_f 为吊斗悬丝浸入浸透液体至标定深度时称量的质量，g；ρ_1 为在测定温度下浸透液体的密度，g/cm^3。

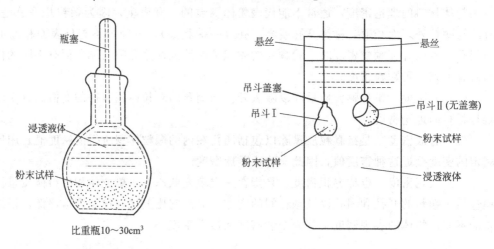

图 3-1　比重瓶法测粉体密度示意图　　　　图 3-2　吊斗法测粉体密度示意图

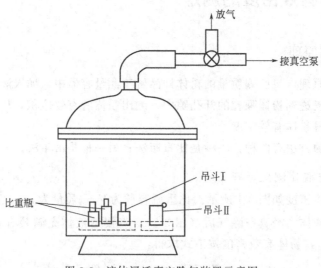

图 3-3　液体浸透真空除气装置示意图

3.1.1.3　浸透液体密度的标测和吊斗自身体积 V_o 的测定

(1) 用比重瓶标测浸透液体　在测定温度（室温）下，温度测准到 0.1℃，将除气蒸馏水灌满比重瓶，擦干瓶外水分，在天平上称量，得其质量为 m_w；已知比重瓶的质量为 m_o，比重瓶盛满浸透液体后的质量为 m_1，并且已知水的密度为 ρ_w，则按下列公式分别计算出 V_o 和 ρ_1：

$$V_o = \frac{m_w - m_o}{\rho_w} \tag{3-3}$$

$$\rho_1 = \frac{m_1 - m_o}{V_o} \tag{3-4}$$

(2) 吊斗 V_o 的测定　吊斗于空气中在天平上称量，得其质量为 m_o，吊丝直径在 0.2 ～ 0.5mm 之间，它浸入浸透液体至标定深度时，称其质量为 m_f；吊斗与吊丝二者浸入浸透液体中到标定深度时，称其质量为 $m_f + m_{ol}$，则吊斗自身材质的体积为：

$$V_o = \frac{m_o - (m_{ol} + m_f) + m_f}{\rho_1} \tag{3-5}$$

式中，m_o 为比重瓶或吊斗的质量，g；m_{ol} 为吊斗自身浸入浸透液体中悬浮称量，g；m_f 为吊斗悬丝浸入到浸透液体至标定深度时称量的质量，g；V_o 为比重瓶的容积或吊斗自身材质的体积，cm^3；ρ_1 为在测定温度下浸透液体的密度，g/cm^3。

3.1.2　测试设备

(1) 比重瓶法的设备　比重瓶容积为 10 ～ 30cm^3；分析天平精确度为 0.001g；温度计读数精度为 ±0.1℃；液用密度计读数为 ±0.001g/cm^3；采用真空机械泵及真空除气装置。

(2) 吊斗法的设备　吊斗容积为 10 ～ 30cm^3，用于测量粉体小于 40μm 的吊斗必须加塞，塞中有孔，制作吊斗时把比重瓶塞上部截去一半，留下研磨瓶塞部分作为吊斗的斗塞，其他部分与比重瓶法相同。吊丝允许选用 ϕ0.2 ～ 0.5mm 的各种丝材。

3.1.3　试样测定

3.1.3.1　比重瓶法测量过程

(1) 在测量温度下，称出比重瓶的干重 m_o，按式(3-3)校准比重瓶 V_o，用式(3-4)标定浸透液体密度 ρ_1，也可用液用密度计测定 ρ_1。

(2) 将干燥粉体样品装入比重瓶中，占比重瓶容积 V_o 的 2/5，擦去瓶外可能附着的粉体，在天平上称量，得其质量为 m_s。

(3) 将浸透液体加入比重瓶至 (1/2 ～ 2/3)V_o，转入真空除气装置除气，达到 399.97Pa 或没有气泡逸出时停止除气，恢复到常压。

(4) 经过一段时间静置或恒温处理，达到室温时，比重瓶加满浸透液体，除去瓶外液体，在天平上称量，得其质量为 m_{sl}。真空除气时，粉体试样不能飞出瓶外。

3.1.3.2　吊斗法测量过程

(1) 称量吊斗质量为 m_o，按式(3-5)测定吊斗自身材质的体积 V_o，用式(3-4)标测浸透液体密度 ρ_1。

（2）将干燥粉体装入吊斗中至吊斗容积的 2/5 左右，在天平上称量，得其质量为 m_s，将浸透液体加到吊斗中，使液面高出粉体试样 2~5mm，转入真空除气装置除气，条件与比重瓶法相同。

（3）试样达到室温时，向吊斗中缓慢加入浸透液体到满斗，盖上斗塞，转入浸透液体中悬浮称量，得其质量为 $m_{sl}+m_f$。空吊斗的悬浮称量，可直接悬浮测定，也可按 $m_{ol}=m_o-V_o\rho_l$ 求得。

3.1.3.3 比重瓶法与吊斗法的测试结果

比重瓶法与吊斗法的测试结果可以相互对照、补充、核对，当测量温度高于 30℃ 时，吊斗法优于比重瓶法。

脱气蒸馏水在空气中的密度 ρ_w 可按表 3-1 查出。当测试温度位于表中相邻两摄氏度之间时，允许用内插法修正水的密度。

表 3-1　不同温度下蒸馏水的密度

温度/℃	$\rho_w/(g/cm^3)$	温度/℃	$\rho_w/(g/cm^3)$
15	0.9981	23	0.9965
16	0.9979	24	0.9963
17	0.9977	25	0.9960
18	0.9976	26	0.9958
19	0.9974	27	0.9955
20	0.9972	28	0.9952
21	0.9970	29	0.9949
22	0.9967	30	0.9946

3.2 粉体松装密度的测定

松装密度是粉体试样自然地填充规定的容器时，单位容积粉体的质量，单位为 g/cm^3。松装密度的倒数称为松装比容，单位是 cm^3/g。

3.2.1 漏斗法

该测定方法的原理是将粉体从漏斗孔按一定高度自由落下充满杯子，在松装状态下，以单位体积粉体的质量表示粉体的松装密度。测试设备有漏斗、圆柱杯、支架和底座。标准漏斗小孔直径 d 有两种规格：一种是直径 2.5mm；另一种是直径 5.0mm。圆柱杯的容积为 25cm³，内径为 30mm。杯子和漏斗应由非磁性耐腐蚀的金属材料制成，而且具有足够的壁厚和硬度，以防变形和过度磨损，通常选用黄铜材料制作。漏斗和杯子的内表面要仔细抛光。支架用于固定漏斗。底座必须水平、稳固，不得振动，供安装支架和杯子使用。漏斗小孔底部和杯子上部之间的距离为 25mm，可用定位块来调节，漏斗和杯子必须同心。各部件之间的连接如图 3-4 所示。

漏斗法测粉体松装密度的步骤如下。

（1）待装置调整好后，取下定位块，准备测量。

（2）堵住漏斗底部小孔，把足够量的待测粉体倒入孔径为 2.5mm 的漏斗中。

（3）启开漏斗小孔，让粉体自由流过小孔进入杯中，直至完全充满杯子并有粉体溢出时为止。用非磁性的直尺刮平粉体，在操作过程中要严禁压缩粉体和振动杯子。

（4）如果粉体不能流过该漏斗，换用孔径为 5.0mm 的漏斗。

（5）如果换用孔径为 5.0mm 的漏斗，粉体仍不能流过时，允许用 1mm 金属丝从漏斗上部捅一次，使粉体流动。但金属丝不得进入杯子。

（6）粉体刮平后，轻敲杯子，使其振

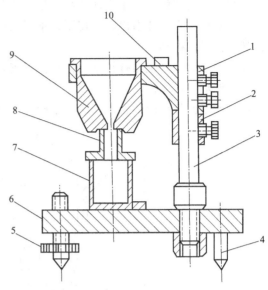

图 3-4 松装密度漏斗法测定装置示意图
1—支架；2—支撑套；3—支架柱；4—定位销；5—调节螺钉；
6—底座；7—圆柱杯；8—定位块；9—漏斗；10—水准器

实一些，以免挪动过程中粉体从杯中撒出。再将杯子外部的粉体清理干净，保证杯子外部不沾有粉体。

（7）称量杯内粉体质量，精确到 0.05g，计算出粉体试样的松装密度。

3.2.2　斯柯特容量计法

该测定方法的原理是将粉体放入上部组合漏斗中的筛网上，自然或靠外力流入布料箱，交替经过布料箱中的四块倾斜角为 25° 的玻璃板和方形漏斗，最后流入已知体积的圆柱杯中，呈松散状态。然后称量圆柱杯中的粉体质量，得到粉体试样的松装密度。该方法使用的主要仪器斯柯特容量计（图 3-5）包括以下部件。

（1）上部组合漏斗由两个圆锥形漏斗装配而成，其间由一段圆柱隔开，并且放入一个孔径为 1.18mm 的黄铜筛网。

（2）布料箱横断面为正方形，内有四块玻璃板斜镶嵌在铝制的框架上，框架前后两壁面是玻璃挡板，并且易于清洗时拆装。

（3）方形漏斗为 60° 的方锥体，下端口径为 12.5mm×12.5mm。

（4）圆柱杯的容积为 25cm³，内径为 30mm。圆柱杯和所有漏斗均应用非磁性、耐磨和耐腐蚀金属材料制成，一般多采用黄铜。为防止变形和过度磨损，应具有一定厚度和硬度。圆柱杯和漏斗内表面应抛光。

（5）溢料盘用于盛装多余的粉体。

（6）台架用于支撑上部组合漏斗、布料箱、方形漏斗、圆柱杯、溢料盘，并且使它们同轴地处于图中所示的高度。用台架的三个螺钉（两个可调，一个不可调）调节水平。

斯柯特容量计法测粉体松装密度的步骤如下。

（1）用勺细心地将粉体放在上部组合漏斗的筛网上，经过布料箱、方形漏斗，流入圆柱杯中，直到装满并有粉体溢出为止。

（2）如果粉体不能自由地通过筛网，可用软毛刷子刷一刷，使金属粉体通过筛网。如果无效，则该种粉体就不适用于斯柯特容量计法测定松装密度。

（3）圆柱杯有粉体溢出后，用不锈钢板尺刮平。但不要使杯内的粉体压缩或带出，更不要使杯子摇晃或振动。

（4）刮平后，轻轻敲打杯子，使粉体下沉，避免在挪动过程中粉体散失，在杯子的外表面上也不能沾有粉体。

（5）称量圆柱杯内的粉体质量，精确到 0.05g，求出待测粉体试样的松装密度。

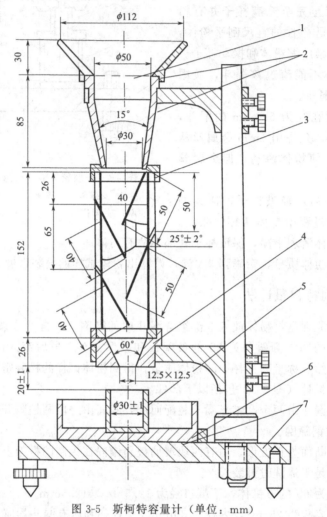

图 3-5　斯柯特容量计（单位：mm）

1—黄铜筛网；2—组合漏斗；3—布料箱；4—方形漏斗；5—圆柱杯；6—溢料盘；7—台架

3.2.3　振动漏斗法

采用振动漏斗测定粉体松装密度适用于不能自由流过漏斗法中孔径为 5mm 漏斗的粉体，不适用于在振动过程中易于破碎的粉体，如团聚颗粒、纤维状和针状的粉体。该测定方法的原理是将粉体装入带有振动装置的漏斗中，在一定条件下进行振动。粉体借助于振动，从漏斗中按一定高度自由落下，以松装状态充满已知容积的圆柱杯。用单位体积松装粉体的质量表示粉体的松装密度。振动漏斗法测粉体松装密度装置如图 3-6 所示。其使用的漏斗小孔直径为 7.5mm，振动器电源频率为 50Hz，漏斗以 100Hz 的频率水平振动，振幅为（100±

15)μm，圆柱杯容积为 25cm³，内径为 30mm，操作时杯座和振动装置绝对不能相接触，否则将影响结果。振动漏斗法测粉体松装密度的步骤如下。

（1）用定位块将圆柱杯和漏斗之间的距离调整到 25mm，并且对准中心。

（2）用手指堵住漏斗小孔，然后将待测粉体装入漏斗中。

（3）视粉体流动情况，预先适度地调节振动器的振幅，避免粉体成堆地流入圆柱杯中。

（4）启动振动装置，并且松开手指，使粉体流入杯中，直到粉体溢出时为止。

（5）用非磁性和不带静电的直尺刮平粉体，在操作时，不要压缩或带出粉体，更不要振动圆柱杯。

（6）粉体刮平后，轻敲杯壁，使其稍振实一些，以免在挪动时粉体从杯中撒出。然后，将圆柱杯外壁的粉体清理干净，并且确保不沾有粉体。

（7）称量杯内粉体质量，精确到 0.05g，求出待测粉体试样的松装密度。

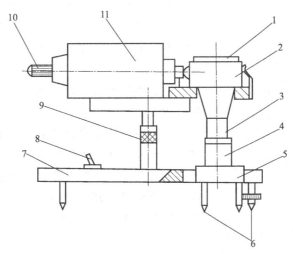

图 3-6　振动漏斗法测粉体松装密度装置示意图

1—漏斗；2—滑块；3—定位块；4—圆柱杯；5—杯座；6—调节螺钉；7—底座；
8—开关；9—振动器支座；10—振幅调节钮；11—振动器

3.3 粉体振实密度的测定

将一定质量的粉体装在振动容器中，在规定条件下进行振动，直到粉体的体积不再减小，测得粉体的振实体积。然后，用粉体的质量除以振实后的粉体体积，便得到粉体的振实密度。试验时所用量筒和粉体质量，应根据粉体的松装密度来选择，见表 3-2。

表 3-2　测粉体振实密度量筒与粉体质量选择

量筒容积/cm³	粉体松装密度/(g/cm³)	试验使用的粉体质量/g
100	≥1	100
	<1	50
25	>4	100
	2~4	50
	1~2	20

试验采用的玻璃量筒是容积分别为 100cm³ 和 25cm³ 的两种具有三面刻度的量筒。

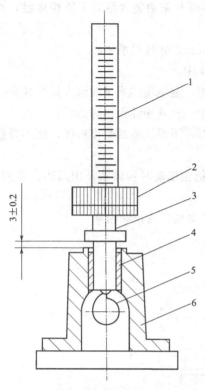

图 3-7　粉体振实密度测试装置示意图
1—量筒；2—支座；3—定向滑杆；
4—导向轴套；5—凸轮；6—砧座

100cm³量筒带刻度部分的高度约为175mm，量筒最小刻度间的容积为1cm³，因而其测量精度为±0.5cm³；25cm³量筒带刻度部分的高度约为135mm，量筒最小刻度间的容积为0.2cm³，其测量精度为±0.1cm³。25cm³的量筒主要用于测量松装密度大于4g/cm³的粉体，如难熔金属粉体；也可用于松装密度比较低的粉体；但不适用于松装密度小于1g/cm³的粉体。振实装置采用一种靠凸轮的转动，来使定向滑杆上下滑动，敲击砧座，使量筒内粉体逐渐被振实的装置。其振幅为3mm，每分钟振动（250±15）次。该装置如图3-7所示。

粉体振实密度的测定步骤如下。

（1）用试管刷或绸布擦净量筒内壁，也可用溶剂（如丙酮或乙醇）清洗，但在使用前必须进行彻底干燥。

（2）称量粉体应精确到0.1g。试验用粉体量按表3-2量取。

（3）将称量好的粉体装入清理干净的量筒内，应注意尽量使粉体表面基本处于水平状态，然后将量筒1固定在支座2上。当凸轮5转动时，定向滑杆3带着支座2上下滑动，并且撞击在砧座6上，因而使量筒内的粉体逐渐被振实，直至粉体的体积不再继续减小。

实际上可测定粉体体积不再继续减小时的最少振实次数（N）。对同类粉体来说，除了通常试验和验收时已确定了的特定振实次数（不小于 N）以外，量筒内粉体应受到 $2N$ 次的振动。在一般情况下，各种粒度的粉体，取每分钟振动（250±15）次，振动12min，即3000次，都能达到令人满意的效果。

（4）确定振实后的粉体体积，如果振实后的粉体上表面是水平的，可直接读出体积值；如果振实后的粉体上表面不是水平的，则用振实后粉体上表面的最高和最低读数的平均值来确定振实体积。使用100cm³量筒时，粉体的振实体积应精确到0.5cm³。使用25cm³量筒时，应精确到0.1cm³。

（5）利用测得的振实体积和粉体质量求出待测粉体的振实密度。

参 考 文 献

[1] 廖寄乔. 粉体材料科学与工程实验技术原理及应用［M］. 长沙：中南大学出版社，2001.

[2] ［日］三轮茂雄，日高重助. 粉体工程实验手册［M］. 杨伦，谢淑娴译. 北京：中国建筑工业出版社，1987.

[3] 陆厚根. 粉体工程导论［M］. 上海：同济大学出版社，1993.

第 4 章

粉体晶态结构与成分测试

4.1 粉体晶态结构测试与分析

4.1.1 粉体晶态结构的 X 射线衍射分析法

4.1.1.1 X 射线衍射分析法原理

X 射线衍射分析法（X-ray diffraction，XRD）采用的 X 射线是一种波长很短的电磁波，波长范围是 $0.05\sim0.25nm$，具有很强的穿透力，由于与晶体中的原子间距大致相同，因此当 X 射线照射晶体时会产生衍射现象，X 射线衍射被广泛应用于晶体结构的分析等领域，其理论基础是著名的 Bragg 方程：

$$n\lambda = 2d\sin\theta \tag{4-1}$$

式中，θ、d、λ 分别为布拉格角（也称衍射角）、晶面间距、X 射线波长；n 为整数，称为衍射级数。满足 Bragg 方程时，可产生衍射现象。根据试样的衍射线的位置、数目及相对强度等确定试样中包含有哪些结晶相以及它们的相对含量。

X 射线衍射仪主要由 X 射线管、样品台、测角仪以及检测器等部件组成。同时使 X 射线管和探测器作圆周同向转动，但探测器的角速度是 X 射线管的两倍，这样可使两者永远保持 1 : 2 的角度关系，从而最终得到"衍射强度与 2θ"的衍射谱线。近年来由于衍射仪与电子计算机的结合，从操作、测量到数据处理与分析已大体上实现了自动化和计算机化。

4.1.1.2 XRD 粉体样品的制备与测试

由于样品的颗粒大小对 X 射线的衍射强度以及重现性有很大的影响，因此制样方式对物相的定量也存在较大的影响。一般样品的颗粒越大，则参与衍射的晶粒数就越少，还会产生初级消光效应，使得强度的重现性较差。为了达到样品重现性的要求，一般要求粉体样品的颗粒度大小在 $0.1\sim10\mu m$ 范围内。此外，对于吸收系数大的样品，参加衍射的晶粒数减少，也会使重现性变差。因此在选择参比物质时，尽可能选择结晶完好、晶粒小于 $5\mu m$、吸收系数小的样品，如 MgO、Al_2O_3、SiO_2 等。一般可以采用压片、胶带粘以及石蜡分散的方法进行制样。由于 X 射线的吸收与其质量密度有关，因此要求样品制备均匀，否则会严重影响定量结果的重现性。

对于样品量比较少的粉体样品，一般可采用分散在胶带纸上黏结或分散在石蜡油中形成石蜡糊的方法进行测试。要求尽可能分散均匀以及每次分散量控制相同,这样才能保证测量结果的重复性。

XRD 最基本的功能就是可以对粉体试样的物相组成进行定性与定量分析。进行物相定性分析的原理是:由各衍射峰的角度位置所确定的晶面间距以及它们的相对强度是物相的固有特性。每种物相都有特定的晶体结构和晶胞尺寸,而这些又都与衍射角和衍射强度有着对应关系,因此,可以根据衍射数据来鉴别晶体结构。通过将未知物相的衍射谱与已知物相的衍射谱相比较,可以逐一鉴定出样品中的各种物相。随着计算机技术和数据库的发展,物相分析逐渐进入了自动化检索阶段,如图 4-1 所示的目前广泛使用的 Jade 分析软件,输入测得的衍射数据,给出样品中已知的元素,一般就可给出确定的结果。在一般情况下,由于计算机容错能力较强,对于其给出的结果还需要进行人工校对,才能得到正确的结果。进行物相定量分析的原理是每一种物相都有各自的特征衍射线,而衍射线的强度与物相的质量成正比,各物相衍射线的强度随该相含量的增加而增加。

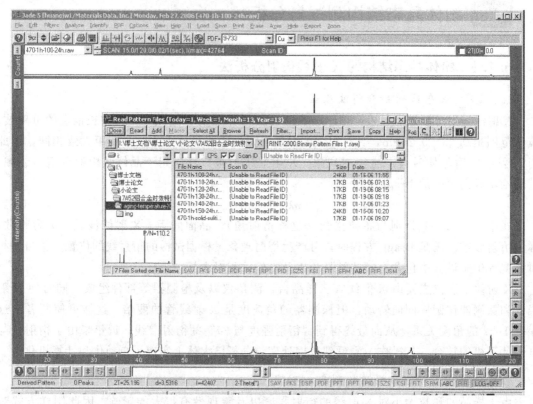

图 4-1 XRD 衍射数据分析软件 Jade

图 4-2 为采用共沉淀法合成的 $La_{0.67}Sr_{0.33}MnO_3$ 前驱体分别在 700℃ 和 1000℃ 煅烧所得产物的 XRD 谱图,可以看出煅烧产物均为有一定结晶度的钙钛矿相,但随着煅烧温度的升高,其衍射峰强度明显增强,并且有些峰出现分裂现象,这是该晶相随煅烧温度升高,晶化度提高而晶体结构趋于完美所致。

利用 XRD 可对纳米晶粉体颗粒的晶粒度进行测定,其原理和分析方法在 2.1.3.4 节已进行论述。现举例说明,如图 4-3 对于锐钛矿相 TiO_2 纳米晶粉体,其主要衍射峰 2θ 为 25.1°,可指标化为(101)晶面。当采用 CuK_α 作为 X 射线源,波长为 0.154nm,衍射角的

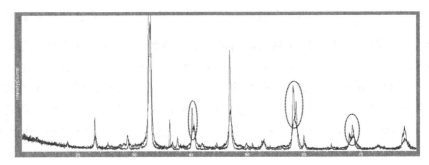

图 4-2　采用共沉淀法合成的 $La_{0.67}Sr_{0.33}MnO_3$ 前驱体在不同煅烧温度下所得产物的 XRD 谱图

2θ 为 25.3°，测量获得的半高宽 $B_{1/2}$ 为 0.375°，根据谢乐公式，可以计算得到所测 TiO_2 粉体的晶粒尺寸为 21nm。

$$D_{101}=\frac{K\lambda}{B_{1/2}\cos\theta}=\frac{0.89\times0.154}{\dfrac{2\pi\times0.375}{360}\times\cos12.65°}=21\text{nm}$$

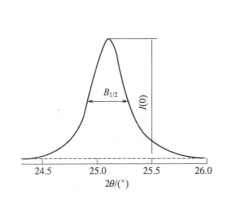

图 4-3　锐钛矿相 TiO_2 纳米晶粉体（101）晶面衍射峰宽化示意图

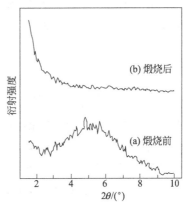

图 4-4　PEG 法制备 TiO_2 介孔粉体的小角 XRD 谱图

此外，根据晶粒大小还可以计算出晶胞的堆垛层数，TiO_2（101）面的晶面间距 d_{101} 为 0.352nm，由此可以获得 TiO_2 纳米晶粒在垂直于（101）晶面方向上晶胞的堆垛层数 $N=D_{101}/d_{101}=21/0.352=60$。由此可以获得 TiO_2 纳米晶粒在垂直于（101）晶面方向上平均有 60 个晶面。如果能通过其他手段证明粉体颗粒是单晶的，则可用计算的晶粒大小代表粉体的平均粒度，而且如把单晶颗粒近似为球形的话，由晶体密度 ρ（锐钛矿型 TiO_2 密度为 3.85g/cm³）和晶粒大小 D，利用公式 $s=\dfrac{6}{\rho D}$ 则可计算出该单晶态锐钛矿型 TiO_2 纳米粉体的比表面积为 74.2m²/g。

对于具有介孔（孔径为 2～50nm）结构的粉体材料，如孔排列规整，可看作有序的多层结构，孔壁可看作周期良好的调制界面，当 X 射线入射时，周期良好的调制界面会与相互平行的晶面一样，在满足 Bragg 条件时产生相干衍射，形成明显而尖锐的衍射峰，由于调制界面的间距（相当于介孔孔径）较晶面间距大得多，根据 Bragg 方程，故可以在小角度观察到因介孔结构产生的衍射峰。因此小角 XRD 可以对粉体材料的有序介孔结构进行分析，根据 Bragg 方程 $d = \dfrac{\lambda}{2\sin\theta}$，利用因介孔结构产生的衍射峰计算出介孔的平均孔径。如利用低分子量的聚乙二醇（PEG）作为结构定向剂，结合溶胶-凝胶法制备具有一定介孔结构的 TiO_2 纳米粉体。图 4-4（a）是经 60℃烘干 48h 的干胶样品的小角 XRD 谱，由图可见，以 5°为中心有一个峰包，其中心角度对应孔径为 1.7nm，由此估计在前驱体粉末中有微孔结构存在，而且孔径分布较宽，规整性也较差。干胶样品经 400℃热处理 1h 后形成锐钛矿型 TiO_2 物相，其小角 XRD 谱见图 4-4（b），表明样品经热处理后，在 XRD 小角衍射谱上未发现有峰信号，表明在升温过程中，骨架结构塌陷，使得孔结构消失。

掺杂是材料改性的重要手段，即往某种材料晶体结构中掺入少量原子或离子，材料的物相结构并无明显变化，而使材料产生特定的物理性能。异类原子或离子半径与基体的原子半径有差异，从而导致晶格畸变，也就发生了基体点阵常数的增大或减小，尽管晶格常数的变化很微小，通常在 $10^{-3} \sim 10^{-2}$ nm 的数量级上，但可以利用 XRD 对晶体点阵常数的精确测定来反映这一变化，从而验证某原子或离子是否对某种晶体材料进行了掺杂。但如果仪器测试的误差或者计算的误差足够大，则完全可以把这种变化掩盖或出现错误结果。测量误差来源于波长和衍射角的误差，而 X 射线波长的误差可略去不计，所以只考虑来源于衍射角的误差。布拉格方程的微分形式为：

$$\frac{\Delta d}{d} = -\cot\theta \, \Delta\theta \tag{4-2}$$

对立方晶体，$\dfrac{\Delta\alpha}{\alpha} = \dfrac{\Delta d}{d} = -\cot\theta \, \Delta\theta$。

上式表明，点阵常数的相对误差取决于计算时选取线条的角度 θ 及 θ 的测量误差 $\Delta\theta$。显然，在 θ 测量误差一定的条件下，选取的 θ 角越大，点阵常数的误差越小。说明在点阵常数测定时宜选用高角度线条。系统误差 $\Delta\theta$ 的来源取决于试验条件。总之精确的衍射谱测试、高精的测试结果数学处理方法是准确获取晶体材料点阵常数及其变化的保障。

4.1.2　粉体晶态结构的电子衍射分析法

电子衍射法（electron diffraction，ED）与 X 射线衍射法原理相同，遵循劳厄方程或布拉格方程所规定的衍射条件和几何关系，只不过其发射源是以聚焦电子束代替了 X 射线。电子波的波长更短，使单晶的电子衍射谱和晶体倒易点阵的二维截面完全相似，从而使晶体几何关系的研究变得比较简单。另外，聚焦电子束直径大约为 $0.1\mu m$ 或更小，因而对这样大小的粉体颗粒上所进行的电子衍射往往是单晶衍射图案，与单晶的劳厄 X 射线衍射图案相似。而纳米粉体一般在直径为 $0.1\mu m$ 的圆周内有很多颗粒，所以得到的多为断续或连续圆环，即多晶电子衍射谱。电子衍射法使用较多的是利用透射电子显微镜的选区电子衍射，将颗粒的晶体结构分析与微观结构和形貌观察相结合，可获得更加丰富的相关信息，关于这部分内容将在第 6 章进行详细论述。

4.1.3　粉体晶态结构的中子衍射分析法

中子衍射（neutron diffraction）通常指波长在 0.1nm 左右的中子束（热中子）通过晶态物质时发生的布拉格衍射。目前，中子衍射方法已成为研究一些特殊物质结构的重要手段。

中子衍射的基本原理和 X 射线衍射十分相似，其不同之处在于：①X 射线是与电子相互作用，因而它在原子上的散射强度与原子序数成正比，而中子是与原子核相互作用，它在不同原子核上的散射强度不是随值单调变化的函数，这样，中子就特别适合于确定点阵中轻元素的位置（X 射线灵敏度不足）和值邻近元素的位置（X 射线不易分辨）；②对同一元素，中子能区别不同的同位素，这使得中子衍射在某些方面，特别是在利用氢-氘的差别来标记、研究有机分子方面有其特殊的优越性；③中子具有磁矩，能与原子磁矩相互作用而产生中子特有的磁衍射，通过磁衍射的分析可以定出磁性材料点阵中磁性原子的磁矩大小和取向，因而中子衍射是研究磁结构的极为重要的手段；④一般说来，中子比 X 射线具有高得多的穿透性，因而也更适用于需用厚容器的高低温、高压等条件下的结构研究。中子衍射的主要缺点是需要特殊的强中子源，并且由于源强不足而常需较大的样品和较长的数据收集时间。

中子衍射设备也与 X 射线衍射相似，由核反应堆孔道中引出的热中子束通过准直器射到单色器上，经单晶反射获得单一波长的中子入射到样品上，然后由绕样品旋转的中子探测器在各个角度测定衍射束的强度，再通过与 X 射线衍射相类似的数据处理求得点阵不同位置上的核密度分布。在试验技术上与传统方法稍有差别的还有利用不同波长的中子具有不同速度（能量）这一原理建立的飞行时间衍射法，主要用在加速器等强脉冲中子源上。

中子衍射主要应用于：①在晶体结构方面，首先是轻元素的定位工作，例如各种无机碳、氢、氧化物如 NaH、TiH、ZrH、HfH、PdH、WC、MoC、ThC、UC、PbO、$BaSO_4$、SnO 等结构中轻元素的位置，主要都是靠中子衍射定出的，近期以来已经扩展到有机分子方面如氨基酸、维生素 B，乃至肌红蛋白等较复杂大分子的结构研究；对近邻元素研究方面，可以举出对 3d 过渡族合金 Fe-Co、Fe-Co-V、Fe-Cr、Ni-Mn、Ni-Cr 等样品有序度的研究，这也是用 X 射线很难做到的；对锂离子二次电池电极材料的晶体结构分析，由于含有轻元素锂，用 X 射线衍射也很难做到；②磁结构方面，用中子衍射研究磁结构最早的工作是液氮温度下 MnO 的反铁磁结构探讨，确定了 Mn 原子在（111）面内近邻的磁矩方向相反。20 世纪 50 年代曾对许多反铁磁体如 FeO、NiO、CoO-FeO 等进行了中子衍射研究，对尖晶石型铁氧体如 FeMnO 及石榴石型铁氧体如 YFeO 等也做了测量，证明了奈耳提出的磁结构模型是正确的。50 年代末首先在 MnO 中发现螺旋磁结构，随后在稀土及其合金中发现了各种各样螺旋磁结构。近年来，还在一些反铁磁体中发现非共线反铁磁结构。此外，还用中子衍射方法研究了晶胞中各晶位的磁矩大小、磁电子密度分布、磁畴结构等。当然，中子衍射也被应用于结构相变、择优取向、晶体形貌、位错缺陷研究及非晶态等其他方面。

4.2 粉体的化学成分测试

粉体材料的化学组成包括主要组分、次要成分、添加剂及杂质等。化学组成对粉料的物理化学性能有极大影响，是决定粉体性质的最基本的因素。因此，对化学组分的种类、含量，特别是微量元素的含量与分布等进行表征，在粉体性能研究中是非常必要和重要的。下面介绍两种常用的化学组成仪器分析方法。

4.2.1　特征 X 射线分析法

特征 X 射线分析法是利用 X 射线或电子束照射粉体试样，激发试样中各元素发出不同波长（或能量）的特征 X 射线（也称 X 射线荧光），据此可对试样中的元素进行定性和定量分析。用电子束作激发源的特征 X 射线分析方法适用于分析试样中微小区域的化学成分，其一般被电子显微镜作为一个附属功能，从而实现对材料显微结构观测与微区成分分析相结合，该部分内容将在第 6 章中着重阐述。本节主要介绍以 X 射线作激发源的特征 X 射线分析方法，即通常所说的 X 射线荧光分析法（X ray fluorescence，XRF）。

4.2.1.1　XRF 原理与基本结构

所谓荧光，就是在光的照射下发出的光。X 射线荧光就是被分析样品在 X 射线照射下发出的 X 射线，它包含了被分析样品化学组成的信息，通过对上述 X 射线荧光的分析确定被测样品中各组分含量的仪器就是 X 射线荧光分析仪。

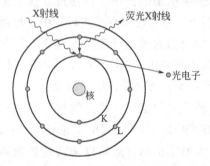

图 4-5　X 射线荧光原理示意图

如图 4-5 所示，对每一种化学元素的原子来说，都有其特定的能级结构，其核外电子都以各自特有的能量在各自的固定轨道上运行，内层电子在足够能量的 X 射线照射下脱离原子的束缚，成为自由光电子，在内层留下空位，原子处于激发态，当外层高能级的电子跃迁填补低能级的较内层空位时，便以发出 X 射线的形式辐射能量，这就是 X 射线荧光，只不过其波长远小于可见光区，肉眼看不到而已。由于每一种元素的原子能级结构都是特定的，它被激发后跃迁时放出的 X 射线荧光的波长也是特定的，称为特征 X 射线。根据莫斯莱（H. G. Moseley）定律，荧光 X 射线的波长 λ 与元素的原子序数 Z 有关，其数学关系为：

$$\lambda = K(Z - S)^{-2} \tag{4-3}$$

式中，K 和 S 是常数。因此，只要测出荧光 X 射线的波长，就可以知道元素的种类，这就是荧光 X 射线元素定性分析的基础。此外，荧光 X 射线的强度与相应元素的含量有一定的关系，据此，可以进行元素定量分析。

根据量子力学，X 射线具有波粒二象性，既可以看作粒子，也可以看作电磁波，由普朗克公式 $E = hc/\lambda$，看作电磁波时的波长和看作粒子时的能量有着一一对应关系，显然，无论是测定波长，还是能量，都可以实现对相应元素的分析。通过测定荧光 X 射线的能量实现对被测样品的分析的方式称为能量色散 X 射线荧光分析，相应的仪器称为能谱仪，通过测定荧光 X 射线的波长实现对被测样品分析的方式称为波长色散 X 射线荧光分析，相应的仪器称为 X 射线荧光光谱仪或波谱仪。

图 4-6 是 X 射线荧光波谱仪和能谱仪的结构示意图，由以下几部分组成：X 射线发生器（X 射线管、高压电源及稳流装置）、检测系统（分光晶体、准直器、检测器与放大器）、计数记录系统（脉冲辐射分析器、数据处理计算机等）。其中波谱仪使用了分光晶体，用以对 X 射线荧光进行分光衍射以探测不同波长的特征 X 射线，在分光晶体一定的情况下，根据式(4-1) 布拉格方程，则可求得不同分光角度下特征 X 射线的波长，因而可确定其相对应的元素种类。由于晶体衍射会造成强度损失，故要求高功率的 X 射线管，并且需配专门的冷

却装置，因而波谱仪的价格往往比能谱仪高。能谱仪结构相对简单，其采用半导体探测器直接按 X 射线荧光的不同光子能量探测谱线，无须高功率的 X 射线管。

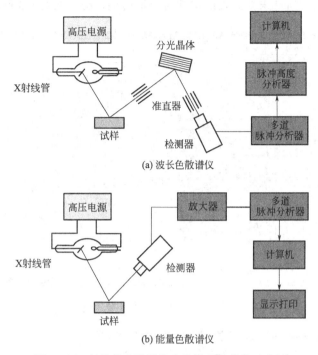

(a) 波长色散谱仪

(b) 能量色散谱仪

图 4-6 X 射线荧光波谱仪和能谱仪的结构示意图

总的来说，X 射线荧光分析法具有谱线简单、分析速度快、测量元素多、能进行多元素同时分析等优点，其中波谱法除了 H、He、Li、Be 外，可对周期表中从 ^{5}B 到 ^{92}U 的元素进行分析，定量分析灵敏度高，适合元素从常量到微量定量分析；能谱法可对从 ^{11}Na 到 ^{92}U 的元素进行分析，但定量分析误差大，一般只能分析含量大于 0.01% 的元素，难以识别含量小于万分之一的微量元素。

4.2.1.2 XRF 粉体样品制备与测试

XRF 能谱法对测试样品要求不很严格，如粉体样品，取适量干粉，稍加分散填充到样品台的凹槽内即可进行测试。波谱法对测试样品要求较严格，要求试样尽可能表面平整光滑，不同的制样方法对测试结果影响很大，对粉体试样，通常将粉体进行压片，然后再进行测试。

粉末压片制样的步骤为干燥、煅烧、混合、研磨、压片。干燥的目的是除去附着水，提高制样的精度，煅烧过程可改变矿物的结构，从而克服矿物效应对分析结果的影响，样品经混合研磨可降低或消除不均匀效应，即使是纳米级粉体，也需经研磨克服其"团聚"现象。由于粉体试样和标准样品在组成方面的差异，导致分析结果产生系统误差，将粉体研磨至粒径小于 $50\mu m$ 和在高压下压片可将该影响减小到最小程度。对大多数样品，压片机活塞直径为 33mm 时用 $2000\sim3000MPa$ 的压力。

仪器经过足够时间的预热稳定后，将成形好的样品放入样品杯，进入测试程序，测试过程将依次根据设定好的扫描通道程序逐道扫描，完成后结果将自动保存。采用无标定量分析模块打开测试结果，图 4-7 所示为某矿物的部分峰位测试结果，进行寻峰匹配后得到如图 4-

8 所示的结果。分析并编辑未标注的峰位以及重叠峰即可对测试峰位进行定量计算。输入样品信息（烧失量、硼含量等不可测部分以及样品中元素存在形式，如单质或氧化态），重新计算，即可得到样品中所有未知元素的定性与定量信息，结果如图 4-9 所示。

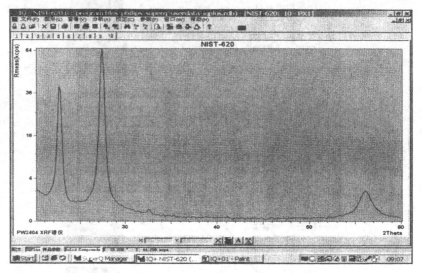

图 4-7　通道测试采集数据片段

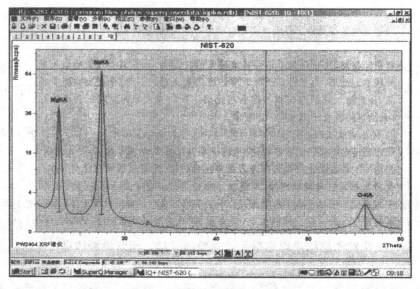

图 4-8　峰位匹配后数据图谱片段

4.2.2　原子光谱分析法

如图 4-10 所示，有别于 XRF，原子光谱分析法是利用原子外层轨道电子的跃迁产生的光发射（从高能级跃迁到低能级）或光吸收（从低能级跃迁到高能级），对发射光谱或吸收光谱检测来进行元素分析。因此，原子光谱分析法又分为原子发射光谱法和原子吸收光谱法。

原子吸收光谱法（atomic absorption spectroscopy，AAS），是基于气态的基态原子外层

R.M.S: 0.000　　归一前总和: 104.7　　归一化至: 100.0

浓度(Q)　　谱线(L)　　结果(R)

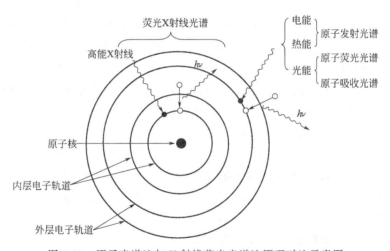

分析	校正状	化合物分	进度(%)	
Na	校正过	Na_2O	14.438	计算
Mg	校正过	MgO	3.856	计算
Al	校正过	Al_2O_3	1.777	计算
Si	校正过	SiO_2	72.408	计算
P	校正过	P_2O_5	0.007	计算
S	校正过	SO_3	0.243	计算
K	校正过	K_2O	0.373	计算
Ca	校正过	CaO	6.699	计算
Ti	校正过	TiO_2	0.018	计算
Fe	校正过	Fe_2O_3	0.040	计算
Ni	校正过	NiO	0.008	计算
As	校正过	As_2O_3	0.067	计算
Sr	校正过	SrO	0.032	计算
Zr	校正过	ZrO_2	0.020	计算
Cl	校正过	Cl	0.013	计算

图 4-9　某矿物无标定量测试结果

图 4-10　原子光谱法与 X 射线荧光光谱法原理对比示意图

电子对紫外线和可见光范围的相对应原子共振辐射线的吸收强度来定量被测元素含量为基础的分析方法，是一种测量特定气态原子对光辐射的吸收的方法。该法主要适用于样品中微量及痕量组分分析。

每一种元素的原子不仅可以发射一系列特征谱线，也可以吸收与发射线波长相同的特征谱线。如图 4-11 所示，原子吸收光谱仪由光源、原子化器、分光系统、检测系统和数据处理系统等基本系统组成，当光源发射的某一特征波长的光通过原子蒸气时，即入射辐射的频率等于原子中的电子由基态跃迁到较高能态（一般情况下都是第一激发态）所需要的能量频率时，原子中的外层电子将选择性地吸收相对应的特征光，使入射光减弱，通过单色器检测到对应的吸收光谱。由于各元素的原子结构和外层电子的排布不同，元素从基态跃迁至第一

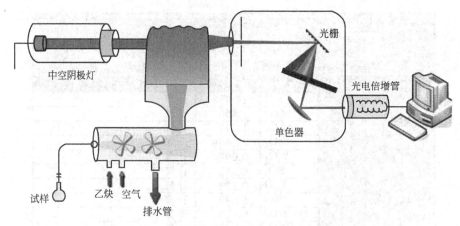

图 4-11　原子吸收光谱仪结构示意图

激发态时吸收的能量不同，因而各元素的共振吸收线具有不同的特征。而特征谱线因吸收而减弱的程度与被测元素的含量有关，据此则可对元素定量分析。原子吸收光谱位于光谱的紫外区和可见光区。

　　进行原子吸收光谱分析，样品制备的步骤及要点如下：在对样品进行处理之前，要确保采集到实验室的试样具有代表性。对大颗粒试样进一步研磨成粉末，然后烘干除去样品表面的吸附水。称样量要合适。称样量可根据以往测试经验，估计待测元素在各种不同样品中的含量来决定；也可称取一定样品量进行测试。各种元素都有其标准曲线线性好的部分，配制的溶液浓度在线性好的浓度范围内，测得的结果较准确。调整样品溶液浓度，可通过改变称样量和样品试液的体积来实现。一般来说，吸光度在 $0.01\sim0.70$ 之间，线性关系较好。样品处理（溶解）成澄清的溶液。样品处理也称消解，就是将固态粉末样品用酸转化成液体形态的过程。在某些待测物用酸并不能完全转化成液态的情况下，可以用辅助加热、高温熔融、高压消解和微波消解等手段来处理。待测溶液中不得有胶体和沉淀物，应在进仪器之前过滤以免堵塞进样系统。样品制备的成功与否，直接关系到测试的正确与否及其准确性。

　　用高纯物质的高浓度储藏液（通常浓度为 $1000\mu g/mL$），来配制所需要浓度的标准溶液，以备制作校正曲线，然后才能测试待测试样溶液浓度。应该注意的是，所有标准溶液、空白溶液和样品溶液，制备的方法应当一样，并且都应当酸化。

　　定量分析使用外标曲线法。采用高纯物质配制成一系列浓度的标准物质，测出其吸光度，建立校正曲线。在同样的条件下，检测待测样品的吸光度，从校正曲线上得到其浓度。外标曲线法测得结果的准确性，依赖于标准物质与被测样品组成的基体匹配情况。在分析中为克服样品基体对结果的影响，需要将标样制备成与样品基体一致的标样，也就是基体要匹配。

　　原子吸收光谱的特点是：灵敏度高，绝对检出限量可达 $10^{-14}g$ 数量级，可用于痕量元素分析；准确度高，一般相对误差为 $0.1\%\sim0.5\%$；选择性较好，方法简便，分析速度快。可以不经分离直接测定多种元素。原子吸收光谱的缺点是：由于样品中元素需逐个测定，故不适于定性分析，多用于对已知元素进行定量分析。

　　原子发射光谱法（atomic emission spectrometry，AES），是利用材料在热激发或电激发下，处于激发态的待测元素原子回到基态时发射的特征谱线对待测元素进行分析的方法。

在正常状态下，原子处于基态，原子在受到热（火焰）、电（电火花）或等离子体激发时，如电感耦合等离子体（inductive coupled plasma，ICP）是目前用于原子发射光谱的主要激发源，由基态跃迁到激发态，返回到基态时，发射出特征光谱（线状光谱）。如图 4-12 所示，原子发射光谱仪进行测试时包括了三个主要的过程，即：由光源提供能量使样品蒸发，形成气态原子，并且进一步使气态原子激发而产生光辐射；将发射出的复合光经单色器分解成按波长顺序排列的谱线，形成光谱；用检测器检测光谱中谱线的波长和强度。

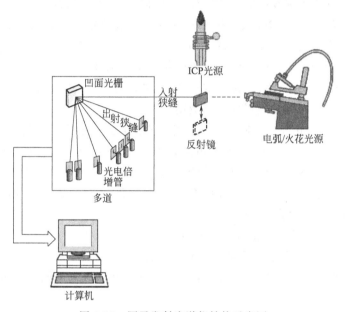

图 4-12 原子发射光谱仪结构示意图

由于待测元素原子的能级结构不同，因此发射谱线的特征不同，据此可对样品进行定性分析；而根据待测元素原子的浓度不同，因此发射强度不同，可实现元素的定量测定。

原子发射光谱的特点是：灵敏度高，绝对灵敏度可达 $10^{-9} \sim 10^{-8}$g；选择性好，每一种元素的原子被激发后，都产生一组特征光谱线，由此可准确无误地确定该元素的存在，所以光谱分析法仍然是元素定性分析的最好方法；适于定量测定的浓度范围小于 5%～20%，高含量时误差高于化学分析法，低含量时准确性优于化学分析法；分析速度快，可同时测定多种元素，而且样品用量少。

下面介绍一下 ICP-AES 发射光谱分析法的原理、特点及应用。

（1）原理 高频发生器提供的高频能量加到感应耦合线圈上，由微电火花引燃火焰，使通入炬管中的氩气电离，产生电子和离子而导电，形成火炬形状的等离子体。样品由氩气带入雾化系统雾化后，以气溶胶形式进入等离子体的轴向通道，在高温和惰性气体中被充分蒸发、原子化、电离，激发发射出所含元素的特征谱线（由于各种元素的原子结构不同，故其发射光谱的谱线波长也各不相同），由光栅分光系统将各种组分原子发射的多种波长的光分解成光谱，得到按波长顺序排列的谱线，根据特征谱线的存在与否，鉴别样品中是否含有某种元素（定性分析），根据特征谱线的强度测定样品中相应元素的含量（定量分析）。

ICP-AES 法可以定量测定未知元素含量的原因是元素的谱线强度与元素含量之间存在定量关系，各种元素的特征谱线强度与其浓度之间，在一定的条件下都存在确定关系，这种关系可用下式表示：

$$I = ac^b \tag{4-4}$$

式中，I 为谱线强度；c 为被测元素浓度；a、b 均为与试验条件有关的常数。

若对上式取对数，则得：

$$\lg I = b\lg c + \lg a \tag{4-5}$$

该式即为光谱定量分析的基本关系式。以 $\lg I$ 对 $\lg c$ 作图，在一定的浓度范围内得一条直线。根据该直线（称为标准曲线）可以计算未知溶液中元素的含量。

（2）特点　ICP-AES 发射光谱分析法是一种元素成分定性或定量的分析方法，它是元素分析的最重要的方法之一，其主要特点如下。

① 应用广泛。ICP-AES 法除了不能分析有机化合物及大部分非金属元素（如 H、C、N、O、F、Cl、Br、I、He、Ne、Ar、Kr、Xe）外，可对 70 多种元素进行分析，在材料、地质、环保、冶金和机械等领域得到广泛应用。

② 分析快速。可在几分钟内同时对几十种元素进行定性和定量分析。

③ 选择性好。对于一些化学性质极相似的元素，如钼和钨、铌和钽以及几十种稀土元素，用其他方法分析很困难，而用 ICP-AES 发射光谱分析法很容易分析测定。

④ 检出限低。检出限可达 ng/mL 级，每个元素有对应波长检出限，例如波长为 317.933nm 的 Ca 的检出限为 0.01mg/L。

⑤ 准确度高。ICP-AES 法相对误差约为 1%。

⑥ 试样消耗少。一般只消耗几毫克至几十毫克试样。

⑦ 线性范围宽。标准曲线的线性范围可达 4～6 个数量级，可同时测定高、中、低含量的不同元素。

对试样进行测试前，先用光谱纯试剂配制 K、Na、Ca、Mg、Cu、Fe、Mn、Zn、Al 等待测元素的标准储备液，浓度均为 $1000\mu g/mL$；或向有资质的标准物供应单位购买，配制待测元素混合标准系列溶液（根据样品中元素含量配制相应浓度值）。将待测粉体样品消解成一定浓度的溶液，置入仪器进样管中进行测试。分析前，为使分析线的峰值更准确地正对出射狭缝，必须进行波长校正。将混合标准系列溶液引入炬焰，对仪器进行标准化操作，从低到高，再引入样品溶液到炬焰中激发，分析检测待测元素的浓度并存储数据。

参 考 文 献

[1]　张国栋．材料研究与测试方法［M］．北京：冶金工业出版社，2001．

[2]　黄惠忠．纳米材料分析［M］．北京：化学工业出版社，2003．

[3]　魏全金．材料电子显微分析［M］．北京：冶金工业出版社，1990．

第 **5** 章

粉体表面特性及其测试技术 ▶▶

粉体颗粒相比块体材料的最大特点是具有大的比表面积和表面能,对于某一材料来说,粒度越小,比表面积越大,表面能就越高。特别是当颗粒尺寸进入纳米领域时,微粒比表面积急剧增加,使处于表面的原子数增多,如此多的表面原子一般处于一种近邻缺位的状态,使得微粒的表面能增大,微粒活性增强。如金属纳米粒子在空气中燃烧,无机的纳米粒子暴露在空气中会吸附气体,并且与气体进行反应。此外,粉体颗粒的表面成分以及表面电性对粉体的物理化学性能及其使用性能也有重要的影响。

5.1 粉体表面成分分析技术

在分析粉体颗粒因细化而引起其特性发生变化的原因时,有时需要对颗粒表面组分或结构的变化进行定性和定量的测定。

为了研究粉体颗粒表面组分,最有效的手段是引入某种"探针",然后考察它与表面原子的相互作用。D. Lichtman 曾用图 5-1 表示各种表面分析技术的组合,在这里他列举了八种探针,如电子、离子、中子、光子等粒子,以及热、声、磁场和电场与表面相互作用后发出电子、离子、中子和光子之中的一种,或是同时发出数种。这些出射粒子携带着有关表面信息离开表面而被相应探测器所接收,因此得到各种相应的谱(spectrum)。通过分析这些出射粒子的种类、数目以及它们的空间分布和能量分布等,就可测出粒子的表面组成。下面具体介绍两种常用的表面成分测量方法。

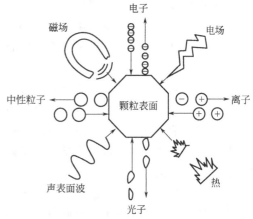

图 5-1　表面分析中常用的各种探针
及从表面出射的各种粒子

5.1.1　俄歇电子能谱法

俄歇电子能谱(Auger electron spectroscopy,AES)是一种利用高能电子束为激发源的表面分析技术，在 AES 分析区域受激原子发射出具有元素特征的俄歇电子。入射电子束和物质作用，可以激发出原子的内层电子形成空穴。如图 5-2 所示，外层电子填充空穴向内层跃迁过程中所释放的能量，可能以 X 射线的形式放出，即产生特征 X 射线，也可能又使核外另一电子激发成为自由电子，这种自由电子就是俄歇电子。对于一个原子来说，激发态原子在释放能量时只能进行一种发射：特征 X 射线或俄歇电子。原子序数大的元素，特征 X 射线的发射概率较大，原子序数小的元素，俄歇电子的发射概率较大，如图 5-3 所示，当原子序数为 33 时，两种发射概率大致相等。因此，俄歇电子能谱适用于轻元素的分析。

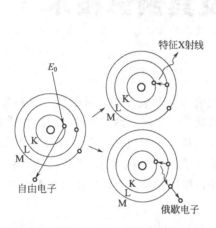

图 5-2　材料表面在入射电子束作用下
发射特征 X 射线或俄歇电子示意图

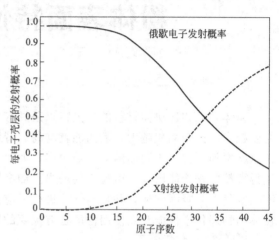

图 5-3　俄歇电子或特征 X 射线
发射概率与原子序数的关系

通常用俄歇电子涉及的电子壳层标志它，如 KL_2L_2 俄歇电子，表示 K 层电子成为光电子后 L_2 层电子填入 K 层，同时又使 L_2 层另一电子变成俄歇电子。对于原子序数为 Z 的原子，俄歇电子能量用 $E_{WXY}(Z)$ 表示，下标 W、X、Y 表示电子壳层，说明 W 空穴被 X 层电子填充，Y 层电子成为俄歇电子。显然，W 激发态和 X、Y 激发态能量之差就是俄歇电子的能量。虽然用量子力学可以计算，但需用大型电子计算机才能完成。不过也可用经验公式计算：

$$E_{WXY}(Z) = E_W(Z) - E_X(Z) - E_Y(Z+\Delta) - \phi \tag{5-1}$$

式中，$E_W(Z) - E_X(Z)$ 为 X 层电子填充 W 空穴时释放的能量；$E_Y(Z+\Delta)$ 为 Y 层电子电离所需的能量，其中 $\Delta = 1/3 \sim 1/2$；ϕ 为功函数。各元素电子的电离能和固体样品的功函数都已知，利用上式即可求出俄歇电子能 $E_{WXY}(Z)$，对照现有的俄歇电子能量图表，就可确定样品表面成分。

俄歇电子在固体中运行也同样要经历频繁的非弹性散射，能逸出固体表面的仅仅是表面几层原子所产生的俄歇电子，这些电子的能量大体上处于 $10 \sim 500eV$，它们的平均自由程很短，为 $0.5 \sim 2.0nm$，因此俄歇电子能谱所考察的只是固体颗粒的表面层。

由于一次电子束能量远高于原子内层轨道的能量，可以激发出多个内层电子，会产生多种俄歇跃迁，因此，在俄歇电子能谱图上会有多组俄歇峰，虽然使定性分析变得复杂，但依靠多个俄歇峰，会使得定性分析准确度很高，可以进行除氢、氦之外的多元素一次定性分析。同时，还可以利用俄歇电子的强度和样品中原子浓度的线性关系，进行元素的半定量分析，俄歇电子能谱法是一种灵敏度很高的表面分析方法。其信息深度为 $1.0 \sim 3.0nm$，绝对灵敏度可达到材料表面几个原子层乃至单原子层，是一种很有用的分析方法。

图 5-4 是一组典型的 KLL 类型俄歇跃迁元素的微分谱，其中除元素铍属于 KL_1L_1 俄歇跃迁外，其余最强的峰都是 $KL_{2,3}L_{2,3}$ 跃迁，按照 $KL_{2,3}L_{2,3}$ 跃迁"负峰"的动能大小，可以立刻指认各谱峰所对应的元素分别为硼、碳、氮、氧、氟和钠。

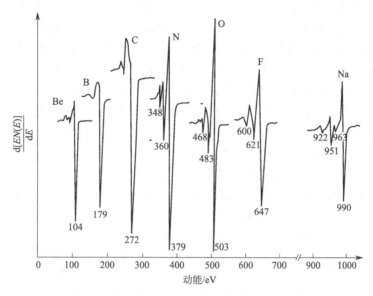

图 5-4　几种轻元素 KLL 俄歇电子跃迁特征谱

俄歇电子能谱通常用电子束作辐射源，电子束可以聚焦、扫描，因此俄歇电子能谱可以做表面微区成分分析，并且可以从荧光屏上直接获得俄歇元素像。它是近代考察固体材料表面的强有力工具，广泛用于各种材料分析以及催化、吸附、腐蚀、磨损等方面的研究。

5.1.2　X 射线光电子能谱法

X 射线光电子能谱（X-ray photoelectron spectroscopy，XPS），除具有 AES 测定表面元素组成功能外，其最突出的功能是能识别元素的化学状态，X 射线对样品表面的损伤比较轻，非导电样品表面荷电效应比较容易解决，因此 XPS 能分析无机非金属、有机聚合物等非导体材料。总的来讲，XPS 比 AES 能提供更丰富的材料表面化学信息，实际应用范围更广。

XPS 是用一束特征波长（能量）的 X 射线，激发材料中有关原子轨道的电子，被击出的电子称为光电子，光电子的动能大小与具体元素及其轨道结合能有确定的对应关系。设 X 射线的能量为 $h\nu$，受激轨道电子的结合能为 E_b，测得的光电子的动能为 E_k，三者之间满足 Einstein 光电发射定律：

$$E_k = h\nu - E_b \tag{5-2}$$

对于导电固体，击出的光电子要飞离固体表面还必须克服表面势垒的束缚，即克服材料表面逸出功 ϕ_m 的影响，因此光电子的动能应为：

$$E_k = h\nu - E_b - \phi_m \tag{5-3}$$

对于非导电固体，由于存在荷电效应而破坏光电发射时表面的电中性条件，在表面形成附加的正电位 E_c，从而加速光电子的出射，因此，所测得的光电子的动能应当满足：

$$E_k = h\nu - E_b - \phi_m + E_c \tag{5-4}$$

将式(5-3)和式(5-4)重新改写,得到表示光电子在原子轨道结合能的关系式:

$$E_b = h\nu - E_k - \phi_m \tag{5-5}$$

$$E_b = h\nu - E_k - \phi_m + E_c \tag{5-6}$$

对一定波长的X射线,式中的$h\nu$(能量)是已知的,如以镁或铝作为阳极材料的X射线源得到的X射线光子能量分别为1253.6eV或1486.6eV,材料表面电子的逸出功ϕ_m也是已知的,可以用标准样品对仪器进行标定,求出功函数。因此,试验中根据所测得的光电子动能,即可得到相关受激原子轨道电子的结合能E_b,反映在XPS谱中有对应的特征峰,由此确定相应的元素种类,这就是XPS测定表面化学组成的理论依据。需要注意的是,对于导体,$E_c = 0$;对于非导体,因$E_c > 0$,意味着测得的结合能相对实际值偏高,则要对E_c做出适当的补偿或校正,才能得到光电子动能或轨道结合能的正确数值,才能对样品中所含元素组成,特别是元素的化学状态做出正确的识别。

XPS电子能谱曲线的横坐标是电子结合能,纵坐标是光电子的测量强度,图5-5示出了周期表上第二周期中原子的1s电子的XPS谱线,结合能值各不相同,而且各元素之间相差很大,容易识别(从锂的55eV增加到氟的694eV),因此,通过考察1s的结合能,根据XPS电子结合能标准手册可以鉴定样品中的化学元素。

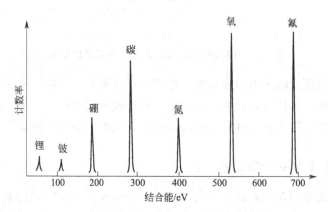

图5-5　第二周期元素的1s电子结合能

除了不同元素的同一内壳层电子(如1s电子)的结合能各有不同的值而外,给定原子的某给定内壳层电子的结合能还与该原子的化学结合状态及其化学环境有关,随着该原子所在分子的不同,该给定内壳层电子的光电子峰会有位移,即元素所处的化学环境不同,其结合能会有微小的差别,这种由化学环境不同引起的结合能的微小差别称为化学位移(chemical shift),这是因为内壳层电子的结合能除主要取决于原子核电荷而外,还受周围价电子的影响。测量化学位移,可以了解原子的状态和化学键的情况。这样就可以通过化学位移的测量确定元素的化合状态,从而更好地研究表面成分的变化情况。例如,某元素失去电子成为正离子后,使该原子的原子核同其内壳层电子的结合能会增加,如果得到电子成为负离子,则结合能会降低。再比如,某原子同电负性不同的原子形成共价键时,电负性比该原子大的原子趋向于把该原子的价电子拉向近旁,使该原子核同其1s电子结合牢固,从而增加结合能。因此,利用化学位移值可以分析元素的化合价和存在形式。例如,Al_2O_3中的三价铝与纯铝(零价)的电子结合能存在约3eV的化学位移,而氧化铜(CuO)与氧化亚铜

（Cu_2O）中的铜原子存在约 1.6eV 的化学位移。如图 5-6 所示，三氟乙酸乙酯（$CF_3COOC_2H_5$）中的四个碳原子分别处于四种不同的化学环境，同四种具有不同电负性的原子结合，由于氟原子的电负性最大，CF 端中碳原子的 C（1s）结合能最高。

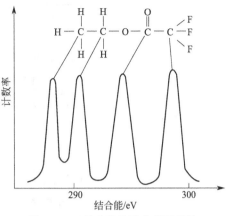

图 5-6　三氟乙酸乙酯中碳原子的
1s 电子 X 射线光电子能谱

XPS 是当代谱学领域中最活跃的分支之一，虽然只有二十几年的历史，但其发展速度很快，在新材料研究、电子工业、化学化工、能源、冶金、生物医学和环境中得到了广泛应用。相比其他分析方法，XPS 具有以下特点。

① 可以分析除 H 和 He 以外的所有元素，对所有元素的灵敏度具有相同的数量级。而相邻元素的同种能级的谱线相隔较远，相互干扰少，元素定性的标识性强。

② 能够观测化学位移。化学位移与原子氧化态、原子电荷和官能团有关。化学位移信息是 XPS 用作结构分析和化学键研究的基础。

③ 可做定量分析。既可测定元素的相对浓度，又可测定相同元素的不同氧化态的相对浓度。从能量范围看，如果把红外光谱提供的信息称为"分子指纹"，那么电子能谱提供的信息可称为"原子指纹"。它提供有关化学键方面的信息，即直接测量价层电子及内层电子轨道能级。

④ 不同于俄歇电子能谱法，是一种无损分析。

⑤ 不同于 X 射线荧光分析法，是一种高灵敏超微量颗粒表面分析技术，而不是分析粉体样品整体的成分。分析所需试样约 $10^{-8}g$ 即可，表面分析深度为 1～10nm（含 10～100 单原子层）。

根据原子内电子能级分布的特性，自然会得出一个结论：每个能级的电子在 XPS 谱上必然有一条特征谱线，但是，考虑到电子自旋和角动量相互作用后，理论上早已预见到轨道的分裂现象。按照 j-j 或 L-S 耦合处理，s 轨道没有分裂，因为无轨道角动量，因此在 XPS 谱中只有一个特征峰；对于 p、d 和 f 轨道，在 XPS 谱中则必然有两条分裂的谱线，因为这些轨道电子存在自旋和轨道角动量之间的矢量耦合，导致自旋—轨道分裂，因此在讨论 XPS 谱时，需要注意以下两点。

① 自旋—轨道分裂的宽度，将取决于电子自旋和轨道角动量之间的耦合强度，这种耦合作用同 $1/r^3$ 成比例，r 为轨道半径。显然，对于一定的元素，自旋—轨道分裂宽度将随主量子数的增加（如 2p→3p，4p，…）而减小，会随着角量子数的增加（如 4p→4f）而减小。

② 自旋—轨道分裂谱线的强度，则随原子序数的增加而增加，因为核电荷增加。双峰峰高比即强度比一般为一定值。p 峰 $p_{1/2}$：$p_{3/2}$ 为 1：2，d 峰 $d_{3/2}$：$d_{5/2}$ 为 2：3，f 峰 $f_{7/2}$：$f_{5/2}$ 为 3：4。

图 5-7 示出了纯金样品的理论和实测的 XPS 谱，清楚地显示了轨道分裂对 XPS 谱构成的影响。

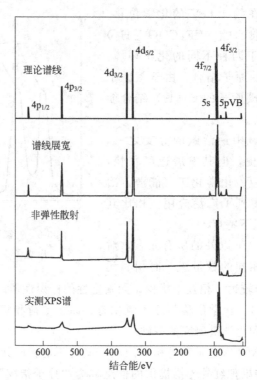

图 5-7　Au 系列 XPS 谱（从理论、两个影响因素到实测谱的对比）

5.2 粉体表面能及其测试

5.2.1 粉体表面能特点

由于物质表面质点各方向作用力处于不平衡状态，使表面质点比体内质点具有额外的势能，这种能量只是表面层的质点才能具有，所以称为表面能，热力学称为表面自由能。

Shuttleworth 在研究颗粒表面能和表面张力的关系时，假设颗粒被一个垂直于它的切面分开，在两个新的表面上质点保持平衡，则所需的单位长度上的力称为表面张力 γ。沿两个新表面的表面张力之和的一半等于表面张力 σ，即：

$$\sigma = \frac{\gamma_1 + \gamma_2}{2} \tag{5-7}$$

它也可被理解为颗粒表面张力的力学定义。

设颗粒表面二维方向各增加 $\mathrm{d}A_1$ 和 $\mathrm{d}A_2$ 面积，则总的自由能 G_s 可以用抵抗表面张力所做的可逆功来表征，即：

$$\mathrm{d}(A_1 G_s) = \gamma_1 \mathrm{d}A_1 \tag{5-8}$$

$$\mathrm{d}(A_2 G_s) = \gamma_2 \mathrm{d}A_2 \tag{5-9}$$

式（5-8）、式（5-9）可改写为：

$$\gamma_1 = G_s + A_1 \frac{\mathrm{d}G_s}{\mathrm{d}A_1} \tag{5-10}$$

$$\gamma_2 = G_s + A_2 \frac{\mathrm{d}G_s}{\mathrm{d}A_2} \tag{5-11}$$

如果是各向同性的颗粒，则有：

$$\gamma = G_s + A \frac{\mathrm{d}G_s}{\mathrm{d}A} \tag{5-12}$$

对液体来说，在液体中取任何切面，其上的原子排列均相同，故液体的比表面能在任何方向都一样。对固体颗粒，假设新表面的形成分两步，首先因断裂而出现新表面，但质点仍留在原处，然后质点在表面上重新排成平衡位置。由于颗粒的质点难以运动，而液体的这两步几乎同时完成。因此，对于液体，$A(\mathrm{d}G_s/\mathrm{d}A)=0$，则 $\gamma = G_s = \sigma$；但对于颗粒，表面张力 γ 与表面自由能 G_s 不能等同。

如前所述，随着颗粒尺度的缩减，完整晶面在颗粒总表面上所占的比例减少，键力不饱和的质点（原子、分子）占全部质点数的比例增多，从而大大提高颗粒的表面能和表面活性。如图 5-8 所示，断裂的立方晶格角上的配位数比饱和时少三个，在棱边上少两个，面上少一个。因此在颗粒表面上的台阶、弯折、空位等处质点具有的表面能一定大于平面质点的表面能。

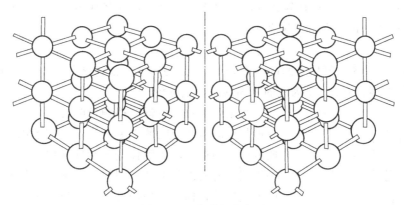

图 5-8　立方晶格的断裂

如果相邻原子的结合力为 F，配位数为 K，晶态的原子数为 n，则总的结合能 G 为：

$$G = \frac{FKn}{2} \tag{5-13}$$

如果原子间的键被断开，形成两个新表面，相邻原子的间距为 a，则颗粒单位面积表面能为：

$$\sigma = \frac{F}{2a^2} = \frac{G}{Kna^2} \tag{5-14}$$

可见颗粒表面能的数值大小不仅取决于比表面积的大小，还取决于表面的几何形状、性质和所处的位置。大多数颗粒是晶体结构，而且各向异性，晶态颗粒不同则界面有不同的表面自由能。原子最紧密堆积的表面是表面自由能最低、稳定性最好的表面。因此可通过控制晶态颗粒表面为不同的晶面，从而达到调控颗粒表面能与表面活性的目的。

表 5-1　一些无机颗粒的比表面能

颗粒名称	比表面能/(erg/cm²)	颗粒名称	比表面能/(erg/cm²)	颗粒名称	比表面能/(erg/cm²)
石膏	40	金刚石	11400	方解石	80
高岭土	500～600	氧化铝	1900	云母	2400～2500

颗粒名称	比表面能/(erg/cm²)	颗粒名称	比表面能/(erg/cm²)	颗粒名称	比表面能/(erg/cm²)
二氧化钛	650	滑石	60～70	石英	780
长石	360	氧化镁	1000	碳酸钙	65～70
石墨	110	磷灰石	190	玻璃	1200

注：$1erg = 10^{-7}J$。

影响颗粒比表面能的因素很多，除了颗粒自身的晶体结构和原子之间的键合类型之外，其他如空气中的湿度、蒸气压、表面吸附水、表面污染、表面吸附物等。表 5-1 给出了一些无机颗粒的比表面能。

5.2.2 粉体表面能测量技术

不像液体的表面张力那样容易测定，颗粒的比表面能直接用试验测定是较为困难的，多数都是通过间接测量某种参数，然后再进行计算求得，至今仍无一种公认的简便标准方法。目前主要采用接触角法测颗粒表面能。

测量固-液两相润湿平衡接触角和液体的表面张力，利用杨氏方程（也称润湿方程）和 Fowkes 界面张力理论可求出颗粒表面能：

$$\gamma_{Sg} = \gamma_{SL} + \gamma_{Lg}\cos\theta \qquad (5-15)$$

式中，γ_{Sg} 为固体与气体之间的表面张力；γ_{SL} 为固体与液体之间的表面张力；γ_{Lg} 为液体与气体之间的表面张力；θ 为液固之间的润湿接触角。

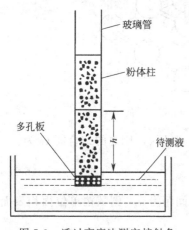

图 5-9 透过高度法测定接触角

测定液体对固体颗粒接触角时常使用透过法。其基本原理是：固体颗粒间的空隙相当于一束毛细管，毛细作用使可润湿颗粒表面的液体透入粉体柱中。由于毛细作用取决于液体的表面张力和对固体的接触角，故测定已知表面张力液体在粉体柱中的透过性可以提供该液体对粒子的接触角。具体测定方法有两种，即透过高度法（又称透过平衡法）和透过速度法。

图 5-9 为透过高度法测定接触角示意图，将粉体试样以固定操作方法装填在具有孔性管底的样品玻璃管中。此管的底部可防止颗粒漏失，但允许液体自由通过。让管底接触液面，液面在毛细力的作用下在管中上升。

上升最大高度 h 由下式决定：

$$h = \frac{2\gamma\cos\theta}{\rho g r} \qquad (5-16)$$

式中，γ 为液体的表面张力；ρ 为液体的密度；θ 为接触角；g 为重力加速度；r 为粉体粒子柱的等效毛细管半径。

由于粉体粒子柱的 r 值无法直接测定，通常采用标准液体校正的办法来解决。即用一已知表面张力（γ_0）、密度（ρ_0）和对所研究粉体粒子接触角为 0°的液体先测定其透过高度 h_0。应用式(5-16)算出粉体粒子柱的等效半径 r，然后再用具有相同等效毛细管半径的粉体粒子柱测定其他液体的透过高度，以已知的等效毛细管半径值来计算各液体对该固体粒子的接触角，计算公式为：

$$\cos\theta - \frac{\rho\gamma_0 h}{\rho_0\gamma h_0} \tag{5-17}$$

由于固体粒子柱的等效毛细管半径与其粉体粒度、形状及装填紧密程度密切相关，故欲用此法得到正确的结果，粉体样品及装柱方法的同一性十分重要。

透过速度法测润湿角是把可润湿粉体的液体在粉体柱中上升看作液体在毛细管中的流动。当固体粒子柱的等效半径 r 很小时，Washburn 方程给出了液体在粉体柱中的上升高度与时间的关系：

$$h^2 = -\frac{\gamma rt\cos\theta}{2\eta} \tag{5-18}$$

因此，如果在粉体柱接触液体后立即测定液面上升高度 h 随时间 t 的变化，作 h^2 对 t 的图，在一定温度下应得一条直线。直线的斜率 $s = -r\gamma\cos\theta/2\eta$。如果用透过高度法得到粒子的等效毛细管半径 r，又知道液体的表面张力 γ 和黏度 η，则可从斜率 s 算出接触角 θ：

$$\theta = \cos^{-1}\left(\frac{-2\eta s}{\gamma r}\right) \tag{5-19}$$

此法与透过高度法相比有快捷、方便的优点。

对于各种测定接触角的方法，测量时都必须注意，应有足够的平衡时间和恒定的体系温度。

Fowkes 对固体表面能的测算做了进一步研究，应用关于表面能色散力分量的概念，在忽略固气界面吸附作用的情况下，给出了如下关系式：

$$\cos\theta = \frac{2(\gamma_{Sg}^d \gamma_{Lg}^d)^{1/2}}{\gamma_{Lg}} - 1 \tag{5-20}$$

式中，γ_{Sg}^d 和 γ_{Lg}^d 分别是固体和液体表面张力的色散力成分。根据此式，如果测定一系列不同表面张力的液体对同一固体粉体的接触角，用 $\cos\theta$ 对 $\frac{(\gamma_{Lg}^d)^{1/2}}{\gamma_{Lg}}$ 作图，应得一条截距为 -1 的直线，斜率为 $2(\gamma_{Sg}^d)^{1/2}$。对于非极性固体，$\gamma_{Sg} = \gamma_{Sg}^d$，故用 Fowkes 方法可以得到此类固体的表面能。

5.3 粉体表面电性及测试

粉体颗粒表面的带电性对粉体的分散性及其表面改性有着非常重要的影响。本节主要介绍颗粒表面电性的起源、表征及其测试方法。

5.3.1 颗粒表面电性起源与带电结构

颗粒表面电荷主要来源于晶格同种离子或带电离子的吸附或解离、晶格取代及颗粒表面的离子优先溶解。

（1）自身解离 颗粒表面具有酸性基团，解离后表面带负电 [图 5-10(a)]；颗粒表面具有碱性基团，解离后表面带正电 [图 5-10(b)]。

（2）晶格取代或晶格缺失 颗粒表面带有一定数量的电荷最早是从黏土中发现的，颗粒晶格中非等电量类质同象替换、间隙原子、空位等，均可引起表面荷电，黏土、云母等硅酸盐颗粒是由铝氧八面体和硅氧四面体的晶格组成的，铝氧八面体中的 Al^{3+} 或硅氧四面体中的 S^{4+} 往往被一部分低价的 Mg^{2+}、Ca^{2+} 等所取代，使黏土晶格带负电，为了维持电中性，这些颗粒表面就吸附了一些正离子，如 K^+、Na^+ 等。当颗粒置于水溶液中时，这些阳离子因水化作用而进入溶液，使这些颗粒表面带负电。另外，构成颗粒晶格的阳离子和阴离子的溶解是不等量的，从而使颗粒表面荷电，如将 AgI 晶体放在水中，它开始溶解，如果有等量的 Ag^+ 和 I^- 解离则表面不带电荷，实际上 Ag^+ 更容易溶解，这样由于颗粒表面的晶格缺失而使表面带负电。

（3）吸附作用　有些物质如石墨、纤维等在水中不能解离，但可以从水中吸附 H^+、OH^- 或其他离子，而使质点带电，许多溶胶的电荷来源属于此类。对金属氧化物来说，表层的金属氢氧化物具有两亲性质，随体系 pH 值的不同，使得分散相粒子的表面或者带正电或者带负电：

$$M—OH+OH^- \longrightarrow M—O^- +H_2O$$

$$M—OH+H^+ \longrightarrow MOH_2^+$$

凡经液相化学反应法制得的胶粒，其表面电荷均来源于离子的选择吸附。试验证明，能和组成质点的离子形成不溶物的离子，最易被质点表面吸附，这个规则通常称为 Fajans 规则。根据这个规则，用 $AgNO_3$ 和 KBr 反应制备 AgBr 溶胶时，AgBr 质点易于吸附 Ag^+ 或 Br^-，而对 K^+ 和 NO_3^- 吸附极弱。AgBr 质点的带电状态，取决于 Ag^+ 或 Br^- 中哪种离子过量。在没有与胶粒组成相同的离子存在时，则胶粒一般先吸附水化能力较弱的阴离子，而使水化能力较强的阳离子留在溶液中，所以通常带负电荷的胶粒居多。通过吸附离子或离子表面活性剂也能使颗粒表面获得电荷。吸附阳离子表面活性剂使表面带正电，吸附阴离子表面活性剂使表面带负电。

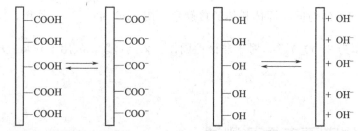

(a) 颗粒表面具有酸性基团,解离后表面带负电　(b) 颗粒表面具有碱性基团,解离后表面带正电

图 5-10　颗粒通过表面酸性基团或碱性基团解离使表面带电

对于分散在液相中表面带电的颗粒，必然对液相中的反号离子进行静电吸附，对同号离子进行静电排斥，其结果在固液相界面两侧出现电荷符号相反、数量相等的电荷分布的双电层。如图 5-11 所示，溶液中的阳离子受到带负电颗粒所产生的电场的吸引围绕在颗粒周围，同时这些阳离子还存在于热运动，具有与周围介质浓度达到一致的趋势。在这两种作用的影响下，阳离子在带负电颗粒周围的分布成一个梯度：带负电颗粒的周围有几个紧密吸附的阳离子，这个由反号离子组成的层状结构被称为斯特恩（Stern）层，也称紧密层。阳离子浓度由于 Stern 层的排斥作用逐渐递减，直到大于某一距离时与体相中阳离子的浓度相同，这种动态平衡形成了反号离子的扩散层（diffuse layer）。紧紧束缚在胶体颗粒周围的 Stern 层及扩散层组成我们通常所指的双电层。双电层的厚度取决于溶液中离子的类型和浓度等因素，

例如向悬浮体系中加入电解质将引起双电层的收缩,这种现象称为双电层压缩。

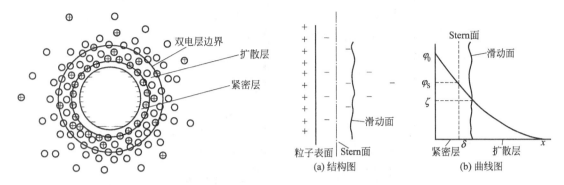

图 5-11　颗粒表面的双电层结构示意图　　　图 5-12　颗粒表面双电层结构中不同位置处的电位

如图 5-12 所示,颗粒表面的电位为 φ_0,为颗粒表面与溶液之间的总电位差,由定位离子(即决定颗粒表面电位的离子)的浓度决定。当颗粒表面电位为零时,定位离子浓度的负对数称为零电点,用 PZC 表示,此时溶液的 pH 值称为零电点,用 pH_{PZC} 表示。大多数氧化物颗粒与硅酸盐颗粒的定位离子为 H^+、OH^-,在 25℃时,颗粒的表面电位可由下面的经验公式得到:

$$\varphi_0 = 0.059(pH_{PZC} - pH) \tag{5-21}$$

许多氧化物和硅酸盐颗粒的零电点已有文献报道。

Stern 层的电位为 φ_S,它是斯特恩层与扩散层之间的电位差,扩散层中电势由 φ_S 降至零。由于颗粒表面带电,如果给溶液施加一定电场力,可使带电颗粒向极性相反的电极移动,称为电泳,滑动面处的电位称为 ζ 电位,也称 Zeta 电位。滑动面位于扩散层中,因颗粒表面的双电层厚度可调,故 ζ 电位也可调控。ζ 电位的大小取决于滑动面内反离子浓度的大小,进入滑动面内的反离子越多,ζ 电位越小,反之则越大。图 5-13 反映了调节 ζ 电位的情况,设颗粒表面带 14 个负电荷,外围双电层含 14 个正电荷,图 5-13(a) 表示溶液中离子浓度较低时,扩散层最厚,滑动面外有 6 个正电单位,滑动面内有 8 个正电单位。在电泳运动时,滑动面内的部分是一个带 6 个负电单位的整体,向正极运动。滑动面外的 6 个正电单位向负极运动,ζ 电位大小可由两者的带电差表示:$(+6) - (-6) = +12$。如果在溶液中加入絮凝剂,溶液中正离子浓度变大,由于正离子挤进滑动面,扩散层变薄,ζ 电位降低。如图 5-13(b) 所示,设挤进的正电单位为 3,那么 $\zeta = (+3) - (-3) = +6$。图 5-13(c) 是一种特殊情况。这时滑动面内有 14 个正电单位,与颗粒表面的 14 个负电单位平衡,$\zeta = 0$,称为等电现象,此时悬浮在溶液中的颗粒应很快沉淀。图 5-13(d) 是一个极端情况,只有在溶液中正离子浓度极高时才会发生,ζ 电位变为负值。

颗粒表面的 ζ 电位为零时,溶液的 pH 值称为等电点,用 pH_{IEP} 表示。由于 Stern 电位 φ_S 难以测量,当溶液浓度不大时,常用 ζ 电位代替 φ_S。ζ 电位与表面电位 φ_0 的关系可用式 (5-22) 确定:

$$\varphi_0 = \zeta\left(1 + \frac{x}{r_S}\right)\exp(kx) \tag{5-22}$$

式中,x 为带电颗粒表面到滑移面的距离,m,一般取为 5×10^{-10} m;r_S 为颗粒的 Stokes 半径,m。

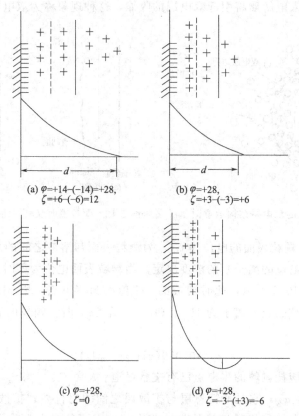

(a) $\varphi=+14-(-14)=+28$,
$\zeta=+6-(-6)=12$

(b) $\varphi=+28$,
$\zeta=+3-(-3)=+6$

(c) $\varphi=+28$,
$\zeta=0$

(d) $\varphi=+28$,
$\zeta=-3-(+3)=-6$

图 5-13　颗粒表面的双电层厚度被压缩时 ζ 电位的变化

颗粒表面零电点与等电点及 ζ 电位值是研究粉体颗粒分散及团聚行为的重要参数。表5-2 列出了一些颗粒的零电点与等电点 pH 值。

图 5-14 反映了一些金属氧化物颗粒的等电点与构成氧化物的金属离子的电负性的关系，即金属离子的电负性越小，其构成的金属氧化物颗粒的等电点越大。

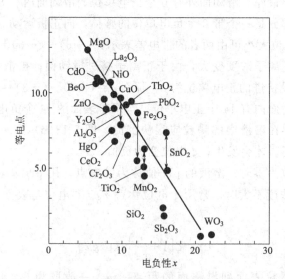

图 5-14　一些金属氧化物颗粒等电点与金属离子电负性的关系

表 5-2　一些颗粒表面零电点及等电点 pH 值

颗粒	pH_PZC 或 pH_IEP	颗粒	pH_PZC 或 pH_IEP
Al_2O_3	9.0,9.4	$FeCO_3$	11.2
$AlPO_4 \cdot 2H_2O$	4.0	$MgCO_3$	6.0～6.5
Al_2SiO_5	7.2,5.2	$MnCO_3$	10.5
$Al(OH)_3$	5.0～5.2	MnO_2	5.6,7.4
$\alpha\text{-}Al_2O_3$	9.2,8.8,8.1	$(Mn,Fe)WO_4$	2.0～2.8
$\gamma\text{-}Al_2O_3$	7.4～8.6	$MnSiO_3$	2.8
BeO	10.2	Mg_2SiO_4	4.1
CuO	9.5	MgO	12.5±0.5
Cu_2O	9.5	$Ni(OH)_2$	11.1
$CaCO_3$	8.2,9.5,5.5～6.0	$ZnSiO_3$	5.8
$CuCO_3 \cdot Cu(OH)_2$	7.9	ZnO	9.3
$CaWO_4$	1.8	$Zn(OH)_2$	7.8
Cr_2O_3	7.0	$ZnCO_3$	7.4,7.8
Ce_2O_3	6.8	La_2O_3	10.4
$Co(OH)_2$	11.4	$t\text{-}ZrO_2$	6.5
$CaMg(SiO_3)_2$	2.8	$t\text{-}ZrO_2 + 3\% \ Y_2O_3$	6.0,7.7
$\alpha\text{-}Fe_2O_3$	9.1	ZrO_2	6.5
$\gamma\text{-}FeO(OH)$	7.4	$m\text{-}ZrO_2$	5.0
$\alpha\text{-}FeO(OH)$	6.7	TiO_2	6.2,6.0,6.7
Fe_2SiO_4	5.7	SiO_2	1.8,2.2
Fe_2O_3	8.0,6.0,7.0,8.4	$\alpha\text{-}SiC$	2.5,3.0
$FeOOH$	7.4,6.7	$\beta\text{-}SiC$	3.0
$FePO_4 \cdot 2H_2O$	2.8	Si_3N_4	7.5
$FeTiO_2$	8.5	Si_3N_4	6.5
$FeCr_2O_4$	5.6,7.2	Si_3N_4	4.2～7.6
Y_2O_3	9.0,10.6,8.8	高岭土	3.4
WO_3	0.5	滑石	3.6
Fe_3O_4	6.5		

5.3.2　颗粒表面 ζ 电位的测定

带电颗粒在外电场作用下的移动速度与其表面的 Zeta 电位密切相关。考虑颗粒粒径对外加电场与双电层电场相互作用的影响，Henry 得出了球形质点电泳速度的一般公式：

$$v = \frac{1}{1.5\eta}\varepsilon\zeta E f(ka) \tag{5-23}$$

式中，v 为颗粒电泳速度；ε 为相对介电常数；ζ 为 Zeta 电位；E 为外加电场强度；η 为黏度；a 为颗粒半径；$f(ka)$ 为颗粒的形状函数；k^{-1} 为双电层厚度。

所以，可以通过测量颗粒在外加电场中的移动速度而得到 Zeta 电位。目前常用的电泳仪都是据此而设计的。较早开发的电泳仪是通过显微镜观测颗粒的微电泳移动来测定颗粒的移动速度，该方法耗时、烦琐且测量误差较大。目前，更常用的是用 ζ 电位仪来测定颗粒表面的 Zeta 电位，它是利用微电泳方法并结合激光散射的多普勒效应来进行测定的。图 5-15 为 ζ 电位仪的结构，将电极插入样品的稀悬浮体中，在电极两端加上一定电压，颗粒在电场中前后移动。通过激光束来检测颗粒的移动情况，散射光强度随频率的波动与颗粒的移动速度有关。通过光电倍增管来检测散射光，并且将信号输入到环形解调器中。利用相关函数分析，从光的频谱计算出颗粒的移动速度，进而得出 ζ 电位。同普通电泳仪相比，该 ζ 电位仪

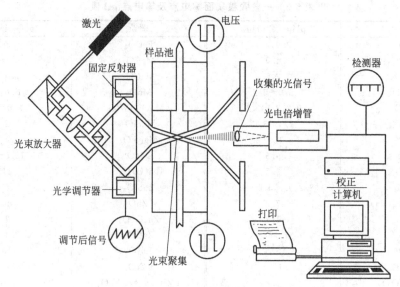

图 5-15　基于微电泳和激光散射原理的 ζ 电位仪结构示意图

有以下优点：测定结果准确，测定效率高，测定速度快，即使颗粒的泳动速度很低（如在颗粒等电点附近）也能够进行准确测量，另外，该方法还能给出颗粒粒径方面的信息。

参 考 文 献

［1］ 李凤生.超细粉体技术［M］.北京：国防工业出版社，2000.

［2］ 任俊，沈健，卢寿慈.颗粒分散科学与技术［M］.北京：化学工业出版社，2005.

［3］ 高濂，孙静，刘阳桥.纳米粉体的分散及表面改性［M］.北京：化学工业出版社，2003.

［4］ 沈钟，王果庭.胶体与表面化学［M］.第 2 版.北京：化学工业出版社，1997.

［5］ 赵振国.胶体与界面化学——概要、演算与习题［M］.北京：化学工业出版社，2004.

［6］ 曹立礼.材料表面科学［M］.第 2 版.北京：清华大学出版社，2009.

［7］ 魏全金.材料电子显微分析［M］.北京：冶金工业出版社，1990.

第 6 章

粉体显微分析技术

　　粉体材料的物理和化学性质是由它的微观形态、晶体结构和微区化学成分所决定的，也即与材料的微结构有关。人们可以通过一定的方法控制材料的微结构，形成预期的结构，从而具有所希望的性能。

　　材料微结构的研究涉及许多内容，主要有：晶体结构与晶体缺陷（面心立方、位错、层错）；显微化学成分（不同相的成分、基体与析出相的成分）；晶粒大小与形态；相的成分、结构、形态、含量与分布；界面（表面、相界、晶界）等。

　　研究材料的微结构有许多不同的方法，例如光学显微分析方法、化学分析方法，X 射线衍射方法，电子显微分析方法、扫描探针显微分析方法等，每种方法都有自己的优点和局限性。光学显微分析方法简单、直观，但只能观察材料的表面形态，不能做微区成分分析；化学分析方法只能得出试样的平均成分，不能给出所含元素的分布，不能观察像；X 射线衍射方法精度高，分析样品的最小区域是毫米数量级，但无法把形貌观察与晶体结构分析微观地结合起来。

　　电子显微分析主要是使用电子显微镜来进行分析，它的优点是：可做形貌观察，具有高的空间分辨率；可做结构分析（选区电子衍射、微衍射、会聚束衍射）；可做成分分析（X 射线能谱、X 射线波谱、电子能量损失谱）；可观察材料的表面与内部结构；可同时研究材料的形貌、结构与成分，这是其他微结构研究方法无法做到的。电子显微分析的局限性在于：仪器价格昂贵，结果分析较困难，仪器操作复杂，样品制备较复杂。电子显微镜的主要种类有透射电子显微镜（transmission electron microscope，TEM）和扫描电子显微镜（scanning electron microscope，SEM）。

　　随着人们对粉体材料微纳米化研究的不断深入，有别于电子显微分析技术，扫描探针显微分析是近年发展起来的一类新型的材料显微分析技术，通过扫描探针显微镜的观测端粗细只有一个原子大小的探针与样品表面在非常近的距离，形成一个高度局域化的"场"，如电场、力场、磁场等，这个局域化场可以作为眼睛的延伸，用以观察材料表面上的原子、分子排列情况和纳米尺度的超微结构，是第一次真正意义上的表面原子尺度清晰成像的技术，也可以作为手的延伸，用来操纵原子、分子，对表面进行纳米尺度的结构加工，对推动材料表面科学的发展具有重要作用。扫描探针显微镜主要有扫描隧道显微镜（scanning tunnel microscope，STM）和原子力显微镜（atomic force microscope，AFM）。

6.1 扫描电子显微镜分析

1935 年 Knoll 提出 SEM 的原理，1942 年制成第一台 SEM，现代的 SEM 是 Oatley 和他的学生于 1948~1965 年在剑桥大学的研究成果。第一台商品 SEM 是 1965 年由英国的剑桥仪器公司生产的。目前，最好的场发射 SEM 分辨率可达 0.6nm。

6.1.1 扫描电镜的基本结构与成像原理

扫描电镜的基本结构如图 6-1 所示。SEM 的电子枪发出的电子束经过栅极静电聚焦后成为直径约 $50\mu m$ 的点光源，然后在加速电压（2~30kV）作用下，经 2~3 个透镜组成的电子光学系统，会聚成几纳米的电子束聚焦到样品表面。在末级透镜上有扫描线圈，在它的作用下，电子束在样品表面扫描。由于高能电子束与试样物质的相互作用，产生各种信号（二次电子、背散射电子、吸收电子、X 射线、俄歇电子、阴极发光和透射电子等），这些信号被相应的接收器接收，经放大器放大后送到显像管（CRT）的栅极上，调制显像管的亮度。由于扫描线圈的电流与 CRT 的相应偏转电流同步，因此试样表面任意点的发射信号与显像管荧光屏上的亮度一一对应。试样表面由于形貌不同，对应于许多不相同的单元（像元），它们在电子束轰击后，能发出为数不等的二次电子、背散射电子等信号，依次从各像元检出信号，再一一送出去，得到所要的信息。

在 SEM 中，用来成像的信号主要是二次电子，其次是背散射电子和吸收电子。用于分析成分的信号主要是 X 射线和俄歇电子。

二次电子像形成衬度原理如下。

(1) 形貌衬度 入射角 α 越大，二次电子产额越多，图 6-2 中 A 部分比 B 部分二次电子信号强度大，形成衬度。二次电子可经过弯曲的路程到达探测器，即背着探测器的面发出的二次电子，也可到达探测器，故二次电子像没有尖锐的阴影，显示较柔和的立体衬度。

(2) 原子序数 Z 差异造成的衬度 当 $Z>20$ 时，二次电子产额随原子序数 Z 的增大无明显变化，只有轻元素和较轻元素二次电子产额与组成成分有明显变化。

(3) 电压造成的衬度 对于导体，正电位区发射二次电子少，在图像上显得黑，负电位区发射二次电子多，在图像上显得亮，形成衬度。

背散射电子像形成衬度主要取决于原子序数和表面的凹凸不平。背散射电子走直线，故它的电子像有明显的阴影，背散射电子像较二次电子像更富于立体感，但阴影部分的细节由于太暗看不清。

SEM 的二次电子像的分辨率可达 3~6nm，如用场发射枪（FEG），分辨率可达 0.6nm。SEM 的放大倍数从 10 倍到几十万倍连续可调。既可看低倍像，又可看高倍像，而 TEM 只适合看高倍像。SEM 有很大的景深（比光镜大 100~500 倍，比 TEM 大 10 倍），因此 SEM 图像的三维立体感强。由于 SEM 成像过程是时间的函数，可方便地进行图像信息处理，改善成像质量（这是光镜和 TEM 做不到的）。SEM 可配有波谱仪（WDS）与能谱仪（EDS），可在观察形貌的同时进行微小区域的成分分析，综合分析能力强。

对于粒径在微米到纳米区间的粉体材料，SEM 可以直观地观测样品的颗粒形状、颗粒大小和颗粒表面的微观形貌等信息，而且由于 SEM 景深大，相比 TEM，可观察颗粒三维

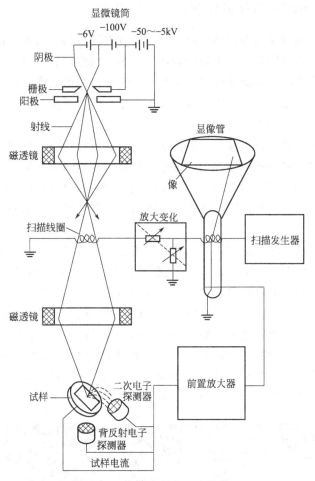

图 6-1 扫描电镜的基本结构

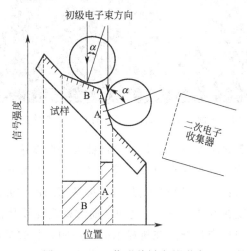

图 6-2 SEM 像形貌衬度的形成

方向的立体形貌特征，另外，SEM 还可在较大视野范围内观察粉体团聚体的大小、形状和分布等几何性质，因而 SEM 对研究粉体的各种复杂结构与性能具有独特的优势和特点。

6.1.2　扫描电镜的粉体试样制备与显微分析

对于粉体试样，特别是超微粉体材料，由于其具有较大的表面能，粒子之间有较强的自发聚集趋势，很容易形成团聚，严重影响颗粒的观测。因此，利用扫描电镜研究粉体材料的很重要一步在于制备出既没有颗粒团聚，又有一定密度，图像清晰的样品。必须将研究对象以适当的方式固定在样品台上，基本要求就是尽可能在同一平面内获得分布均匀、密度适当的颗粒层，一般有以下几种样品制备方法。

（1）直接撒粉法　将粉体直接撒落在样品台上，适当滴几滴分散剂，如乙醇或其他分散介质，轻晃样品台使颗粒分布平整均匀，分散剂挥发后用洗耳球轻吹掉吸附不牢固的粉体，就可直接放入电镜观测。该方法制样简单，但分散性较差，分散剂挥发过程中颗粒容易团聚，适用于较粗的粉体。这种方法方便快捷，适用于本身分散性较好的固体粉体，但难以得到单层分布的颗粒。

（2）导电胶黏结法　用一薄层的导电胶带将粉体粘在样品台上，基本做法是：先在样品台上均匀粘一小条导电胶带如 Cu 胶带、C 胶带等，然后在粘好的胶带上撒少许粉体，把样品台朝下使未与胶带接触的颗粒脱落，再用洗耳球轻吹，吹掉黏结不牢固的粉体，这样胶带表面就留下均匀的一层粉体。用该方法制备待测试样的关键在于所撒上的粉体不能太多，不要用玻璃板等压平粉体表面，否则会造成颗粒下陷于胶带内，导致图像失真。图 6-3 是将以尿素为沉淀剂采用微波均相沉淀法制备的 Co_3O_4 粉体黏附在 C 胶带上用 SEM 观测的照片，可以清晰地看出，通过改变均相沉淀反应的温度和时间，得到的 Co_3O_4 产物形貌具有很大的差异，一种是呈多孔链条状，另一种则表现为多孔板片状。

图 6-3　均相沉淀法不同条件下制备的 Co_3O_4 粉体的 SEM 照片

（3）超声波法　首先需要将粉体样品与某种液体混合配制成一定浓度的悬浮液，因此要选定合适的液体介质。介质一般有三点要求：其一是不与样品发生化学反应；其二是对样品的表面具有良好的润湿作用；其三是纯净无杂质。最常用的液体介质有超纯水、乙醇、丙酮等。悬浮液中粉体样品浓度在 0.05%～1%之间，通常待观测粉体的粒度越小，配制的悬浮液浓度应越低，适宜浓度的标志是样品在所显示的图像中，相邻颗粒应尽量靠近而不互相粘连，观测视野区域内颗粒数尽量多而又呈单体独立分布状态，从而既保证样品的代表性，又保证测试的准确性。

然后将装有配好的悬浮液的容器放到超声波分散器中，打开分散器的电源开关，即开始进行超声波分散处理。由于各种样品的表面能、静电、黏结等特性不同，所以不同种类的样品的分散时间不尽相同。同一种类的样品，由于加工手段、生产工艺、细度等存在差别，超声波分散时间也往往不同。但分散时间一般在 3～10min 之间，此外，不同类型的超声波分散器如槽式或探头式超声波分散器以及超声波功率对悬浮液分散效果也有影响。

为了进一步提高粉体颗粒在液体介质中的分散性，添加适量分散剂可达到显著效果。分散剂的加入不仅能使液体介质的表面张力显著降低，从而使颗粒表面得到良好的润湿，加快"团粒"的分解，使二次颗粒处于单个颗粒状态，而且分散剂可在颗粒表面形成吸附层，增加颗粒间的静电排斥力或空间位阻作用，阻止单个颗粒重新团聚成"团粒"。常用的分散剂有焦磷酸钠、六偏磷酸钠等。一般根据粉体样品的不同来选用相应的分散剂（详见附录Ⅱ）。分散剂的用量一般为所用液体介质质量的 0.1%～0.5%。

最后将超声波分散好的悬浮液用搅拌器充分搅拌（搅拌时间一般大于 30s），然后用专用取样器具从悬浮液中抽取几毫升，抽取时应将专用取样器插到悬浮液的中部移动抽取，然后滴一滴到样品台或锡纸上，用热风轻轻吹干或自然晾干就可放入电镜观测。若用锡纸，就将其粘在样品台的导电胶带上放入电镜。

此方法分散效果较好，特别适合极易团聚的超细粉和纳米粉。图 6-4 为采用该方法对 CeO_2 纳米粉体进行观测的扫描电镜照片。

对于自身导电性好的粉体试样，按上述方法制备好观测样品后，可直接放到扫描电镜下进行观测。对导电性不好或不导电的试样，如多数无机非金属

图 6-4 CeO_2 纳米粉体的 SEM 照片

粉体，在电镜观察时，电子束打在试样上，多余的电荷不能流走，形成局部荷电现象，会严重影响图像质量。因此对该类粉体试样，必须进行真空镀膜，在颗粒表面蒸镀一层厚约 10nm 的导电物质（如碳膜、金膜等），以避免或减弱荷电现象。采用真空镀膜技术，除了能防止不导电试样产生荷电外，还可增加试样表面的二次电子发射率，提高图像衬度，并且能减少入射电子束对试样的辐射损伤。为了减少荷电现象，观测时还可采用降低工作电压的方法，一般用 1.5kV 可有效减弱荷电现象。图 6-5 为在不同工作电压下观测的 Fe_2O_3 粉体试样的 SEM 照片，当工作电压为 30kV 时，荷电现象非常明显，工作电压降到 5kV 时，荷电现象大大减弱。

图 6-5 在不同工作电压下观测的 Fe_2O_3 粉体试样的 SEM 照片

6.1.3 扫描电镜的能谱仪和波谱仪分析

在 SEM 里，常采用在电子束照射下材料产生的特征 X 射线谱来分析材料微区的化学成分。这种微区分析可小至几立方微米。每一种元素都有它自己的特征 X 射线，根据特征 X 射线的波长和强度就能得出定性与定量的分析结果。X 射线谱的测量与分析有两种方法：能谱仪（EDS）分析和波谱仪（WDS）分析。以能谱法进行元素分析，具有快速定性识别（几分钟内）、可多元素同时分析、最小分析区域达 $0.5 \sim 5nm$、样品无严格要求等优点，但其对元素的定量分析能力差；以波谱法进行元素分析，其特性则与能谱法恰恰相反。目前大多数 SEM 都配有 EDS，WDS 因分析速度慢，用得少。

以能谱仪进行微区元素分析有以下几种分析方法。

（1）点分析　将电子束照射在所要分析的点上，接受由此点内得到的特征 X 射线做分析，就得到 EDS 点分析谱（图 6-6），EDS 点分析被用于做材料某点的成分分析。如图 6-6 所示，通过对 $Y_3Al_5O_{12}:Ce^{3+}$ 荧光粉不同位置处的 EDS 点分析谱，可以了解各组成元素在颗粒中的分布情况。

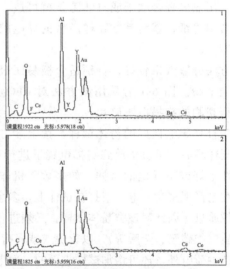

图 6-6　$Y_3Al_5O_{12}:Ce^{3+}$ 荧光粉的 EDS 点扫描结果

（2）线分析　将谱仪设置在测量某一波长的位置（例如 $Ni\lambda_{Ni}K_\alpha$ 的位置），使试样和电子束沿着指定的直线作相对运动，记录得到的 X 射线强度就得到了某一元素在某一指定直线上的强度分布曲线，也就是该元素浓度曲线，图 6-7 测量了 Y 和 Al 沿 $Y_3Al_5O_{12}$ 陶瓷晶内、晶界以及第二相分布的 EDS 线分析谱，可以看出，两元素在晶粒内部和晶界处的分布相对是均匀的，而混料不均匀导致局部成分偏析，形成晶粒内部或晶界处的微小夹杂。

（3）面分析　把谱仪固定在测量某一波长的位置（例如 Ti 的 K_α 线的位置），利用 SEM 中的扫描装置使电子束在试样某一选定区域（一个面，不是一个点）上扫描，同时，显像管的电子束受同一扫描电路的调制作同步扫描，显像管的亮度由试样给出的信息调制。这样图像上的衬度与试样中相应部位该元素（如 Si）含量成正比，越亮表示该元素越多。图 6-8 是对某一矿物粉体材料按其组成的各元素逐一进行面扫描所得的结果，用以了解各元素在材料中的分布情况。

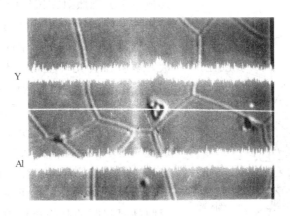

图 6-7　$Y_3Al_5O_{12}$ 陶瓷试样的 EDS 线扫描结果

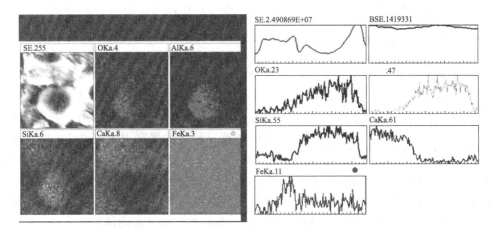

图 6-8　某一无机非金属矿物粉体的 EDS 面扫描结果

谱仪分析最小相对含量一般为 0.01%，由于分析的体积很小，故绝对灵敏度很高。例如分析体积为 $10\mu m^3$，该材料的密度为 $10g/cm^3$，若被分析元素的相对含量为 0.01%，则被分析的绝对质量为 $10^{-14}g$，由此可见谱仪是一种微区微量分析仪。

6.2 透射电子显微镜分析

1932 年 Knoll 和 Ruska 提出了电子显微镜的概念，造出了第一台电子显微镜，其分辨率为 500nm（比光学显微镜高 4 倍），Ruska 为此获得 1986 年诺贝尔物理学奖。1936 年英国造出第一台商用 TEM。目前 TEM 的最高空间分辨率可达 0.1nm。

6.2.1　透射电镜的基本结构与成像原理

透射电镜是一种大型光学仪器，它主要包括电子光学系统、真空系统和电器三部分。其中电子光学系统是 TEM 的关键部分，如图 6-9 所示，它又可分为电子枪、电子照明系统、试样室、成像系统和观察记录系统几个部分。由电子枪发出的电子束经过会聚透镜会聚后，

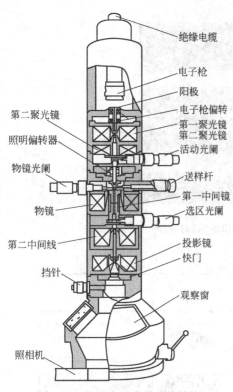

图 6-9　TEM电子光学系统结构

绝缘电缆
电子枪
阳极
电子枪偏转
第一聚光镜
第二聚光镜
活动光阑
送样杆
第一中间镜
选区光阑
投影镜
快门
观察窗

第二聚光镜
照明偏转器
物镜光阑
物镜
第二中间线
挡针
照相机

形成电子光源照射在试样的某一观察微小区域上。试样放在照明系统和成像透镜之间。电子穿过试样后经物镜成像，再经中间镜和投影镜进一步放大，最后在荧光屏上得到与观察试样区的形貌、组织、结构等——对应的电子显微图像。

TEM 中的加速电压要较 SEM 高得多，一般为 50～200kV，因而电子束的穿透能力强，可以透过一定厚度的待观测试样。而且加速电压越高，电子束的波长则越短，电镜的分辨率则越高，现在高分辨电镜的分辨率可达 0.1nm，除了能观察反映晶面间距的晶格条纹像外，还能拍摄反映晶体结构中原子或原子团配置情况的结构像及单个原子的像，这是扫描电镜难以达到的。此外，多数 TEM 都配有 X 射线能谱仪（EDS），在观察材料形貌与结构的同时，可对材料微区的元素组成进行分析。

透射电镜要求被观测的试样厚度不超过 100nm，否则电子束难以穿透试样。因而对于纳米粉体颗粒，粉体试样可以直接在 TEM 下进行观测，不仅可以观测颗粒大小、形貌，还可根据像的衬度来估计颗粒的厚度，是空心还是实心，以及多孔结构等信息；另外，还可通过观察颗粒的表面复型了解颗粒表面的细节特征。基于成像原理的不同，SEM 得到的是颗粒表面的三维立体图像，而 TEM 得到的是颗粒表面与内部特征的二维平面图像。

6.2.2　透射电镜的图像衬度及电子衍射

TEM 电子像的形成取决于入射电子束与材料的相互作用，当电子逸出试样下表面时，由于试样对电子束的作用，使得透射电子束强度发生了变化，因而透射到荧光屏上的电子束强度是不均匀的，这种强度不均匀的电子像称为衬度像。

衬度像有以下几种。

（1）质量或厚度衬度像　是由于材料的质量或厚度差异造成的透射束强度的差异而产生的衬度像，主要用于非晶材料的成像。

（2）衍射衬度像　是由于试样各部分满足布拉格条件的程度不同以及结构振幅不同而产生的，它用得最多，主要用于晶体材料成像。

（3）相位衬度像　试样内部各点对入射电子作用不同，导致它们在逸出试样表面上相位不一，经放大让它们重新组合，是相位差换成强度差而形成的。高分辨像就是相位衬度像。

（4）原子序数衬度像　它的衬度正比于原子序数的平方。它适合于由成分不同而引起的像的差异。

除了能观察待测试样的电子衍射衬度像外，透射电镜的另一基本功能是还能对试样进行电子衍射。电子衍射的基础是布拉格定律 $2d\sin\theta = \lambda$。只有满足布拉格定律才可能产生衍射，满足布拉格定律，不一定产生衍射。产生布拉格衍射的必要条件是满足布拉格定律，它决定衍射点的位置；充分条件是结构因子（定量表征原子排布以及原子种类对衍射强度影响规律的参数，即晶体结构对衍射强度的影响因子）$F_{hkl} \neq 0$，它决定衍射点的强度。

在透射电镜中用得最多的电子衍射是选区电子衍射，即用衍射光阑选择一个区域，对其做电子衍射。通常选区范围为 $0.5 \sim 1\mu m$。与 X 射线衍射相比，电子衍射主要有以下几个特点。

（1）在电镜中做电子衍射时，电子的波长比 X 射线的波长短得多，因此电子衍射的衍射角很小，一般只有 $1° \sim 2°$，而 X 射线衍射角可以大到几十度。

（2）由于物质对电子的散射作用比 X 射线强，因此电子衍射比 X 射线衍射强得多，摄取电子衍射花样的时间只需几秒钟，而 X 射线衍射则需几十分钟，所以电子衍射可以研究晶粒很小或者衍射作用相当弱的试样，如纳米晶颗粒。

（3）选区电子衍射可把晶体试样的微区形貌与结构对照地进行研究。

电子衍射谱有三类：图 6-10(a) 是立方相氧化锆 c-ZrO$_2$ 单晶体的衍射谱，它的特点是谱由规则排列的点阵组成；图 6-10(b) 是单斜相氧化锆 t-ZrO$_2$ 多晶体的衍射谱，它的特点是谱由同心圆环组成；图 6-10(c) 是对 Si$_3$N$_4$ 陶瓷中的晶间非晶相进行选区电子衍射所得的衍射谱，它的特点是谱由弥散的同心圆环组成。因此根据选区电子衍射谱的形状，很容易确定所观察的区域是单晶体，还是多晶体，或是非晶体。

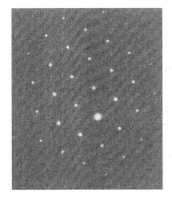

(a) 立方相氧化锆c-ZrO$_2$单晶体的衍射谱　　(b) 单斜相氧化锆t-ZrO$_2$多晶体的衍射谱　　(c) 对Si$_3$N$_4$陶瓷中的晶间非晶相进行选区电子衍射所得的衍射谱

图 6-10　不同试样的选区电子衍射谱

对于单晶谱和多晶谱，可以通过对衍射花样进行标定，以确定晶体的结构，或确定已知晶体的位向等，也可从衍射谱求出晶面间距及某些晶面的夹角，这对于研究纳米晶颗粒的生长机制非常有帮助。图 6-11 是 TEM 对微波水热合成法得到的 α-MnO$_2$ 纳米管试样的观测结果，其中图 6-11(a) 和（b）为同一试样端部和中间部位的普通 TEM 照片，可以看出试样为中空的管状形貌，图 6-11(c) 和（d）为该试样端部和中间部位的高分辨图像 HRTEM，图 6-11(e) 为对试样进行的选区电子衍射谱图，经过对 HRTEM 图像晶格条纹取向及晶面间距的确定，以及对电子衍射谱花样的标定，再结合其他相关信息，可以确定，在微波水热条件下，首先形核的 MnO$_6$ 单元体沿轴向成长成 α 相的 MnO$_2$ 单晶片，然后 α 相 MnO$_2$ 单晶片卷绕成最终如图 6-11(a)、(b) 所示的一维纳米管产物。

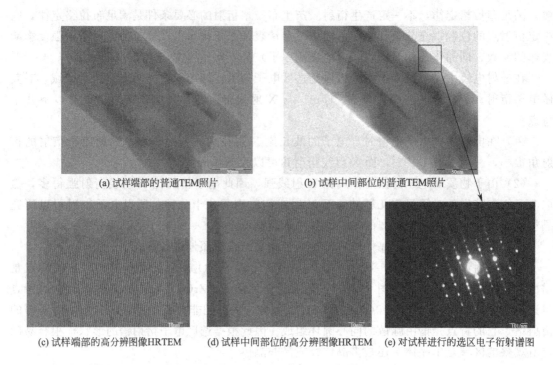

(a) 试样端部的普通TEM照片   (b) 试样中间部位的普通TEM照片

(c) 试样端部的高分辨图像HRTEM   (d) 试样中间部位的高分辨图像HRTEM   (e) 对试样进行的选区电子衍射谱图

图 6-11   α-MnO$_2$ 纳米管的 TEM 观测照片

6.2.3   透射电镜的粉体试样制备与显微分析

进行 TEM 观测前，要将粉体试样置于直径为 2～3mm 的表面敷有一层支撑膜的铜网（常采用 200 目的铜网）上，之所以选择铜制作样品网，是由于它不会与电子束及电磁场发生作用，而且铜网加工容易、成本相对较低。支持膜要有一定的强度，对电子透明性好且不显示自身的结构，常用的有碳增强火棉胶膜、碳膜等。碳增强火棉胶膜是在厚度为 20～30nm 的火棉胶薄膜上用真空镀膜机蒸一层 5～10nm 厚的碳层，这种带有碳增强火棉胶膜的铜网一般均可满足 TEM 常规观测需要。在要求高分辨率的情况下，则通常把火棉胶膜溶掉，得到纯的带微孔的碳支撑膜，即为通常说的微栅铜网。

进行 TEM 观测的粉体样品制备一般有以下几个步骤。

（1）选择高质量的微栅网，这是关系到能否拍摄出高质量高分辨电镜照片的第一步。

（2）用镊子小心取出微栅网，将膜面朝上（在灯光下观察显示有光泽的面，即膜面），轻轻平放在白色滤纸上。

（3）取适量的粉体和乙醇分别加入小烧杯，与 SEM 超声波法制样过程相同，制取具有良好分散性的悬浮液，用玻璃毛细管吸取粉体和乙醇的均匀混合液，然后滴 1～2 滴该混合液体到微栅网上。例如如果粉体为黑色，则当微栅网周围的白色滤纸变得微黑，此时便适中，滴得太多，颗粒分散不开，影响观察，同时颗粒掉入电镜的概率增大，影响电镜的使用寿命，滴得太少，观察时难以找到有代表性的颗粒。该步是样品制备的又一关键步骤，其理想目标是在膜面上得到均匀分布的单颗粒层。

（4）等 15min，待乙醇完全挥发后，将微栅网放入送样杆中以待观察。

图 6-12 展示了采用液-固-溶体（liquid-solid-solution，LSS，溶体是指溶解了材料的液

体）相转移合成策略制备的几种代表性的金属单质、金属氧化物、半导体化合物纳米晶试样的 TEM 照片，利用仪器附带的图像分析软件可得到相应的颗粒粒径的分布结果，由颗粒图像及粒径统计结果，可以看出采用该合成方法颗粒表面经过修饰后可得到近单分散的纳米晶粉体。

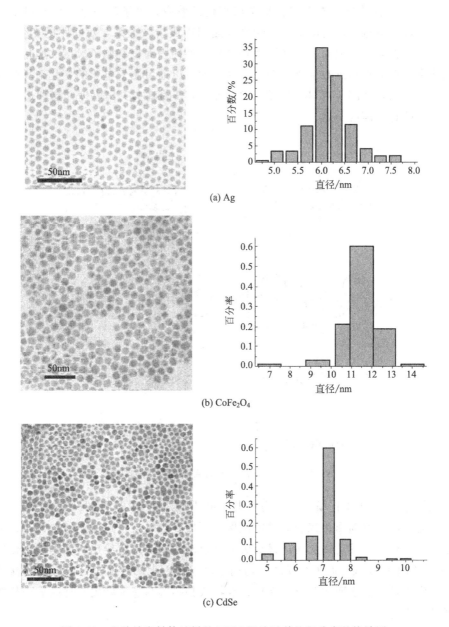

图 6-12　几种纳米粉体试样的 TEM 照片及其粒径分布的统计图

6.3 扫描隧道显微镜分析

扫描隧道显微术简称 STM，是 IBM 苏黎世实验室的 G. Binnig 博士和 H. Rohrer 博士及其同事们发明的。1983 年获得第一张 Si(111)-7×7 表面重构像，从而宣告了具有原子级空间分辨能力的新一代显微镜的诞生。1986 年，G. Binnig 和 H. Rohrer 与发明电子显微镜的 E. Ruska 共同获得诺贝尔物理学奖。

　　STM 是利用量子隧道效应工作的，所谓隧道效应，是根据量子力学原理，指微观粒子具有进入和穿透势垒的现象。若以金属针尖为一个电极，被测固体样品表面为另一个电极，当它们之间的距离小到 1nm 左右时，就会出现隧道效应，电子从一个电极穿过空间势垒到达另一个电极形成电流。隧道电流与针尖到样品间距成指数关系，对间距的变化非常敏感。因此，当针尖在被测样品表面上方做平面扫描时，即使表面仅有原子尺度的起伏，也会导致隧道电流非常显著甚至接近数量级的变化。这样就可以通过测量电流的变化来反映材料表面上原子尺度的起伏，如图 6-13(b) 所示，这就是 STM 的基本工作原理，这种运行模式称为恒高模式（保持针尖高度一定）。

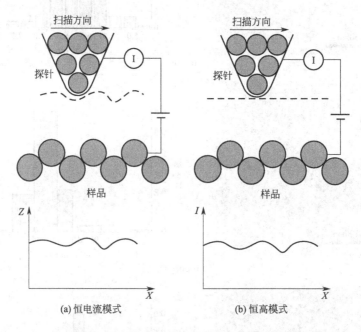

(a) 恒电流模式　　　　(b) 恒高模式

图 6-13　STM 成像的恒电流模式和恒高模式

　　STM 还有另外一种工作模式，称为恒电流模式，如图 6-13(a) 所示，此时，在针尖扫描过程中，通过电子反馈回路控制隧道电流保持不变。为维持恒定的隧道电流，针尖将随待测样品表面的起伏上下移动，从而记录针尖上下运动的轨迹即可给出表面形貌。恒电流模式是 STM 常用的工作模式，而恒高模式仅适用于对起伏不大的表面进行成像。当样品表面起伏较大时，由于针尖离表面非常近，采用恒高模式扫描容易造成针尖与样品表面相撞，导致针尖与样品表面的损坏。

　　图 6-14 显示了 STM 的基本结构，为了在针尖与样品之间发生电子隧穿，样品和针尖都必须是导体或半导体，探测针尖通常由 W 或 Pt-Ir 合金做成，对针尖扫描的控制是通过压电驱动器和反馈系统共同完成的。压电驱动器由三个相互垂直的压电传感器 x 压电陶瓷元件、y 压电陶瓷元件和 z 压电陶瓷元件构成。在施以电压的情况下，压电传感器膨胀或者收缩，如在 x 压电元件上加一锯齿形电压，而在 y 压电元件上加一斜坡形电压，针尖就在 xy 平面内扫描。运用定位器和 z 压电元件，把针尖带到与样品距离为几埃之内。针尖中的电子波

函数与样品表面的电子波函数交叠。针尖与样品之间加上电压，导致电流的流动，形成隧道电流。隧道电流经电流放大器放大转换为电压，并且与参考值相比较。其差值再经放大以驱动 z 压电元件。选择放大器的位相以提供负反馈，若隧道电流大于参考值，则电压加在 z 压电元件上倾向于使针尖从样品表面后撤，反之亦然，由此通过反馈回路建立 z 的平衡位置。当针尖沿 xy 二维横向扫描时，纵向 z 进行位置平衡，描绘相同隧道电流的面所形成的轮廓图，就可获得样品表面形貌等信息。

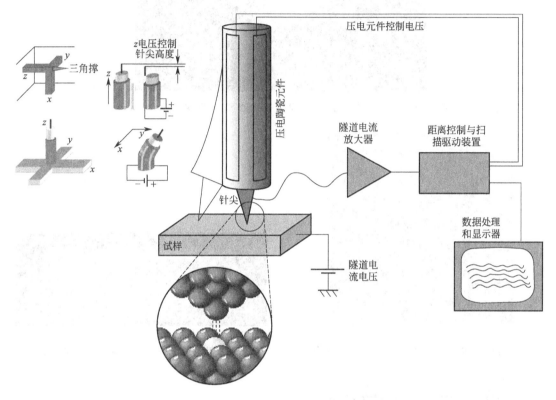

图 6-14 STM 系统的基本结构示意图

STM 是一种直接研究材料表面微观结构的新型显微镜，其横向分辨率达 0.01nm，纵向分辨率达 0.001nm，明显高于电子显微镜，并且克服了一般电镜中高能电子对样品的辐射损伤和对样品表面起伏分辨率低及样品必须处于真空的限制。STM 可用于从超高真空到大气甚至液体中无损地观察材料表面结构，能真实地反映材料的三维图像，可观察颗粒三维方向的立体形貌，还可以观察表面存在的原子台阶、平台、坑等结构缺陷，当表面存在吸附质时，STM 可观察研究吸附质在表面上的分布、扩散、迁移以及与衬底间反应等表面动力学过程，其另一突出的特点是可以对单个原子和分子进行操纵，这对于研究纳米颗粒和组装纳米器件都很有意义。

图 6-15 是使用 STM 对高序石墨表面碳原子排列的情况进行观察的图像。图 6-16 是中国科学技术大学侯建国教授领导的研究小组将 C_{60} 分子组装在弱的相互作用的分子薄膜表面，利用 STM 对 C_{60} 单分子（原子团簇）的高分辨成像，据此，他们首次发现了二维 C_{60} 点阵的一种新型取向畴结构。图 6-17 是美国商用机器公司（IBM）两名科学家利用 STM 直接操纵氙（^{54}Xe）原子在 Ni 基板上排列出的 "IBM" 图样。

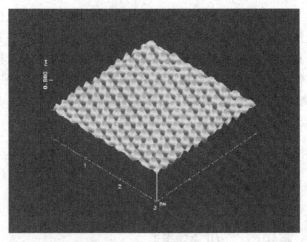

图 6-15　高序石墨表面碳原子规则排列的 STM 图像（3nm×3nm）

图 6-16　取向的 C_{60} 原子团簇的 STM 图像

图 6-17　使用 STM 进行原子操纵的图像

6.4 原子力显微镜分析

STM 所观察的样品必须具有一定程度的导电性，对于半导体，观测的效果就差于导体；对于绝缘体则根本无法直接观察。如果在样品表面覆盖导电层，则由于导电层的粒度和均匀性等问题又限制了图像对真实表面的分辨率。为了弥补 STM 这一不足，1986 年 Binnig、Quate 和 Gerber 在斯坦福大学发明了第一台原子力显微镜（AFM）。

6.4.1　原子力显微镜的工作原理与基本结构

如图 6-18 所示，AFM 利用一个对力非常敏感的微悬臂，其尖端有一个微小的探针，当探针轻微地接触样品表面时，由于探针尖端的原子与样品表面的原子之间产生极其微弱的相互作用力（$10^{-8} \sim 10^{-6}$ N）而使微悬臂弯曲。将微悬臂弯曲的形变信号转换成光电信号并进行放大，就可以得到原子之间力的微弱变化的信号。针尖与样品之间的作用力与距离有强烈的依赖关系，所以在扫描过程中利用反馈回路保持针尖和样品之间的作用力恒定，即保持微悬臂的变形量不变，针尖就会随表面的起伏上下移动，记录针尖在三维方向运动的轨迹即可得到表面形貌的信息。这种检测方式被称为"恒力"模式，是使用最广泛的扫描方式，AFM 的图像也可以使用"恒高"模式来获得，也就是在 x、y 扫描过程中，不使用反馈回路，保持针尖高度恒定，检测器直接测量微悬臂 z 方向的形变量变化来成像。这种方式由于不使用反馈回路，可以采用更高的扫描速度，通常在观察原子、分子像时用得比较多，而对于表面起伏较大的样品不适合。

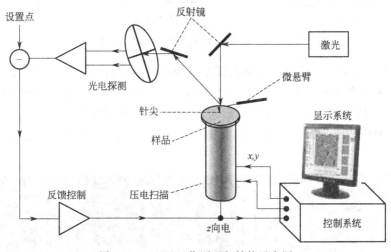

图 6-18　AFM 工作原理与结构示意图

微悬臂形变检测对 AFM 来说至关重要，微悬臂的材料、形状和结构设计决定了其在微作用力下能否产生有效的可测弹性形变，从而直接影响到 AFM 的分辨率和噪声水平，为了达到原子级分辨率，微悬臂必须有很小的力常数，即受到很小的作用力，微悬臂就会发生可被检测的形变。针尖的力常数一般为 $0.01\sim100\mathrm{N/m}$，而微悬臂变形量的检测灵敏度可以达到纳米量级，这样根据弹性变形虎克定律，针尖与样品之间零点几纳牛（nN）作用力的变化就可以被检测到。

AFM 有多种成像操作模式，如图 6-19 所示，常用的有接触模式、非接触模式和轻敲模式。接触模式是 AFM 的常规操作模式，在接触模式中，针尖始终和样品接触，以恒高或恒力的模式进行扫描。扫描过程中，针尖在样品表面滑动。在通常情况下，接触模式都可以产生稳定的、分辨率高的图像。但是这种模式不适用于研究生物大分子、低弹性模量样品以及容易移动和变形的样品。在非接触模式中，针尖在样品表面的上方振动，始终不与样品接触，探针探测器检测的是范德华作用力和静电力等对成像样品没有破坏的长程作用力。这种模式虽然增加了显微镜的灵敏度，但当针尖和样品之间的距离较长时，分辨率要比接触模式和轻敲模式都低。这种模式的操作相对较难，通常不适用于在液体中成像，在生物中的应用也很少。在轻敲模式中，微悬臂在其共振频率附近作受迫振动，振荡的针尖轻轻地敲击表面，间断地和样品接触，其分辨率和接触模式一样好，而且由于接触时间非常短暂，针尖与样品的相互作用力很小，因剪切力引起的分辨率的降低和对样品的破坏几乎消失，所以适用于对生物大分子、聚合物等软物质样品进行成像研究。对于一些与基底结合不牢固的样品，轻敲模式与接触模式相比，很大程度地降低了针尖对表面结构的"搬运效应"。

原子力显微镜是利用样品表面与探针之间力的相互作用，因此不受样品表面能否导电的限制，对于大多数不导电的材料，原子力显微镜同样可得到高分辨率的表面形貌，因而更具适应性和广阔的应用空间。原子力显微镜可以在真空、超高真空、气体、溶液、电化学环境、常

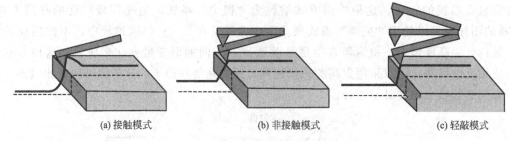

(a) 接触模式　　　　　　　　　(b) 非接触模式　　　　　　　　　(c) 轻敲模式

图 6-19　AFM 三种成像操作模式的比较

温和低温等环境下工作,可供研究时根据需要选择适当的环境。原子力显微镜已被广泛地应用于表面分析的各个领域,通过对表面形貌的分析,归纳、总结,以获得更深层次的信息。

图 6-20 为使用 AFM 对采用化学还原法制备的石墨烯观测的结果,图 6-20(a) 显示了石墨烯片层的形貌,图 6-20(b) 则是沿白线方向在纵向上的高度变化,据此可以测得石墨烯片层的厚度。

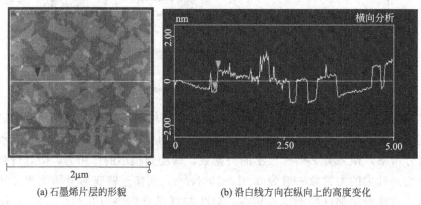

(a) 石墨烯片层的形貌　　　　　　　　(b) 沿白线方向在纵向上的高度变化

图 6-20　石墨烯的 AFM 图像

南京大学的王欣然教授课题组将有机晶体与二维材料的概念相结合,首次利用范德华外延技术在石墨烯衬底上制备出大面积、高质量的单分子晶体,图 6-21(a) 和(c) 是在空气环境中采用轻敲模式得到的单层和双层分子晶体的 AFM 高分辨图像,对图像进一步如图 6-21(b) 和 (d) 所示进行解析,进而可得到分子晶体的晶格常数等信息。

6.4.2　原子力显微镜的粉体样品制备

对于用 AFM 观测的粉体样品制备,要求粉体粒径应小于 100nm,颗粒应尽量以单层或亚单层形式分散并固定在基片上,为此应从以下三个方面考虑样品的制备。

(1) 选择合适的溶剂和分散剂将纳米粉体制成稀的溶胶,必要时采用超声波分散以减少纳米粒子的聚集,以便均匀分散在基片上。

(2) 根据纳米粒子的亲疏水性、表面化学特性等选择合适的基片,常用的有云母、高序热解石墨 (HOPG)、单晶硅片、玻璃、石英等。如果要详细地研究粉体材料的尺寸、形状等性质,就要尽量选取表面原子级平整的云母、HOPG 等作为基片。

(3) 样品尽量牢固地固定在基片上,必要时可以采用化学键合、化学特定吸附或静电相互作用等方法。如金纳米粒子,用双硫醇分子作连接层可以将其固定在镀金基片上。在 350℃热处理,也可把金纳米粒子有效固定在某些半导体材料基片上。

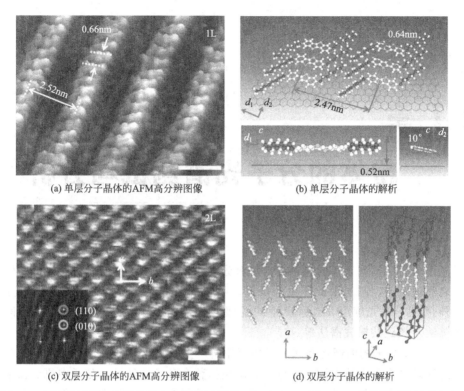

(a) 单层分子晶体的AFM高分辨图像　　(b) 单层分子晶体的解析

(c) 双层分子晶体的AFM高分辨图像　　(d) 双层分子晶体的解析

图 6-21　石墨烯衬底上生长单层和双层分子晶体（C8-BTBT）的 AFM 高分辨图像及其解析图

参 考 文 献

［1］　张国栋. 材料研究与测试方法［M］. 北京：冶金工业出版社，2001.

［2］　黄惠忠. 纳米材料分析［M］. 北京：化学工业出版社，2003.

［3］　张立德，牟季美. 纳米材料和纳米结构［M］. 北京：科学出版社，2001.

［4］　魏全金. 材料电子显微分析［M］. 北京：冶金工业出版社，1990.

［5］　Jieqiang Wang，Rong Zeng，Guodong Du，Wenxian Li，Zhixin Chen，Sean Li，Zaiping Guo，Shixue Dou. Rapid microwave-assisted synthesis of various MnO_2 nanostructures and their magnetic properties［J］. Materials Chemistry and Physics，2015，166：42-48.

［6］　Qinglong Yan，Qing Liu，Jieqiang Wang. A simple and fast microwave assisted approach for the reduction of graphene oxide［J］. Ceramics International，2016，42：3007-3013.

［7］　王磊，姜奉华，巩海波，王介强. 易分散球形 YAG：Ce^{3+} 荧光粉的制备研究［J］. 材料研究学报，2012，26（4）：414-418.

［8］　Jieqiang Wang，Ben Niu，Guodong Du，Rong Zeng，Zhixin Chen，Zaiping Guo and Shixue Dou. Microwave homogeneous synthesis of porous nanowire Co_3O_4 arrays with high capacity and rate capability for lithium ion batteries［J］. Materials Chemistry and Physics，2011，126：747-754.

［9］　王孙昊. 一维 CeO_2 纳米材料的合成、表征与性能研究［D］. 济南：济南大学，2010.

［10］　王介强，郑少华，陶珍东，郝哲，孙旭东. 制备条件对固相反应法制取 YAG 多晶体透光性的影响［J］. 中国有色金属学报，2003，13（2）：432-436.

［11］　Paredes J I，Villar-Rodil S，Solis-Fernandez P，Martinez-Alonso A，Tascon J M D. Atomic force and scanning tunneling microscopy imaging of graphene nanosheets derived from graphite oxide［J］. Langmuir，2009，25（10）：5957-5968.

［12］　Xun Wang，Jing Zhuang，Qing Peng，Yadong Li. A general strategy for nanocrystal synthesis［J］. Nature，2005，437：121-124.

第7章

粉体的分子光谱测试与分析

分子光谱分析法是基于辐射电磁波与材料分子或原子基团作用时，材料内部发生了量子化的能级之间的跃迁，测量由此产生的反射、吸收或散射光的波长和强度而进行分析的方法，如紫外-可见分光光度法（也称紫外-可见吸收光谱法）、红外光谱法、拉曼光谱法、分子荧光光谱法及核磁共振波谱法等。

图 7-1 表示了分子的内部运动状态发生变化所产生的吸收或发射光谱所对应的波段，从紫外区到远红外区直至无线电波区。分子运动包括整个分子的转动，分子中原子在平衡位置的振动以及分子内电子的运动，故分子具有较复杂的能级结构，如图 7-2 所示。因此当辐射电磁波与分子相互作用时，会产生非常丰富的分子光谱。分子光谱一般分为纯转动光谱、振动-转动光谱和电子光谱。分子的纯转动光谱是由分子转动能级之间的跃迁产生的，转动能级间隔为 $0.001 \sim 0.5 \text{eV}$，对应的光谱分布在远红外区和微波区，通常主要观测吸收光谱；振动-转动光谱是由不同振动能级上的各转动能级之间跃迁产生的，是一些密集的谱线，振动能级间隔为 $0.05 \sim 1 \text{eV}$，对应的光谱分布在近红外区，通常也主要观测吸收光谱；电子光

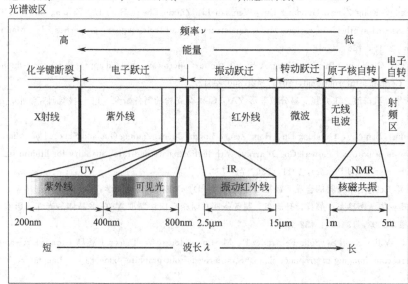

近红外线($4000 \sim 14000 \text{cm}^{-1}$)、中红外线($400 \sim 4000 \text{cm}^{-1}$)和远红外线($10 \sim 400 \text{cm}^{-1}$)光谱波区

图 7-1 分子光谱所对应的波长区域

谱由不同电子态上不同振动和不同转动能级之间的跃迁产生，可分成许多带，电子能级间隔为 $1\sim20\text{eV}$，对应的光谱分布在可见光区到紫外区，可观测吸收光谱，如发出荧光，还可观测发射光谱。

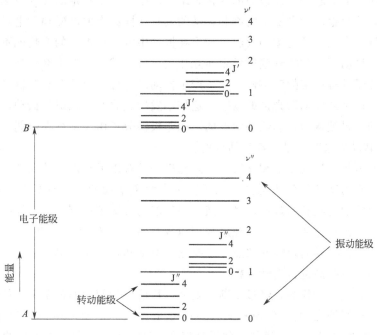

图 7-2　分子的能级结构示意图

分子光谱是提供分子内部信息的主要途径，根据分子光谱可以确定分子的转动惯量、分子的键长和键强度以及分子解离能等许多性质，从而可推测分子的结构及其变化等信息。此外，当颗粒粒径减小到纳米尺度时，粉体的物理化学等性质也发生十分显著的变化，为揭示纳米粉体材料的功能特性，分子光谱技术也常常是必不可少的试验方法。

7.1 红外光谱分析

7.1.1　红外光谱分析法的原理

红外光谱（infrared spectroscopy，IR）是一种因分子或原子基团的振动而产生的吸收光谱。当样品受到频率连续变化的红外线照射时，分子吸收了某些频率的辐射，并且由其振动或转动运动引起偶极矩的净变化，产生分子振动和转动能级从基态到激发态的跃迁，使相应于这些吸收区域的透射光强度减弱。记录红外线的百分透射比与波数或波长关系曲线，就得到红外吸收光谱。由于每个分子或基团都有其特征振动频率，从而在红外光谱中表现出特定的吸收谱带位置，因此可以通过红外吸收光谱对化合物中的不同分子和原子基团进行鉴别分析。

产生振动吸收的条件主要应满足以下两点。

（1）振动的频率与红外光谱段的某频率相等，亦即红外光波中的某一波长恰与某分子中的一个基本振动形式的波长相等，吸收了这一波长的光，可以把它的能级从基态跃迁到激发态，这是产生红外吸收光谱的必要条件。

（2）偶极矩的变化。已知分子在振动过程中，原子间的距离（键长）或夹角（键角）会发生变化，这时可能引起分子偶极矩的变化，结果产生了一个稳定的交变电场，它的频率等于振动的频率，这个稳定的交变电场将和运动的具有相同频率的电磁辐射电场相互作用，从而吸收辐射能量，产生红外光谱的吸收。如果在振动中没有偶极矩的变化就不会产生交变的偶极电场，这种振动不会和红外辐射发生相互作用，分子就不会发生红外吸收。如果是多原子分子，尤其分子具有一定的对称性，除了产生振动简并外，也还会有些振动没有偶极矩的变化，因而不会产生红外辐射光谱的吸收。这种不发生吸收红外辐射的振动，称为非红外活性振动，相应的材料被认为是非红外活性的。如非极性分子由于不存在电偶极矩，没有纯转动光谱和振动-转动光谱带，是非红外活性的。

与其他研究材料结构的方法相比较，红外光谱法具有以下特点：特征性高，对于每种化合物来说，都有它的特征红外光谱图，几乎很少有两个不同的化合物具有相同的红外光谱图；它不受材料的物理状态的限制，气、液、固三态均可测定；测定所需样品量少，只需几毫克甚至几微克；操作方便，测定的速度快，重复性好；已有的标准图谱较多，便于查阅。但是，红外光谱法也有其局限性和缺点，主要是灵敏度和精度不够高，含量小于1%就难以测出，目前多用于对样品进行定性分析。

针对红外吸收光谱的检测，经过不断的发展，目前广为使用的是基于光的相干性原理而设计的傅里叶变换红外光谱仪（Fourier transform infrared spectrometer, FTIR spectrometer）。相比传统的色散型红外光谱仪，傅里叶变换红外光谱仪不仅扫描速度快，同时也提高了测量的灵敏度和测定的频率范围，分辨率和波数精度也有很大幅度的提高。如图7-3所示，该仪器主要由光学探测和计算机两部分组成，光学部件是仪器的核心，即为迈克尔逊（Michelson）干涉仪，将样品置于干涉仪的光路中，对测得的干涉光谱进行傅里叶变换数学处理，即可得到相应的红外光谱。

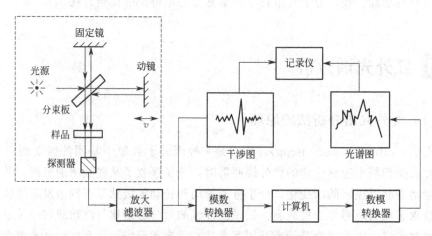

图7-3　傅里叶变换红外光谱仪结构示意图

7.1.2　红外光谱测试粉体样品制备及分析

对粉体试样进行红外光谱测试，常用的样品制备方法有以下几种。

（1）直接法　如粉体试样粒径为小于 $2\mu m$ 的细粉并有良好的分散性，可将粉体分散在易挥发的溶剂中，将分散液滴在样品槽的窗片上，待溶剂挥发后形成一均匀薄层，即可进行测定。采用该法，要求粉体分散薄层的厚度和薄层中所有颗粒粒径均小于 $2\mu m$，否则会使入射的红外线发生反射，影响吸收谱带的测试，因薄层厚度难以控制，该法不能用来做定量分析。

（2）糊状法　为减少散射的影响，可将颗粒粒径小于 $2\mu m$ 的粉末分散在对红外线吸收很低的糊剂中（液体石蜡、全卤化的烃类）。一般取 5mg 左右的样品放在小型玛瑙研钵中，磨细成粉末，然后滴上几滴糊剂继续进行研磨，直至呈均匀的浆糊状。取一些糊状物放在可拆式样品槽的后窗片上，盖上间隔片，压上前窗片，使其成为均匀薄层，即可测定。糊状法也不能用来做定量分析，因为液体槽的厚度难以掌握，光的散射也不易控制。

（3）压片法　压片法也称碱金属卤化物锭剂法。由于碱金属卤化物（如 KCl、KBr、KI 以及 CsI 等）加压后变成可塑物，并且在中红外区完全透明，因而被广泛用于固体样品的制备。一般将粉体样品 1~3mg 放在玛瑙研钵中，加入 100~300mg 的 KBr 或 KCl，混合研磨均匀，并且使其粒度达到 $2.5\mu m$ 以下。将磨好的混合物小心倒入压模中，加压（50~100MPa）5min 左右，就可得到厚约 0.8mm 的透明薄片。采用压片法制成红外光谱样品有较多的优点，主要是使用的卤化物是红外透明的，在红外扫描的区域内不出现干扰的吸收谱带，其次可以根据样品的折射率选择不同的基质，如常用的基质 KBr 与许多材料的折射率相近，从而可把散射光的影响尽可能地减小。压片时所用的样品和基质都可以借助天平精确称量，可以根据需要精确地控制压片中样品浓度和片的厚度，便于定量测试。

利用红外光谱可以用于粉体材料的基团或化学键的定性和结构分析上，这对于粉体化合物组成及其表面改性处理分析是十分有用的。表 7-1 是一些常见官能团化学键的特征吸收波数。

表 7-1　一些常见官能团化学键的特征吸收波数

化学键	吸收波数/cm^{-1}	化学键	吸收波数/cm^{-1}
N—H	3100~3550	C≡N	2100~2400
O—H	3000~3750	—SCN	2000~2250
C—H	2700~3000	S—H	2500~2650
C=O	1600~1900	C=C	1500~1675
C—O	1000~1250	C≡C 、 C≡CH	2900~3300

图 7-4 是以 $Al(NO_3)_3$ 和 $Y(NO_3)_3$ 为母盐、以尿素为沉淀剂采用均相共沉淀法得到的 $Y_3Al_5O_{12}$（YAG）前驱体的红外光谱及其 TEM 图像，由红外光谱的各吸收峰可分析前驱体的组成为 $Y_3Al_5(OH)_{24-2x} \cdot (CO_3)_x \cdot nH_2O$，但在母盐溶液中添加适量 $(NH_4)_2SO_4$，所得前驱体的红外光谱在波数为 1110cm^{-1} 的位置有一个显著的吸收峰，表明该前驱体颗粒表面有 SO_4^{2-} 的存在，进一步的颗粒表面电位测试表明两种条件下得到的前驱体颗粒表面的 ζ 电位相差很大，因而尽管前驱体组成基本相同，但表面带电状态的差异导致形成的前驱体的颗粒形貌（见其 TEM 图像）发生变化，前驱体煅烧后的 YAG 粉体的烧结活性不同，添加适量 $(NH_4)_2SO_4$ 所制备的 YAG 粉体表现出良好的可烧结性。

图 7-5 是采用等离子镀膜方法用醋酸乙烯酯对纳米 ZnO 粉体表面修饰前后试样的红外光谱，改性后纳米 ZnO 颗粒的 FTIR 光谱分别在 1710cm^{-1}、1240cm^{-1} 和 1045cm^{-1} 有强的吸收峰，其中 1710cm^{-1} 处是 C=O 的吸收峰，1240cm^{-1} 和 1045cm^{-1} 处都是 C—O 的特征

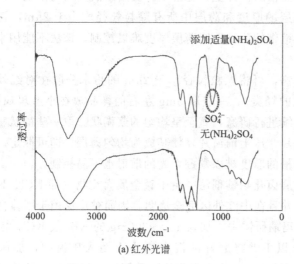
(a) 红外光谱

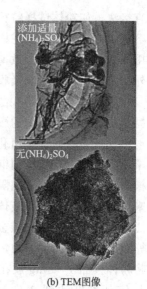
(b) TEM图像

图 7-4　不同条件下所得 YAG 前驱体的红外光谱及其 TEM 图像

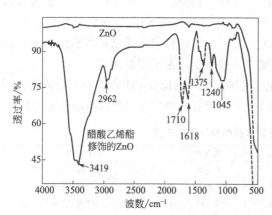

图 7-5　表面改性前后的纳米 ZnO 粉体的红外光谱

峰，说明改性后的粉体表面上出现了酯基，2962cm^{-1} 处是 CH_3 的特征吸收峰，表明了烷基的存在。特征吸收峰 1618cm^{-1} 来自 C ＝C，表明等离子聚合进程中的单体聚合不彻底，聚合物薄膜中仍存在未聚合的醋酸乙烯酯单体。位于 3419cm^{-1} 处的宽吸收峰是 O—H 伸缩振动产生的，可归因于 ZnO 纳米微粒表面的羟基和吸附水的存在。尽管经醋酸乙烯酯改性后纳米 ZnO 的 FTIR 的吸收峰要复杂很多，但图中的特征峰足以表明通过等离子聚合在 ZnO 颗粒表面形成了一层醋酸乙烯酯聚合物，通过表面改性降低了纳米颗粒的团聚，改善了纳米 ZnO 间的分散性，分散性越好，其对紫外线的吸收能力越强，从而提高了 ZnO 的紫外屏蔽能力。

对于纳米粉体，小尺寸效应和量子尺寸效应反映在材料的能级结构发生变化，如振动能级间距增加、表面悬挂键增多等，从而导致其红外吸收发生明显变化。对大多数纳米材料而言，其红外吸收将随着材料粒径的减小主要表现出吸收峰的蓝移和宽化现象，但也有的材料由于晶格膨胀和氢键的存在出现蓝移和红移同时存在的现象。例如在研究单晶 Al_2O_3 的红外吸收光谱时，人们发现在 400～1000cm^{-1} 的波数范围内有许多精细的结构，但在纳米 Al_2O_3 的红外吸收中，在 400～1000cm^{-1} 的波数范围内有一个宽而平的吸收带，对该样品进行热处理，即使温度从 837K 上升到 1473K，这个吸收带仍保持不变。当纳米 Al_2O_3 的颗粒尺寸从 15nm 增加到 80nm 时，纳米 Al_2O_3 的结构尽管发生了变化（$\eta \to \gamma + \alpha \to \alpha$），但这对这个宽而平的红外吸收带没有产生影响。可见当粉体的尺度到纳米量级时，其红外吸收出现明显的宽化。水淼等在研究纳米碳酸钙红外吸收特性时发现，具有方解石晶体结构的碳酸钙在

$1425cm^{-1}$、$875cm^{-1}$和$713cm^{-1}$附近有特征的红外吸收峰。当碳酸钙为纳米尺度时，位于$1425cm^{-1}$附近的吸收峰发生了明显的蓝移（约$40cm^{-1}$）。与以往纳米材料红外吸收峰宽化的报道相反，该峰发生了明显的窄化（图7-6）。这可能是由于纳米碳酸钙微晶结构中存在较大的畸变引力和尺寸效应，晶体场效应变弱，使碳酸钙的远红外晶格振动变弱或消失所致。总之，关于纳米粉体材料红外光谱的吸收特性是一个非常复杂的过程，还有待于深入研究。

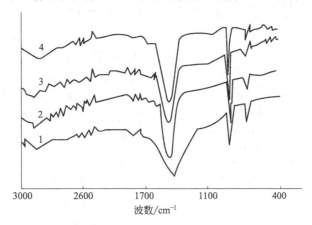

图 7-6　粗粉碳酸钙与不同形状纳米碳酸钙粉体的红外吸收谱

1—粗粉；2—纺锤形颗粒（长 $1.5\sim2.0\mu m$，宽 $300\sim600nm$）；

3—纺锤形颗粒（长 $1.0\sim1.5\mu m$，宽 $200\sim600nm$）；4—立方形颗粒（$40\sim80nm$）

7.2 拉曼光谱分析

7.2.1 拉曼光谱分析法的原理

拉曼光谱（Raman spectra）是一种散射光谱，是入射光（现代拉曼光谱仪均采用单色的激光）与被照射介质中的分子相互作用，发生非弹性散射的结果。如图 7-7 所示，当光子与分子发生相互碰撞后，光子的运动方向要发生变化，如果光子仅改变运动方向而在碰撞过程中没有能量的交换（弹性碰撞），即散射光的频率不发生变化，这种散射称为瑞利（Rayleigh）散射，如果光子在碰撞过程中不仅改变了运动方向，而且发生了能量的交换（非弹

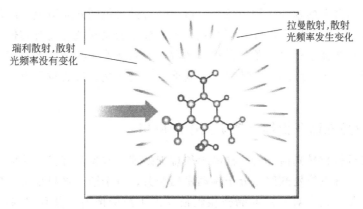

图 7-7　入射光与分子碰撞产生散射的效果示意图

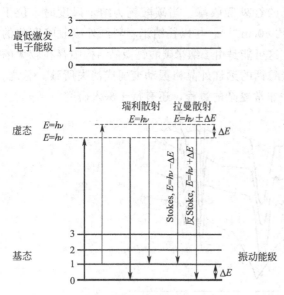

图 7-8　瑞利散射和拉曼散射的能级图

性碰撞），因而有散射光频率的变化，这种散射就是拉曼散射。1928 年，印度科学家 C. V. Raman 和 Krishan 在液体中首次观察到了这种现象。1930 年，42 岁的 Raman 就因发现和系统地研究了拉曼散射而获得诺贝尔物理学奖。

图 7-8 反映了拉曼散射的内在机制，处于基态的分子受入射光子 $h\nu$ 的激发，入射光子的能量远大于基态振动能级跃迁所需要的能量，但又不足以将分子激发到电子能级激发态，这样分子吸收光子后到达一种准激发状态，称为虚态，受激虚态是不稳定的，分子很快又回到基态，释放出光子产生散射，然而散射的光子有三种不同的情况：若受激后返回到原来基态中的相同振动能级，此时散射光子的能量不变，

这就是弹性碰撞，即为瑞利散射；若受激后返回到基态中的其他振动能级，则散射光子的能量将不同于入射光子的能量，这就是非弹性碰撞，即为拉曼散射，若分子吸收了部分能量 ΔE，其所产生的散射光为 Stokes 带，散射光子的能量为 $h\nu - \Delta E$，其频率相比入射光减小；若分子失掉 ΔE 的能量给散射光子，该散射光称为反 Stokes 带，散射光子的能量为 $h\nu + \Delta E$，其频率相比入射光增大。由于常温下处于振动基态的分子数远多于处于振动激发态的分子数，测量的 Stokes 谱线要比反 Stokes 线强得多，拉曼光谱分析都采用 Stokes 谱线。拉曼光谱所关心的是拉曼散射光与入射光的频率的差值 $\Delta\nu = \Delta E/h$，即拉曼位移，该值与入射光频率无关，只与分子的振动和转动能级有关，其对应的波数范围在 $25 \sim 4000 \mathrm{cm}^{-1}$。不同激发光所产生的拉曼散射光频率也不同，但是拉曼位移是相同的，拉曼位移是表征材料分子振动和转动能级特性的一个物理量，它是拉曼光谱法研究材料分子结构以及相关性能的依据。同时测得的拉曼散射光的强度与分子浓度成正比，因此也可做定量分析。

激光的采用使得拉曼光谱的试验技术得到了飞速的发展，如图 7-9 所示，激光拉曼光谱仪主要由光源、外光路系统、样品池、单色器、信号处理输出系统五部分组成。激光器输出的光经滤光器滤掉多余的紫外线和可见光，然后经透镜聚焦到样品池上，激发样品产生拉曼散射光。其实除了拉曼散射光以外，还有频率十分接近的瑞利散射光及其他一些杂散光，因此在散射光进入检测器之前要用单色器将瑞利散射光和其他一些杂散光去掉，单色器的主要作用就是将散射光分光并减弱瑞利散射光和其他一些杂散光。最后拉曼散射光进入检测器记录下拉曼光谱。

7.2.2　拉曼光谱在粉体材料研究中的应用

对粉体材料进行拉曼光谱分析，样品无须特殊处理，取少量有代表性的试样置于样品池内即可进行测试。既然拉曼散射与分子振动密切相关，对于结晶材料来说，拉曼散射必然与晶格振动密切相关，只有对一定的晶格振动模才产生拉曼散射，并且对材料的结晶度很敏感，高度结晶体的拉曼光谱呈现尖锐、高强度的拉曼峰，而非晶材料的拉曼峰大多很宽，强

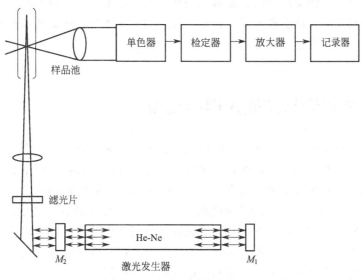

图 7-9 激光拉曼光谱仪结构示意图

度较低。如碳材料的各种同素异形体都有其特征的拉曼光谱，石墨在 1580cm⁻¹（G 带）附近有一个强的谱带，对应着它的两个拉曼活性的 E_{2g} 振动模之一，即晶格中相邻碳原子的反向运动。而金刚石则在 1335cm⁻¹ 给出唯一的一个尖峰，对应着 sp^3 杂化的 C—C 单键的伸缩振动。由于在结构上与石墨的近似性，多壁碳纳米管的一级拉曼光谱与石墨也很相似。它的 E_{2g} 谱带位于 1574cm⁻¹，比石墨低了约 6cm⁻¹，并且稍稍有一些宽化。多壁碳纳米管约在 1346cm⁻¹ 还有一个比较弱的拉曼谱带，这一般认为是由于石墨晶体的尺寸小到一定程度时引起光谱选律的变化，也即出现石墨的小碎片所引起的。图 7-10 是石墨和石墨烯的拉曼光谱，石墨烯的 G 带峰相对于石墨有所加宽并移动到了 1595cm⁻¹ 处，位于 1340cm⁻¹ 的 D 带峰与晶体结构的有序性有关，对于高度有序无缺陷的石墨晶体，D 带峰可消失不见，然而对于单层或仅有几个碳原子层的石墨烯材料，其 D 带峰显著增强，这应是纳米石墨烯片层无序堆积造成的。另外，在 2700cm⁻¹ 附近还有一个 2D 带，通过该带的位置及形状可以确定石墨烯是单层、双层还是多层。

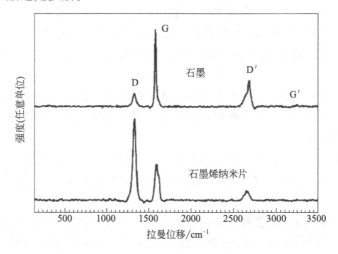

图 7-10 石墨和石墨烯粉体试样的拉曼光谱

当粉体的粒径小至纳米尺度时，随着比表面积的急剧增大，颗粒表面与内部的有序程度发生变化，键的振动模也就会有差异。因此可通过纳米粉体与块体材料拉曼光谱的差异来研究纳米粉体材料的结构和键态特征。

7.3 红外光谱与拉曼光谱的比较

红外光谱和拉曼光谱都起源于分子的振动和转动，但两种光谱的产生机制和试验技术等都有本质的差别。在产生机制上，红外光谱是分子对红外线的吸收所产生的光谱，拉曼光谱则是分子对可见单色光的散射所产生的光谱。红外吸收光谱直接对应于 $\nu = \Delta E / h = (E_1 - E_0) / h$ 振动能级从基态到激发态的共振吸收，吸收光子的频率落在光谱的红外和近红外区。拉曼散射是从激发虚态到振动态 E_1 和 E_0 的跃迁辐射所产生的可见光。但拉曼光谱分析采用的是散射光与入射光之间的波数位移 $\Delta \nu = \Delta E / h$。可见同一振动模的拉曼位移和红外吸收光谱的频率是相同的。但同一分子的红外和拉曼光谱不尽相同。

分子的某一振动谱带是在红外光谱中出现还是在拉曼光谱中出现，是由光谱的选律所决定的。光谱选律的直观说法是：若在某一简正振动中分子的偶极矩变化不为零，则是红外活性的，反之是红外非活性的；若某一简正振动中分子的感生极化率变化不为零，则是拉曼光谱活性的，反之是拉曼光谱非活性的；如果某一简正振动对应于分子的偶极矩和感生极化率同时发生变化，则是红外和拉曼光谱活性的，反之是红外和拉曼光谱非活性的。一般来说，对于具有中心对称的分子，红外和拉曼光谱是彼此排斥的，在红外光谱中是允许的跃迁（红外光谱活性），在拉曼光谱中却是被禁阻的（拉曼光谱非活性的）；反之，在拉曼光谱中允许跃迁（拉曼光谱活性）的在红外光谱中却是禁阻（红外光谱非活性）的。所以拉曼光谱常作为红外光谱分析的补充技术，俗称"姐妹光谱"。

在具体的光谱分析中，多数有机物分子的对称性较低或者没有对称性，其振动基频在红外和拉曼光谱中都是活性的。但由于有些振动模的强度很弱，往往在试验上很难观测到，即有些振动模虽然是红外或拉曼光谱活性的，但在试验上很难观察到它的振动吸收带，这在光谱分析中必须注意。

从试验技术上，红外和拉曼光谱主要存在以下几个方面的不同。

（1）拉曼光谱的频率位移 $\Delta \nu$ 不受单色光源频率的限制。它可根据样品的不同性质而选择，比如荧光强的物质可以选择长波长或短波长的激发光。而红外光谱的光源不能随意调换。

（2）由于激光方向性强，光束发散角小，故拉曼光谱可以对微量的样品进行测定。

（3）在测定拉曼光谱时不需要制样，而红外光谱在测量时必须对样品进行一定的处理，如压片或制成石蜡糊等。

（4）由于水分子的不对称性，不对称伸缩振动在拉曼光谱中是非活性的，并且其他谱带也很弱，使得拉曼光谱可以很方便地在水溶液中测量试样，这是拉曼光谱和红外光谱相比最显著的优点之一。

（5）非极性官能团的拉曼散射谱带较为强烈，例如许多情况下 C═C 对称伸缩振动的拉曼谱带比相应的红外谱带强烈，因而碳链的振动用拉曼光谱表征更为方便；而极性官能团的红外吸收谱带较为强烈，例如 C═O 不对称伸缩振动的红外谱带比相应的拉曼谱带强烈，故对于链状聚合物来说，碳链上的取代基易于用红外光谱检测出来。

（6）拉曼散射的强度通常与散射物质的浓度呈线性关系，而红外吸收与物质的浓度则呈对数关系。

7.4 紫外-可见吸收光谱法

7.4.1 紫外-可见吸收光谱法的原理

紫外-可见吸收光谱法（ultraviolet visible absorption spectroscopy，UV-Vis）是利用物质的分子选择性吸收 10～800nm 光谱区的辐射来进行分析测定的方法，如图 7-11 所示，这种分子吸收光谱产生于价电子和分子轨道上的电子在电子能级间的跃迁，与分子的电子结构紧密相关，不同的分子具有不同的能级结构，因而电子能级跃迁便对应不同的光吸收，而光吸收的程度与分子的浓度有关，反映在紫外-可见吸收光谱图上就有一定位置一定强度的吸收峰，根据吸收峰的位置和强度就可以推知待测样品的结构信息，因此该方法广泛用于有机和无机物质的定性和定量测定。紫外-可见光谱与红外和拉曼光谱都属于分子光谱，区别在于光谱的起源不同，紫外-可见光谱主要起源于分子内电子能级的跃迁，而红外和拉曼光谱源自于分子的转动与振动能级，如图 7-11 所示，分子价电子能级跃迁的同时，总伴随有振动和转动能级间的跃迁，即电子跃迁产生的紫外-可见光谱中包含有振动和转动能级跃迁产生的若干谱线而呈现较红外和拉曼光谱更宽的谱带。

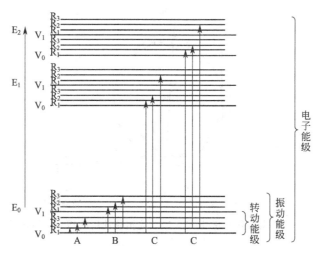

图 7-11　光波吸收与分子内能级变化示意图

A—转动能级跃迁（远红外区）；B—转动/振动能级跃迁（近红外区）；

C—转动/振动/电子能级跃迁（紫外与可见光区）

如图 7-12 所示，普通的紫外-可见吸收光谱仪，主要由光源、单色器、样品池（吸光池）、检测器、记录装置组成。紫外-可见吸收光谱仪一般都尽量避免在光路中使用透镜，主要使用反射镜，以防止由仪器带来的吸收误差。当光路中不能避免使用透明元件时，应选择对紫外线到可见光均透明的材料（如样品池和参考池均选用石英玻璃）。图 7-12 所示的紫外-可见吸收光谱仪对样品吸光度的测试是基于布格-朗伯-比尔定律（Bouguer-Lambert-Beer law），通过测试样品对入射光的透过率来反映样品对光的吸收度，测得的紫外-可见光谱纵坐标常用吸收系数 α 表示，而使用该定律的前提条件是样品池内待测物为均一的稀溶液或气体等，无溶质、溶剂及悬浊物引起的散射，仅对溶质进行光谱分析时，要求溶剂对入射光是完全透明的；如样品池内待测物为胶体溶液、乳浊液或悬浮液，溶液中的胶粒或悬浮颗粒对入射光产生反射和散射，使检测器测试不到，因而导致测试结果严重偏离实际值。对于许多不易溶解的粉体材料，进行紫外-可见光谱分析时，多采用基于漫反射的积分球法，测试时需要把样品池替换为如图 7-13 所示的积分球，该方法对样品吸光度的测试是基于 Kubelka-Munk 方程，通过测试样品对入射光的反射率来反映样品对光的吸收，测得的紫外-可见光谱纵坐标常用反射系数 R 表示，漫反射法对入射光的反射系数 R 与吸收系数 α 的关系可用下式换算：

$$\alpha = \lg \frac{1}{R} \tag{7-1}$$

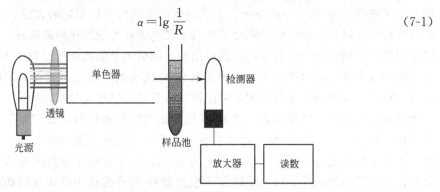

图 7-12　普通紫外-可见吸收光谱仪结构示意图

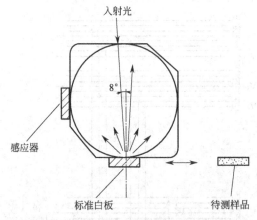

图 7-13　基于漫反射的紫外-可见吸收光谱仪使用的积分球结构示意图

7.4.2　紫外-可见吸收光谱法在粉体材料研究中的应用

对于碳材料及许多有机材料，分子的分子轨道有成键轨道 σ 和 π、反键轨道 σ^* 和 π^* 及非键轨道，如图 7-14 所示处于不同的能级，处于不同分子轨道的电子在紫外线或可见光照射下可能的跃迁类型有以下几种。

（1）$\sigma \rightarrow \sigma^*$ 跃迁，指处于成键轨道上的 σ 电子吸收光子后被激发跃迁到 σ^* 反键轨道，所吸收光子的波长约为 150nm。

（2）$n \rightarrow \sigma^*$ 跃迁，指分子中处于非键轨道上的 n 电子吸收光子后向 σ^* 反键轨道的跃迁，

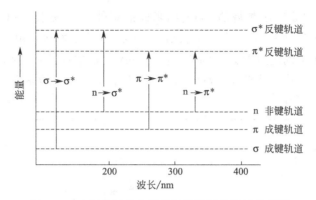

图 7-14 有机分子价电子能级轨道及其跃迁示意图

所吸收光子的波长约为 200nm。

（3）π→π* 跃迁，对于具有共轭双键的 π 键电子吸收光子后跃迁到 π* 反键轨道，所吸收光子的波长大于 200nm，具有较高的吸光度，而且随共轭体系的增加，吸收波长发生红移。

（4）n→π* 跃迁，指分子中处于非键轨道上的 n 电子吸收能量后向 π* 反键轨道的跃迁，双键中含杂原子（O、N、S 等），则杂原子的非键电子有此跃迁，如 C＝O、C＝S 等基团都可能发生这类跃迁，其吸收光子的波长较长，约为 300nm，但吸光度较低，因此在测得的紫外-可见光谱中其对应的吸收峰相比其他吸收峰较弱，被形象地称为肩峰。

因此可采用紫外吸收光谱对具有共轭双键分子结构的粉体材料进行识别和分析，如在分析材料共轭体系变化方面具有独到之处。图 7-15 为分散在水中氧化石墨烯（呈现橘黄色）试样及其化学还原后试样（呈黑色）所得的紫外-可见吸收光谱，氧化石墨烯的光谱曲线在 231nm 处较强的吸收峰归因于氧化石墨烯结构中 C—C 键的 π→π* 跃迁，在 300nm 处的肩峰则归因于氧化石墨烯结构中 C＝O 键的 n→π* 跃迁，化学还原后试样的吸收峰增强且具有明显红移，π→π* 跃迁产生的吸收峰红移至 270nm 处，而 n→π* 跃迁产生的肩峰几乎消失，这表明化学还原后，氧化石墨烯中的含氧基团显著减少，石墨烯共轭结构得以恢复，氧化石墨烯被有效还原。

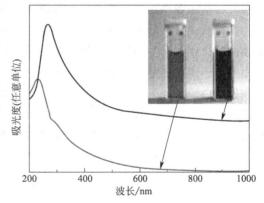

图 7-15 氧化石墨烯及其化学还原后产物的紫外-可见吸收光谱

半导体材料的价带与导带间的能隙一般为几电子伏特，故半导体材料的价电子由价带向导带跃迁，其吸收光子的波长恰好处于紫外与可见光区。因此，可采用紫外-可见吸收光谱对半导体材料的带隙 E_g 及其变化进行测试。依据公式：

$$\alpha h\nu = C(h\nu - E_g)^{1/2} \tag{7-2}$$

或
$$\alpha h\nu = C(h\nu - E_g)^2 \tag{7-3}$$

式(7-2)针对直接半导体，式(7-3)针对间接半导体，其中，α 为吸收系数，C 为常数，根据普朗克公式，$h\nu$ 可用 $1024/\lambda$（λ 为波长）代替，因此由上式，以 $h\nu$ 为横坐标、以 $(\alpha h\nu)^2$ 或 $(\alpha h\nu)^{1/2}$ 为纵坐标作图，切线在横轴上的截距即为 E_g。

　　图 7-16 为采用积分球法测得的 CeO_2 纳米棒的紫外-可见吸收光谱，CeO_2 为直接半导体。利用式(7-2)可得如图 7-17 所示的 $(\alpha h\nu)^2$ 与 $h\nu$ 的关系曲线，由与该图中曲线相切的虚线在横轴上的截距可确定所测试样的 E_g 为 3.09eV，较常规 CeO_2 材料的带隙 3.19eV 减小了 0.1eV，发生了红移，其吸收峰略微向可见光区移动，这可能是由于其特殊的形貌和尺寸造成了对吸收边的影响。

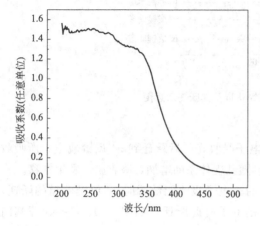
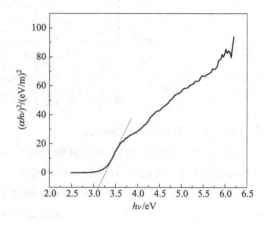

图 7-16　CeO_2 纳米棒的紫外-可见吸收光谱　　　　图 7-17　$(\alpha h\nu)^2$ 与 $h\nu$ 的关系曲线

　　紫外-可见光谱还可以用来表征金属纳米粒子的聚集程度。金属的表面等离子体共振吸收与表面自由电子的运动有关。贵金属可看作自由电子体系，由导带电子决定其光学和电学性质。在金属等离子体理论中，若等离子体内部受到某种电磁扰动而使其一些区域电荷密度不为零，就会产生静电回复力，使其电荷分布发生振荡，当电磁波的频率和等离子体振荡频率相同时，就会产生共振。这种共振，在宏观上就表现为金属纳米粒子对光的吸收。金属的表面等离子体共振是决定金属纳米颗粒光学性质的重要因素。由于金属粒子内部等离子体共振激发或由于带间吸收，它们在紫外线至可见光区域具有吸收谱带。不同的金属粒子具有其特征吸收谱。因此，通过紫外-可见吸收光谱，特别是与 Mie 理论的计算结果相配合时，能够获得关于粒子颗粒度、结构等方面的许多重要信息。此技术简单方便，是表征液相金属纳米粒子最常用的技术。

参 考 文 献

[1]　张国栋. 材料研究与测试方法 [M]. 北京：冶金工业出版社，2001.

[2]　黄惠忠. 纳米材料分析 [M]. 北京：化学工业出版社，2003.

[3]　王孙昊. 一维 CeO_2 纳米材料的合成、表征与性能研究 [D]. 济南：济南大学，2010.

[4]　Paredes J I，Villar-Rodil S，Solis-Fernandez P，Martinez-Alonso A，Tascon J M D. Atomic force and scanning tunneling microscopy imaging of graphene nanosheets derived from graphite oxide [J]. Langmuir，2009，25（10）：5957-5968.

[5]　Jieqiang Wang，Shaohua Zheng，Rong Zeng，Shixue Dou，Xudong Sun. Microwave synthesis of homogeneous YAG nanopowder leading to a transparent ceramic. J Am Ceram Soc，2009，92（6）：1217-1223.

[6]　水淼，岳林海，刘清，徐铸德. 纳米 $CaCO_3$ 微晶的晶格畸变和反常红外特性 [J]. 无机化学学报，1999，15（6）：715-720.

[7]　杨慧慧，黄荣进，黄传军，张浩，李来风. 聚醋酸乙烯酯/纳米 ZnO 颗粒复合材料的等离子聚合及其光学性能 [J]. 材料研究学报，2011，25（1）：19-24.

[8]　倪星元，沈军，张志华. 纳米材料的理化特性与应用 [M]. 北京：化学工业出版社，2006.

第 8 章

粉体的力学性能及其评价方法 ▶▶

粉体的力学特性主要表现为易碎易磨性、分散性和堆积与流动性，这直接关系到粉体的制备、使用与储存、输送等单元操作。

8.1 粉体易磨性及其评价方法

物料的易磨性是表征物料粉磨难易程度的评价指标。物料易磨性的确定对于合理设计粉磨设备的研磨体装载量及其级配、充分发挥其粉磨作用、有效提高粉磨效率，具有重要的指导意义。

物料易磨性具有三个方面的含义。

(1) 物料从某一初始粒度粉磨至特定要求粒度所消耗的能量。

(2) 在相同粉磨条件下物料能够达到的粉磨细度。

(3) 物料的初始粒度和最终粉磨细度一定时粉磨设备的生产能力。

按照物料易磨性测定目的的不同，常用的测定方法有相对易磨性测定法、Bond 粉碎功指数法。

8.1.1 相对易磨性及其测定方法

8.1.1.1 相对易磨性的定义

所谓物料的相对易磨性是指物料与某种认定的基准物料在相同的粉磨条件下粉磨相同时间后的比表面积之比。

8.1.1.2 相对易磨性的试验方法

这里以水泥原料的相对易磨性测定为例，介绍相对易磨性测定方法。

(1) 基准物料 标准砂。

(2) 试验设备

① PEF 100mm×60mm 颚式破碎机，功率为 2.2kW。

② ϕ500mm×500mm 试验球磨机，功率为 1.5kW，转速为 48r/min，研磨体材质为耐磨钢球，研磨体装载量为 100kg。

ϕ500mm×500mm 球磨机的研磨体级配见表 8-1。

表 8-1 $\phi 500mm \times 500mm$ 试验球磨机的研磨体级配

研磨体规格/mm	70	60	50	40	25×30
数量/个	9	24	37	43	374
质量/kg	60				40

③ DBT-127 电动勃氏透气比表面积测定仪或 FBT-9 全自动勃氏水泥比表面积测定仪。

（3）试验步骤

① 将待测物料放入颚式破碎机中破碎，然后用试验套筛筛分物料，选取粒度为 5～7mm 的物料备用。

② 称取基准标准砂 10kg 置入试验球磨机中粉磨一定时间后取出测定其比表面积 S_0。

③ 称取上述筛分后的待测物料 10kg 置入试验球磨机中粉磨相同时间后取出测定其比表面积 S_1。

④ 按下式计算物料的相对易磨性系数 K：

$$K = \frac{S_1}{S_0} \tag{8-1}$$

式中 S_0——基准标准砂的比表面积，m^2/kg；

S_1——待测物料的比表面积，m^2/kg。

显然，相对易磨性系数 K 值越大，则意味着物料的相对易磨性越好；反之亦然。

8.1.2 Bond 粉碎功指数法

8.1.2.1 Bond 粉碎功指数的意义

Bond 粉碎功指数是物料粉碎或粉磨过程的能量消耗指标，即将单位质量的物料从特定的颗粒粒度粉碎或粉磨至某一细度时所需要的能量。

Bond 粉碎功指数法（Test method for grindability of cement raw materials—Bond method）是物料易磨性的标准测定方法。2011 年，国家颁布了该方法的国家标准 GB/T 26567—2011《水泥原料易磨性试验方法（邦德法）》。

8.1.2.2 试验原理

用规定的磨机对试样进行间歇式循环粉磨，根据平衡状态的磨机产量和成品粒度以及试样粒度和成品筛孔径，求得试样的粉碎功指数。

8.1.2.3 试验设备

（1）球磨机 $\phi 305mm \times 305mm$ 铁制圆筒状球磨机（图 8-1），转速为 70r/min。

（2）钢球 普通滚珠轴承钢球，其规格构成见表 8-2。新钢球使用前需通过粉磨硬质物料消减表面光洁度。

（3）漏斗和量筒 如图 8-2 所示。

表 8-2 试验用钢球级配

钢球直径/mm	钢球数量/个	钢球直径/mm	钢球数量/个
36.5	43	19.1	71
30.2	67	15.9	94
25.4	10	总计	285

注：总质量≥19.5kg。

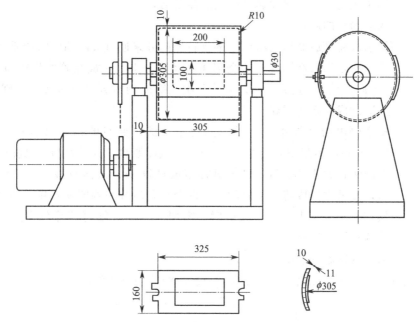

图 8-1 φ305mm×305mm 球磨机结构尺寸（单位：mm）

8.1.2.4 试样准备

（1）制备粒度小于 3.35mm 的干燥物料约 10kg，缩分出 5kg 作为试样，其余作为保留样。

（2）将试样混匀，用漏斗和量筒测定 1000mL 松散试样的质量，求 700mL 松散试样的质量。

（3）用筛孔尺寸为 1mm 的试验筛将全部试样筛分成粗细两部分，称量求得两部分试样的质量比。

（4）将粗细两部分试样各铺成一个长方形料堆——铺料沿纵向往复多层，取料从一端横向截取。

8.1.2.5 试验步骤

（1）按上述质量比分别称取粗细两部分试样，总质量为 500g，用筛分法测定其粒度分布，求试样的 80% 通过粒度。

（2）按上述质量比称取粗细两部分试样，总质量为 700mL 松散试样的质量，稍作混拌后倒入已装钢球的磨机，根据经验选定磨机第一次运行的转数（通常为 100～300r）。

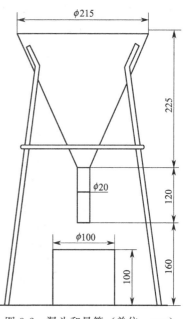

图 8-2 漏斗和量筒（单位：mm）

（3）运行磨机至预定的转数，将磨内物料连同钢球一起卸出，扫清磨内残留物料。

（4）分离物料和钢球，用成品筛筛分卸出的全部物料，称得筛上粗粉质量。

（5）按下式计算磨机每转产生的成品质量。

$$G_{bpj} = \frac{(w-a_j)-(w-a_{j-1})m}{N_j} \tag{8-2}$$

式中　G_{bpj}——第 j 次粉磨后磨机每转产生的成品质量，g/r；

　　　　w——入磨物料的质量，g；

　　　　a_j——第 j 次粉磨后卸出磨机的全部物料经筛分未通过成品筛的粗粉质量，g；

　　a_{j-1}——上一次粉磨后卸出磨机的全部物料经筛分未通过成品筛的粗粉质量，g，当 $j=1$ 时，a_{j-1} 通常为 0，但若首次入磨的物料曾筛除过成品，则 a_{j-1} 仍为未通过成品筛的粗粉质量；

　　　　m——试样中由粉磨作用产生的成品含量（试样原料的初始自然粒度全部小于 3.35mm，不需粉碎制样时，$m=0$；试样原料部分需要粉碎制样时，测定已粉碎物料的成品含量，结合试样组成计算 m；试样原料全部需要粉碎制样时，按试样组成将已粉碎的物料混合均匀后统一测定 m；单一原料的初始自然粒度不完全小于 3.35mm 时，需用 3.35mm 筛将其筛分为两部分，并且按两种原料处理），%；

　　　　N_j——第 j 次粉磨的磨机转数，r。

（6）以循环负荷率 250% 为目标，计算下一次粉磨的磨机转数：

$$N_{j+1} = \frac{w/(2.5+1)-(w-a_j)m}{G_{bpj}} \tag{8-3}$$

（7）取与筛下量质量相等的新试料与筛余量 W 混合作为新物料入磨，磨机转数按保持循环负荷率 250% 计算。反复该操作直至循环负荷率为 250% 时达到稳定的 G_{bp} 值为止。试验步骤如图 8-3 所示。

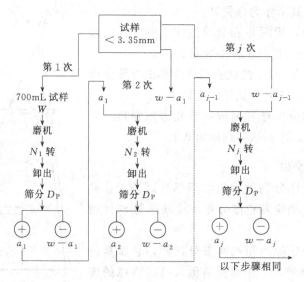

图 8-3　试验步骤示意图

（8）求出最后三次 G_{bp} 的平均值 $\overline{G_{bp}}$，并且要求 G_{bp} 最大值与最小值的差小于 $\overline{G_{bp}}$ 的 3%。该 $\overline{G_{bp}}$ 即为易碎性值。

8.1.2.6　Bond 粉碎功指数的计算

以 $D_{F80}(\mu m)$ 表示试料 80% 通过量的筛孔孔径，$D_{P80}(\mu m)$ 表示产品通过量为 80% 的筛孔孔径，按下式计算 Bond 粉碎功指数 W_i：

$$W_i = \frac{44.5 \times 1.10}{D_{P1}{}^{0.23} \times \overline{G_{bp}}{}^{0.82} \times \left(\dfrac{10}{\sqrt{D_{P80}}} - \dfrac{10}{\sqrt{D_{F80}}} \right)} \tag{8-4}$$

$$W_i = \frac{176.2}{D_{P1}{}^{0.23} \times \overline{G_{bp}}{}^{0.82} \times \left(\dfrac{10}{\sqrt{D_{P80}}} - \dfrac{10}{\sqrt{D_{F80}}} \right)} \tag{8-5}$$

式中　W_i——Bond 粉碎功指数，MJ/t；

$\quad D_{P1}$——成品筛的筛孔尺寸，μm；

$\quad \overline{G_{bp}}$——粉磨达到稳定状态时连续三次 G_j 的平均值，g/r；

$\quad D_{F80}$——初始粉料 80% 通过量的筛孔尺寸，μm；

$\quad D_{P80}$——产品通过量为 80% 的筛孔尺寸，μm。

显然，W_i 值越小，意味着物料易磨性越好；反之亦然。

需要注意的是，Bond 粉碎功指数的计算是以某一特定孔径的筛子筛分的，所以表示物料的粉碎功指数时，必须注明 D_P 的大小。如 $W_i = 60$MJ/t（$D_P = 80\mu$m）。

8.1.3　相对易磨性系数和 Bond 粉碎功指数的比较

相对易磨性系数和 Bond 粉碎功指数本质上是相同的，都表示物料粉磨的难易程度，只是试验条件、操作过程和引入生产计算的方法、参数有所不同。问题是，对于同一个原料和相同的粉磨工艺，无论两者试验值如何产生，都应符合这个物料本身固有的物理性质，即最终的应用结果一致。但实际应用中是否能够达到这一效果，目前的生产和资料还缺乏相关论证，以至于仍存在方法与其效果之争。另外，Bond 粉碎功指数方法需要专门的粉磨设备，试验循环操作过程较复杂，因而在企业生产控制过程中受到了一定的限制。对于企业生产而言，直接明了地得出目前某种物料的易磨性是否超过了原来的物料是水泥企业关心的重点，而不是研究该种物料具体的能耗。检测物料的相对易磨性成为解决上述问题的一种有效手段。

（1）试验条件及试验过程的比较　物料的相对易磨性测定方法是以标准砂为参照物，在相同条件下分别粉磨，得出一个细度系数用以表征易磨性，其试验的基本条件为：试验磨机规格为 ϕ500mm×500mm，研磨体装载量为 100kg，物料和标准砂入磨量均为 10kg，物料入磨粒度为 5～7mm。在该试验条件下，将物料和标准砂分别粉磨至所需的细度。相同粉磨时间的两者细度之比即为相对易磨性系数。

由于试验条件一致，两种物料在相同的粉磨时间内产生的细度由其物理性质所决定。当试验物料中影响粉磨的因素越少，粉磨的比表面积越高，与相同粉磨时间下的标准砂比表面积的比值越大，表示物料易磨性越好；反之则较差。

Bond 粉碎功指数试验方法是基于邦德裂缝学说即第三粉碎功耗理论。试验磨规格为 ϕ305mm×305mm，配球约 20kg，磨内物料量始终保持 700mL，经逐个粉磨周期反复粉磨，每一周期均筛出符合粒度要求的成品颗粒，并且补充等量的新给料，直至磨机每转产生的成品量达到平衡状态。

在该方法中，每一周期的粉磨转数取决于 G，G 值越接近于平衡状态，计算所得的粉磨转数越少并最终趋于一致。由于物料的物理性质直接反映于磨机每转产生的成品量，因而，

G 值大小起到决定物料易磨性的主要作用，并且明确量化为物料所需的单位产量粉磨功。

从上述两种方法可以看出，相对易磨性是参比标准砂得到的一种细度系数。粉碎功指数则以产品粉磨功和原料破碎功来描述新生成合格颗粒的粉磨过程，其中包含了成品细度、入磨粒度和成品量等影响粉磨的主要变量。

（2）试验结果的比较　表 8-3 列出了石灰石、水泥熟料、矿渣＋钢渣（各 50％）和矿渣的两种试验方法的试验结果。根据表中数据绘制的相对易磨性系数 K 和 Bond 粉碎功指数 W_i 的关系曲线如图 8-4 所示。

表 8-3　两种试验方法的试验结果

物料	K	$W_i/(kW \cdot h/t)$	物料	K	$W_i/(kW \cdot h/t)$
石灰石	1.76	9.46	矿渣＋钢渣（各 50％）	0.78	19.72
水泥熟料	0.92	17.95	矿渣	0.46	22.65

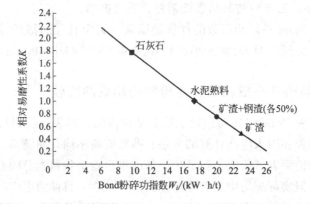

图 8-4　相对易磨性系数 K 与 Bond 粉碎功指数 W_i 的关系曲线

图 8-4 中的曲线表明，两种方法的试验结果具有良好的线性关系。相交于斜线的各点基本对应于试验产生的相对易磨性系数，而且不受物料种类的限制，对石灰石、水泥熟料、矿渣或钢渣等通常粒度的物料，对应关系都相当稳定。

图 8-5 表示了不同物料的比表面积随粉磨时间的变化。

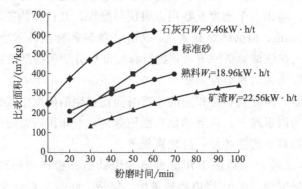

图 8-5　不同物料的比表面积随粉磨时间的变化

由图中曲线可以看出，标准砂随粉磨时间延长，比表面积近似于直线上升；W_i 为 9.46kW·h/t 的石灰石的比表面积在粉磨初期上升较快，后期则因细粉量增多，缓冲作用增强而趋于平缓；矿渣和熟料的绝对值不同，但细度曲线的斜率相近。因此，由粉磨时间决定的产品细度尤其是超细粉磨的细度取值不同，相对易磨性系数随之改变。

8.2 粉体分散性及其评价方法

8.2.1　粉体颗粒间的相互作用力

粉体在储存与使用过程中常常分散于液相、气相或固相介质中，通常，粉体在介质中表现为分散和团聚两种基本的行为，而粉体分散与团聚的根源在于颗粒间的相互作用力。我们把颗粒与颗粒间或颗粒与平面间的作用力统称为表面作用力。表面作用力是指两表面互相接近时产生的作用力，它是物体内所有原子、分子间的相互作用力及介质中原子、分子间作用力的和，具有"多物体效应"。存在于颗粒间的作用力有颗粒分子间的范德华作用力、因颗粒表面带电产生的静电作用力、因颗粒表面吸附层产生的空间位阻作用力、因颗粒表面存在的溶剂化膜而产生的溶剂化作用力、因颗粒表面与液体介质的极性不相容而产生的疏液作用力、因颗粒间液相桥的存在而产生的液桥作用力，如颗粒材料为磁性材料，颗粒间还存在磁性作用力。

颗粒在水中分散时，通常存在范德华力、静电作用力及溶剂化作用力。其他的颗粒间作用力则发生于特定的环境或体系下，例如空间位阻作用发生在颗粒表面有吸附层时，特别是当吸附高分子时，疏水作用力发生在疏水颗粒之间。它们的作用距离不尽相同，疏水化作用力和溶剂化作用力的作用距离较短，而范德华作用力、静电作用力和空间位阻作用力的作用距离相对较长。表 8-4 给出了液体介质中颗粒间几种主要作用力的综合特性。

表 8-4　液体介质中颗粒间几种主要作用力的特点

项目	范德华作用力	静电作用力	溶剂化作用力	疏液化作用力	空间位阻作用力
作用距离/nm	$50\sim100$	$100\sim300$	10	10	$50\sim100$
力的性质	吸引力	排斥力	较强的排斥力	较强的吸引力	多数为排斥力,个别时为吸引力
作用能与距离 H 的关系	$\dfrac{1}{H}$	$\exp(-\chi H)$	$K_1\exp\left(-\dfrac{H}{h_0}\right)$	$K_2\exp\left(-\dfrac{H}{h_0}\right)$	主要取决于吸附层的可渗透性

一般而言，颗粒在空气中具有强烈的团聚倾向，颗粒团聚的基本原因是颗粒间存在表面力，即范德华力、静电力、液桥力、磁吸引力和固体架桥力等。其中，前三种作用力对颗粒在空气中的团聚行为是最为重要的，范德华力和液桥力会使颗粒倾向团聚，但静电力则导致颗粒相互排斥，如大气中的 PM2.5，颗粒间就有较强的静电排斥力。

粉体在液相或气相中的分散体系在一定条件下是稳定存在还是聚沉，取决于颗粒间的相互吸引力和排斥力，如图 8-6 所示，颗粒间的总位能 E_T 为斥力位能 E_R 与吸力位能 E_A 相加后的结果。总位能曲线的峰值 E_0，称为位垒，对分散体系而言，位垒越高，表明颗粒间的斥力作用越强烈，颗粒相互排斥，分散体系易于保持稳定，反之位垒越低，表明颗粒间的吸引力越来越趋于主导地位，分散体系不稳定，

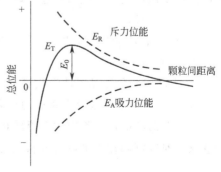

图 8-6　颗粒间的位能曲线

颗粒间易于发生团聚而导致沉降。

在多数情况下，为发挥粉体原级颗粒即一次颗粒的优越特性，要求粉体在使用过程中应具有良好的分散稳定性，由于颗粒间往往存在多种力的相互作用，因此应清楚这些作用力分别属于哪种类型，针对各自特点，采取相应措施，尽量减小或避免颗粒间的吸引力作用，尽量提高或增加颗粒间排斥力的相互作用。如在一定距离内颗粒间的静电排斥力的大小取决于颗粒表面的 ζ 电位，该电位的绝对值越大，颗粒间的静电排斥力越大，而通过调控溶液体系的 pH 值或表面吸附电荷则可改变颗粒表面的 ζ 电位；对于颗粒表面因高分子吸附层而产生的空间位阻作用，是吸附层之间相互渗透和相互压缩的叠加结果，如压缩作用强于渗透作用，则空间位阻作用表现为排斥，否则表现为吸引，选择适宜的高分子表面活性剂和添加量，可赋予颗粒间有效的空间位阻排斥力，如高分子表面活性剂的分子量越大，在相同距离条件下，颗粒间的空间位阻作用越大；对于粉体在液相中的分散，可选择不同的溶剂介质，通过溶剂化作用赋予颗粒间较强的排斥力；液桥力常常是造成粉体在空气中发生团聚的主要原因，其大小是液桥的毛细管引力和液体表面张力共同作用的结果，减小或避免液桥力的措施有采用表面张力小的有机试剂介质（如醇、酮等）取代表面张力大的水，采用适宜的干燥方式和干燥制度，在冷冻干燥、自然干燥和烘箱干燥三种干燥方式中，以冷却干燥最为优越，而烘箱干燥效果较差，采用冷冻干燥方式，将前驱物迅速冷冻，然后降压固气升华，避免了颗粒间液相桥的作用。

8.2.2 粉体分散性的评价方法

首先介绍粉体在液体介质中分散的评价方法。粉体在液体分散体系中的分散稳定性包括两个方面的内容：颗粒在液相中的沉降速率慢，则可以认为颗粒在液相中的悬浮时间长，分散体系的稳定性好；颗粒在分散体系中，如果粒径不随时间的增加而增大，则可以认为分散体系的分散性好。

颗粒在液体中分散的悬浮体系，按其悬浮液的浓度高低，可分为高浓度悬浮液和低浓度悬浮液。在通常情况下，对较低浓度的悬浮液来说，体系的分散稳定性最常用的表征方法有沉降法、浊度法、显微镜法和粒度分布测量法等；对高浓度的悬浮液而言，最常采用的表征方法是黏度测量法或流变法等。

（1）沉降法 沉降法是通过测定沉降体积和沉降速率来确定分散体系的分散稳定性。如果沉降体积大，沉降时间短，则分散性差；如果沉降体积小，沉降时间长，则分散性好。由于沉降体积法耗用时间较长，速率较慢，所以一般采用测定沉降速率的方法。现在常采用的测试方法有三种。

① 光子相关谱法直接测定粒径随时间的变化，如果颗粒的粒径不随时间而变化，则分散体系的稳定性好。

② 光散射和分光光度计吸收测量法测定颗粒的沉降速率。

③ 用电子天平直接测定颗粒的沉降速率。电子天平测量法是将电子天平浸入分散体系中，并且及时将测定过程中的沉降质量记录下来，将分散体系中检查域内的颗粒总质量 W_0 与在某一时间沉降在天平盘上的颗粒质量 W 的差值与 W_0 的比值定义为分散率 F_s：

$$F_s = \frac{W_0 - W}{W_0} \times 100\%$$

(8-6)

F_s值越大，分散效果越好；反之，分散效果差。

近来，有人采用颗粒表面的 ζ 电位作为评判颗粒在水中分散稳定性的标准。通常认为分散体系中 ζ 电位绝对值越大，则分散体系越稳定，颗粒的分散性就越好。关于颗粒表面 ζ 电位的测定前面已做介绍。

（2）浊度法　浊度法是常用的悬浮液分散行为的评价手段，它是建立在悬浮质点对光的散射基础上的一种分析方法，是沉降分析与光电测定结合的产物，其原理是光线通过分散体系时，当悬浮液中质点的折射率和介质不同，而且质点的最大长度小于入射光波长的 1/2 时，质点对入射光产生散射作用，更大的质点产生反射作用。假定从侧面看光路呈现乳光，即散射光，如体系介质对入射光无选择性吸收时，其乳光强度可用入射光通过单位厚度体系后光强度的损失即浊度 τ 来表示。假定令 L 代表含有散射质点的厚度，I_0 为入射光强，I 为透射光强，则：

$$\tau = \frac{1}{L}\ln\frac{I_0}{I} \tag{8-7}$$

乳光实际上是胶体颗粒在光的电磁场作用下，向各方向发出的散射光，根据 Mie 的光散射理论，单分散体系的稀溶液，对于半径为 a 的球形颗粒，浊度 τ 为：

$$\tau = K'N_p\pi a^2 \qquad 或 \qquad N_p = \frac{\tau}{K'\pi a^2} \tag{8-8}$$

式中，N_p 为单位体积介质中所含颗粒的数目；K' 为光散射系数。

对于同一样品颗粒形成的分散体系，其 K' 及 a 相同，故 τ 随 N_p 的变化而变化。反过来可根据测出的浊度 τ 变化得知 N_p 的变化，从而判断出分散稳定性的优劣。对于同一粉体样品，体积、浓度、分散介质、温度条件相同，使用不同分散剂的分散体系，在容器中沉降同一段时间后，从上层取同样体积的分散液，测定其浊度。如果浊度越大，则说明该样品分散体系中沉降的粒子越少，该分散剂对粉体的分散稳定性更好。

（3）测力法　粉体分散性测力仪如图 8-7 所示。测力仪可测量沉降率，即悬浮体系中的固体颗粒沉积量。将仪器收集盘浸入液体中，随着时间的增长，固体颗粒不断地沉积在盘中，可记录质量和时间的关系，以判断沉淀的趋势。更主要的是测量沉淀物特性，试验时可将试样罐放在测力仪的平台上，平台以 15mm/min 的速度向上缓缓移动，这时仪器的探头就逐渐压入沉淀物中，当探头以一定的速度通过一段距离时，TY 记录仪就记录下探头在插入沉淀物时测得的阻力及深度，以判断沉淀物的硬度及厚度。根据测量到的穿透力评判试样可被重新分散和搅起的沉淀物特性，表 8-5 中的数据可供涂料行业参考。

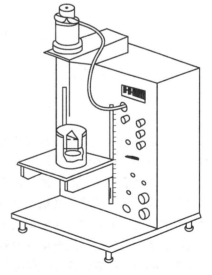

图 8-7　粉体分散性测力仪示意图

（4）显微镜法　将分散前后的颗粒，在相同条件下，按相同的方法制备样品，采用相对应的各种显微镜进行观测、拍照，可比较出分散性的好坏。

（5）流变法　分散体系在流动时，分散介质本身、分散介质和颗粒之间、颗粒间都会产生相互作用，导致分散体系黏度的变化。在某种程度上，分散体系的流变学性质（黏度）可以评价颗粒分散体系的分散性和稳定性。流变法就是采用黏度计在恒温（通常是 25℃）下测量分散体系的黏度。一般来说，同一种物料在相同浓度条件下，黏度较小，分散体系在流动时克服的阻力小，说明该分散体系的分散性较好；如果黏度较大，则认为分散体系中颗粒间彼此聚集，使体系的流动受阻，分散性较差。流变法的优点是快速，其缺点是不能直接观察分散体系的状态。

表 8-5　阻力和沉淀物特性的关系

阻力/N	沉淀物特性	阻力/N	沉淀物特性
<1	很软，易再分散	4~6	硬，再分散困难
1~2	软，再分散性好	>6	很硬，不能再分散
2~4	较硬，但可以再分散		

粉体在空气中的分散性评价方法主要有分散率法、黏着力法、分散指数法和分散度法等。

（6）分散率法　Yamaoto H. 等把分散率定义为分散颗粒的中位径与一次颗粒的中位径之比。增田弘昭则用一次颗粒的粒度分布与从分散机排出的分散颗粒的粒度分布函数表示分散率 α，即：

$$\alpha = \int_0^{D_p^0} y_d \mathrm{d}D_p + \int_{D_p^0}^{x} y_0 \mathrm{d}D_p \tag{8-9}$$

式中，y_0 为一次颗粒的频率分布；y_d 为分散颗粒的频率分布；D_p 为颗粒直径。

颗粒完全分散时，频率分布 y_0 和 y_d 重合，分散率 α 为 100%。分散率越高，分散性越好。图 8-8 为 Al_2O_3 粉体（$d_{50}=1\mu m$）在气流中分散后，分散度 α 为 69% 时获得的粒度分布实例。图中实线表示采用湿式沉降法测定完全分散颗粒的累积和频率粒度分布，虚线表示用阶式低速碰撞采样器测定的粉尘雾的粒度分布（累积和频率）。

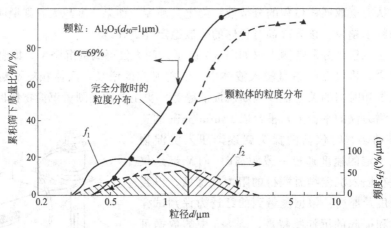

图 8-8　$d_{50}=1\mu m$ 的 Al_2O_3 粉体分散时的分散率

（7）黏着力法　黏着力法是根据粉体分散性与颗粒之间的黏着力和分散力的关系提出的。黏着力小，粉体的分散性好；反之，分散性差。

图 8-9 为悬吊式抗张强度破断装置示意图。将装置放在密封箱内，从试料填装到抗张强度破断试验均在相同蒸气气氛下进行。测定方法如下：将试料颗粒填装于测量用盒子（两分盒子）中，向水平方向拉动可动盒子，测定颗粒层破断时的应力。可动盒子以 2mm/min 的速度向水平方向拉动，用差动变量器观测盒子的位移。在试料填装时，用 0.7~12kPa 的荷重压实 10min（调整颗粒层的空隙率），取去荷重，再放置 10min 后，刮去盒子上面的凸出物料，然后拉动可动盒子，进行破断试验。

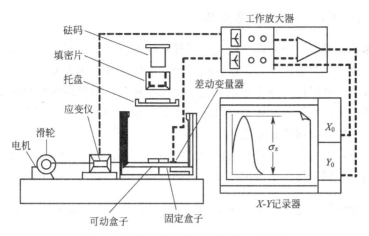

图 8-9　悬吊式抗张强度破断装置示意图

（8）分散指数法　滑动摩擦锥角与颗粒流动性有直接关系，它是研究粉体力学性能和流动性以及粉体的储存、运输、混合等实际工艺操作和设计中经常采用的重要参数。该角测定方法简单、便捷，具有重要的实用价值。可用滑动摩擦锥角表征颗粒的分散指数。

把在一定条件下处理后的颗粒的滑动摩擦锥角 α 与其自然状态的滑动摩擦锥角 α_0 的比值定义为颗粒的分散指数 f，则分散指数 f 为：

$$f = \frac{\alpha}{\alpha_0} \tag{8-10}$$

在一定条件下，某种颗粒的 α_0 有其确定数值。滑动摩擦锥角 α 越大，颗粒的流动性越好，分散性越好，其分散指数 f 也越大；反之，分散性差，分散指数小。分散指数是衡量颗粒分散性好坏的一个重要标志。

（9）分散度法　分散效果可用颗粒体的分散度表示。其测定方法为：把一定质量（W_0）的颗粒置于分散度测定仪中，使颗粒体自由下落，测定落在正下方表面皿上的颗粒质量（W），则分散度 β 表示为：

$$\beta = \frac{W_0 - W}{W_0} \tag{8-11}$$

分散度越大，表明粉体在空气中的抗团聚分散性越好。

8.3 粉体流动性及其评价方法

粉体流动即颗粒群从静止状态变为运动状态，是粉体颗粒间摩擦力和内聚力以及外力作用下的宏观表现，在粉体应用领域，粉体流动性与粉体储存、输送、给料、混合等操作密切相关，粉体的摩擦特性是影响粉体流动性的最重要的内在因素，对粉体摩擦特性的研究与测试是研究粉体流动的基础，如在料斗设计中，排料口的大小、料斗壁的倾斜角以及粉料对料斗壁的压力计算，这些参数的设计都是以摩擦特性为重要依据的。

反映粉体摩擦特性的摩擦角主要有内摩擦角、休止角、壁面摩擦角以及滑动摩擦角等，其中以内摩擦角和休止角最为常用。

8.3.1 粉体的内摩擦角和休止角

如果把粉体物料看成一个整体，在其内部任意处取出一个单元体，此单元体单位面积上的法向压力可看成该面上的压应力，单位面积上的剪切力可看成该面上的剪应力。物料沿剪应力方向发生滑动，可以认为整体在该处发生流动或屈服。即粉体物料的流动可以看成与块体材料剪切破坏现象相类似。这样，就可以应用莫尔强度理论来研究粉体物料的抗剪强度，进而得出确定内摩擦角的理论和方法。

根据莫尔理论，如果粉体物料在两向应力 σ_1 和 σ_3 作用下沿着某一个平面 mn 产生破坏，如图 8-10(a) 所示，则在这个平面内存在一定的正应力 σ 和剪应力 τ 的组合，在平面直角坐标图中可绘制出相应的破坏莫尔应力圆，如图 8-10(b) 所示，破坏圆的半径为 $\dfrac{\sigma_1-\sigma_3}{2}$，破坏平面内的正应力 σ 和剪应力 τ 可由力平衡求出：

$$\sigma = \frac{\sigma_1+\sigma_3}{2} + \frac{\sigma_1-\sigma_3}{2}\cos2\alpha \tag{8-12}$$

$$\tau = \frac{\sigma_1-\sigma_3}{2}\sin2\alpha \tag{8-13}$$

破坏平面内的正应力 σ 和剪应力 τ 对应于破坏莫尔应力圆上的 A 点。

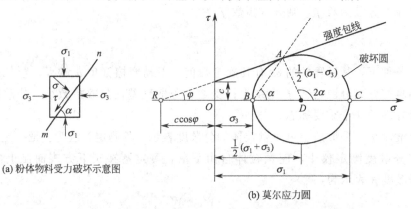

(a) 粉体物料受力破坏示意图

(b) 莫尔应力圆

图 8-10　粉体物料受力破坏示意图及其相应的莫尔应力圆

对同一种粉体材料在不同的 σ_3 情况下做破坏试验，可得出散粒物料发生破坏时的一系列 σ_1，在应力平面坐标图中可以得到不同半径的破坏圆，这些破坏莫尔圆的公切线称为破坏包络线，如图 8-11 所示。莫尔圆和破坏包络线相切的点表示散粒物料产生破坏时角度为 α 的破坏面及破坏面上的正应力 σ 和剪应力 τ，破坏包络线代表了粉体物料发生破坏的剪切强度条件。如果表示物料内某点应力状态的莫尔圆落到莫尔包络线以下，则这个点的剪切应力小于剪切强度，粉体物料不可能产生破坏而流动。粉体在外力作用下的抗破坏能力取决于其内部颗粒间的摩擦力和内聚力，在相同外应力作用条件下，粉体物料的摩擦力和内聚力越大，粉体物料的抗破坏能力越强，即粉体物料

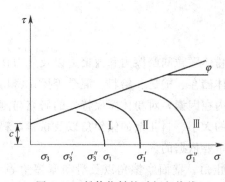

图 8-11　粉体物料的破坏包络线

的剪切强度越大，其破坏包络线与水平轴的夹角 φ 越大，显然 φ 的大小可以反映粉体物料内部颗粒间的摩擦力大小，因此把破坏包络线和水平轴的夹角称为粉体的内摩擦角。粉体的内摩擦角越大，表明粉体内部颗粒间的摩擦力越大，粉体的流动性越差。

破坏包络线对应的数学关系式为：

$$\tau = \sigma \tan\varphi + c = \mu_i \sigma + c \qquad (8\text{-}14)$$
$$\mu_i = \tan\varphi$$

此式称为 Coulomb（库仑）公式，式中，μ_i 为内摩擦系数，c 为因颗粒表面附着力而产生的内聚力。

粉体的休止角，又称安息角，是指粉体物料在重力场中，粒子在粉体堆积层的自由斜面上滑动时所受重力和粒子之间摩擦力达到平衡而处于静止状态下测得的自由斜面与水平面之间的最大夹角。休止角越小，表明颗粒间的摩擦力越小，粉体流动性越好，一般认为 $\theta \leqslant$ 30°时流动性好，$\theta \leqslant 40°$时可以满足生产过程中的流动性需求。

影响休止角的因素很多，如物料的种类、黏性、含水量、粒径大小、形状等，越接近球形，休止角越小，对粒径小于 0.2mm 的粉料，由于微细粒子相互间的黏附性增大，使粒子越小而休止角越大，对于大多数粉料，填充状态（填充率）与休止角也有一定的关系，松散填充时的空隙率 ε_{max} 与休止角 φ_r 有如下关系：

$$\varphi_r = 0.05(100\varepsilon_{max} + 15)^{1.57} \qquad (8\text{-}15)$$

该式表明，粉体的空隙率越大，即填充越困难，粉体的休止角越大。对一般粉料进行振动，减小空隙率，则休止角会变小，流动性增加。因此，振动可以解决料斗中的下料困难，同样往粉料中充以空气使之松动，也会显著减小休止角。

休止角与内摩擦角有如下区别与联系。

（1）休止角和内摩擦角都反映了粉体物料的内摩擦特性。

（2）休止角和内摩擦角两者概念不同。内摩擦角反映粉体物料粉体层间的摩擦特性，休止角则反映单粒物料在物料堆上的滚落能力，是内摩擦特性的外观表现。

（3）数值不同。对质量和含水率近似的同类粉体物料，休止角始终大于内摩擦角，而且都大于滑动摩擦角。对于缺乏黏聚力的散粒物料如砂子等，其休止角等于内摩擦角。

8.3.2 粉体摩擦角的测试方法

为了测定粉体的内摩擦角，必须首先通过试验确定这种物料的破坏包络线。目前，粉体材料的破坏包络线可采用两种测定方法。

8.3.2.1 三轴压缩试验

三轴压缩试验装置结构如图 8-12 所示，它是利用研究土壤剪切特性的装置发展起来的。采用此装置做粉体物料如谷粒的剪切试验时，将预先压实的谷粒柱封闭在橡胶薄膜中，并且放进压缩室。压缩室内逐渐升压到预定的压力，轴向载荷通过万能试验机或其他加载装置施加到谷粒柱上。这样，谷粒柱在径向受到空气压力 σ_3 的压缩，在径向受压缩空气压力和轴向载荷的共同作用，破坏时的 σ_1 值可通过记录仪测得。重复以上程序，即可得到不同的 σ_3 值时谷粒柱破坏的主应力 σ_1 值，由这些不同的应力对可在平面直角坐标图中绘制出如图8-13所示的莫尔圆，这些圆称为极限破坏圆，其公切线即为所测粉体试样的破坏包络线，它与 σ 轴的夹角 ϕ_i 即为所测粉体试样的内摩擦角。

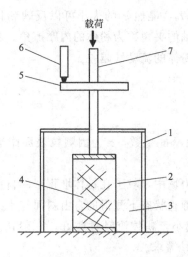

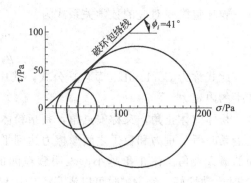

图 8-12　粉体的三轴压缩试验装置结构
1—压缩室；2—薄膜；3—压缩空气；4—谷粒柱；
5—力传感器；6—位移传感器；7—加载杆

图 8-13　粉体三轴压缩试验测得的破坏包络线

8.3.2.2　直接剪切试验

直接剪切试验可在剪切仪上进行。剪切仪由剪切槽、加载装置和记录仪三个基本部分组成。剪切槽包括底座、剪切环和顶盖。法向压力利用垂直作用的压实载荷，剪切作用力通过电或机械传动装置施加于剪切环。传动装置上装有力传感器或测力计，用于测量作用在底座和剪切环间接触平面内的剪应力。

剪切槽由两个或三个圆形盒或方形盒重叠起来，将粉体填充其中，在铅垂压力 σ 的作用下，再对其中一盒如图 8-14(a)或中间盒如图 8-14(b)所示施加剪切力，逐渐加大剪切力，当达到极限应力状态时，重叠的盒子错动。测定错动瞬时的剪切力，记录 σ 和 τ 的数据。在 σ-τ 坐标系中作出一条轨迹线，这条轨迹线即为破坏包络线，它与 σ 轴的夹角 ϕ_i 即所测粉体试样的内摩擦角。

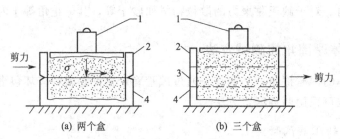

(a) 两个盒　　　　　　　(b) 三个盒

图 8-14　粉体剪切槽结构
1—砝码；2—上盒；3—中盒；4—下盒

ZJ 型应变控制式直剪仪是一种直剪法测粉体内摩擦角的试验装置，如图 8-15 所示，该装置主要由推动座、剪切盒、测力环、杠杆加压系统和加载、卸载部分组成。

ZJ 型应变控制式直剪仪的杠杆比为 1∶12。剪切盒分为固定盒和滑动盒两部分，截面面积为 30.0cm²，试样层高度为 2cm，试样层上、下两面各置一块透水石。仪器附有砝码五块，对应的压力分别为 1.275kPa、2.55kPa、5.1kPa、7.65kPa 和 10.2kPa。在杠杆的一端有平衡装置。当物料受压下沉时，可转动手轮乙，使杠杆能保持平衡（水泡位于中心），以

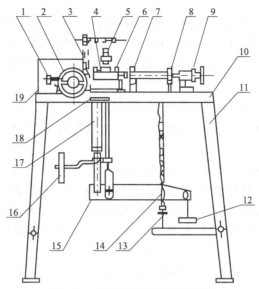

图 8-15 ZJ 型应变控制式直剪仪

1—推动座；2—手轮甲；3—插销；4—剪切盒；5—传压螺钉；
6—螺钉插销；7—量力环轴承；8—量力环部件；9—锁紧螺母；
10—底板；11—支架；12—吊盘；13—手轮乙；14—立柱；
15—杠杆；16—平衡锤；17—接杆；18—滑动框；19—变速箱

保持试验过程中压力无变化，应力环置于推动座与剪切盒之间。

试验步骤如下。

(1) 测定前，先校准杠杆水平。杠杆水平时，杠杆下沿应与立柱的中间白线平齐。

(2) 将限位板及 $\phi 10mm$ 钢珠在导轨上放好，放上滑动框。

(3) 按下式计算值称取在 110℃下烘干的试样（精确至 0.1g）：

$$m = V\rho_p(1-\varepsilon) = (\pi/4)D^2 H\rho(1-\varepsilon) \tag{8-16}$$

式中 m——试样量，g；

$\quad\quad D$——剪切盒内径，cm；

$\quad\quad V$——剪切盒有效体积，cm^3；

$\quad\quad H$——剪切盒有效高度，cm；

$\quad\quad \rho_p$——试样密度，g/cm^3；

$\quad\quad \varepsilon$——空隙率，取 $\varepsilon = 0.5$。

(4) 将上、下剪切盒对准，插入固定插销，先在下面放一块透水石，其上放一层与剪切盒内径相同的滤纸，然后将称好的试样放入剪切盒内，并且轻轻摇平。再放入一层滤纸，上面放一块透水石。

(5) 盖上传压板，放好钢珠（$\phi 12mm$），调节传压螺钉与钢珠接触，使杠杆下沿抬至立柱的上红线左右（若试样未经预压，可稍抬高些）。杠杆下沿位于上、下两红线之间，测定数据均在精度范围内。

(6) 按试验要求施加垂直载荷，吊盘为一级载荷（50kPa），左旋手轮乙使支起的杠杆缓慢下落，调整量力环，百分表调至零位。转动手轮甲，使固定盒前端的钢珠刚好与量力环接触（即量力环内测微表的指针刚触动时）调整到量力环中测微表读数为零。

（7）拔出固定插销，以 4r/min 的转速均匀旋转手轮甲，直至将试样剪断为止（瞬间量力环中测微表指针不再前进时，认为已剪断），记录量力环中测微表相应读数，记录于表中。

（8）卸载时，先右旋手轮乙，使传压螺钉脱离钢珠，至容器部分能自由取放为止（传压螺钉约抬高 3mm）。

（9）取下剪切盒，倒出试样。施加相应的载荷，按步骤(3)～(8)重复进行。

（10）试验结束时，顺序卸除测微表、荷重、加压框架、钢珠、活塞、固定盒等，并且擦洗干净。

粉体休止角的测定方法主要有注入法和排出法两种。注入法是将粉体从漏斗上方慢慢加入，从漏斗底部漏出的物料在水平面上形成圆锥状堆积体，然后测其倾斜角。排出法是将粉体加入圆筒容器内，使圆筒底面保持水平，当粉体从筒底的中心孔流出，在筒内形成的逆圆锥状残留粉体堆积体的倾斜角。这两种倾斜角都是休止角。有时也采用倾斜法，在绕水平轴慢速回转的圆筒容器内加入占其容积的 1/3～1/2 的粉体，当粉体的表面产生滑动时，测定其表面的倾斜角。休止角可以用量角器直接测定，也可以根据粉体层的高度和圆盘半径计算而得，即 $\tan\theta=$ 高度/半径。

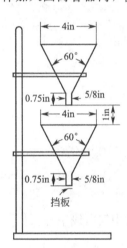

图 8-16　粉体流动速度测试装置示意图
(1in=0.0254m)

8.3.3　粉体流动性的评价方法

除通过测试粉体的摩擦角来评价粉体流动性之外，流出速度和压缩度也是经常采用的评价粉体流动性的参数，流出速度（flow velocity）是以将物料加入漏斗中测定全部物料流出所需的时间来描述，测定装置如图 8-16 所示。如果粉体的流动性很差而不能流出时加入 100μm 的玻璃球助流，测定自由流动所需玻璃球的量，以表示流动性。加入量越多表明流动性越差。

压缩度（compressibility）是指将一定量的粉体轻轻装入量筒后测量最初松体积；采用轻敲法（tapping method）使粉体处于最紧状态，测量最终的体积；计算最松密度 ρ_a 与最紧密度 ρ；根据式(8-17)计算压缩度 C_p。

$$C_p=\frac{\rho-\rho_a}{\rho}\times100\%\qquad(8-17)$$

压缩度是粉体流动性的重要指标，其大小反映粉体的凝聚性、松软状态。压缩度在 20% 以下时流动性较好，压缩度增大时流动性下降，当 C_p 值达到 40%～50% 时粉体很难从容器中自动流出。

表 8-6　流动形式与其相对应流动性的评价方法

种类	现象或操作	流动性的评价方法
重力流动	瓶或加料斗中的流出,旋转容器型混合器,填充	流出速度,壁面摩擦角,休止角,流出界限孔径
振动流动	振动加料,振动筛,填充,流出	休止角,流出速度,压缩度,表观密度
压缩流动	压缩成形(压片)	压缩度,壁面摩擦角,内部摩擦角
流态化流动	流化层干燥,流化层造粒,颗粒或片剂的空气输送	休止角,最小流化速度

粉体的流动性（flowability）与粒子的形状、大小、表面状态、密度、空隙率等有关，

加上颗粒之间的内摩擦力和黏附力等的复杂关系，粉体的流动性无法用单一的物性值来表达，有时需要采用几种与流动性有关的物性指数的加权值来表示，如流动性指数为休止角、压缩度、平板角、均齐度、凝集度等项指数的加权和；喷流性指数是流动性指数、崩溃角、差角、分散度等项指数的加权和。然而粉体的流动性对颗粒剂、胶囊剂、片剂等制剂的重量差异影响较大，是保证产品质量的重要环节。粉体的流动形式很多，如重力流动、振动流动、压缩流动、流态化流动等，相对应的流动性的评价方法也有所不同，当定量地测量粉体的流动性时最好采用与处理过程相对应的方法，表 8-6 列出了流动形式与相应流动性的评价方法。

颗粒间的黏着力、摩擦力、范德华力、静电力等作用阻碍粒子的自由流动，影响粉体的流动性。粉体流动性与构成粉体的颗粒大小、形态、表面结构、粉体的空隙率、密度等性质有关。通过改变这些物理性质可改善粉体的流动性。

(1) 适当增加粒径　粒径对粉体流动性有很大影响，当粒径减小时，表面能增大，粉体的附着性和聚集性增大。一般而言，当粒径大于 200mm 时，休止角小，流动性好，随着粒径减小（在 100～200mm 之间时），休止角增大而流动性减小，当粒径小于 100mm 时，粒子发生聚集，附着力大于重力而导致休止角大幅度增大，流动性差。所以通过造粒的方法适当增大粒径可改善粉体的流动性，如在流动性不好的粉体中加入较粗的粉粒也可以克服聚合力，流动性增大。粉体性质不同，流动性各异，粒子内聚力大于自身重力所需的粒径称为临界粒径，控制粒径大小在临界粒径以上，可保证粉体的自由流动。

(2) 控制粉粒湿度　粉粒通常吸附有小于 12% 的水分，水分的存在使粉粒表面张力及毛细管力增大，使粒子间的相互作用增强而产生黏性，但流动性减小，休止角增大。控制粉粒的湿度在某一定值（通常在 5% 左右）是保证粉体流动性的重要方法之一。当水分含量进一步增加时，固体粉粒表面吸附力减小，粉体休止角急剧降低，但此时的粉体已不能再应用。

(3) 加入润滑剂　在粉体中加入适量的润滑剂，如滑石粉、氧化镁、硬脂酸镁等，可提高粉体的流动性。通常，加入比粉粒还要细的物质会使粉体流动性变差，润滑剂虽然是细粉末，但润滑剂能降低固体粉粒表面的吸附力，改善其流动性。此外，润滑剂的加入量也很重要，当粉粒的表面刚好使润滑剂覆盖，则粉体的润滑性加强，如果加入过量的润滑剂不但不能起润滑作用，反而形成阻力，流动性变差。各种润滑剂的常用量为：氧化镁 1%，滑石粉 1%～2%，硬脂酸镁 0.3%～1%，氢氧化铝 1%～3%，微粉硅胶 1%～3%。

(4) 粒子形态及表面粗糙度　球形粒子的光滑表面，减少接触点数，减少摩擦力，粉体会表现出较好的流动性。

8.4 粉体综合特性测试

8.4.1 粉体综合特性测试仪简介

粉体综合特性测试仪是一种多功能的粉体综合特性测试仪器，其测试项目包括休止角、崩溃角、平板角、差角、分散度、松装密度、振实密度、压缩度、空隙率、凝集度、均齐度、流动性指数、喷流性指数等粉体特性参数。这些参数对粉体产品的粉碎、包装、输送等具有重要的实际意义。该仪器的特点是一机多用、操作简便、重复性好、测试条件容易改变、配套完整等。如目前广泛使用的丹东市百特仪器有限公司研制的 BT-1000 型粉体综合特性测试仪，如图 8-17 所示。

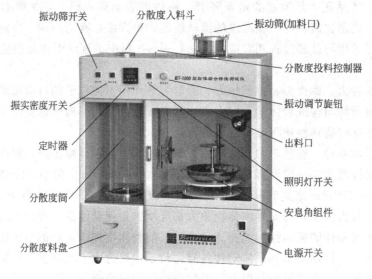

图 8-17　BT-1000 型粉体综合特性测试仪结构

8.4.2　粉体特性参数的测试过程

8.4.2.1　休止角的测试与计算

在静平衡状态下，粉体堆积斜面与底部水平面所夹锐角称为休止角。它是通过特定方式使粉体自然下落到特定平台上形成的。休止角大小直接反映粉体的流动，休止角越小，粉体的流动性越好。休止角也称安息角或自然坡度角。其测试过程如图 8-18 所示。

（1）放置休止角组件。将减振器放到仪器中央的定位孔中，上面放上接料盘（有底座的直径 200mm 的托盘）和休止角样品台。减振器、接料盘、休止角样品台上的三个红色标记点在一条直线上且朝正前方。将水平仪放在休止角平台上，测试休止角平台的水平度，如不水平，调整仪器底角螺钉，使休止角样品台的上平面基本处于水平状态。

（2）加料。将仪器前门关上，准备好样品，将定时器调到 3min 左右，打开振动筛盖，打开仪器的电源开关和振动筛开关，用小勺将样品加到筛上，样品通过筛网，经出料口撒落到样品台上，形成锥体。

（3）当样品落满样品台且呈对称的圆锥体并在平台圆周边都有粉体落下时，停止加料，关闭振动筛电源，调整量角器的高度和角度并靠近料堆，将量角器底边与圆锥形料堆的斜面重合，量出并记录休止角。然后轻轻转动接料盘至 120°和 240°位置并分别测量角度。把上述三个角度取平均值，该平均值就是这个样品的休止角（θ_r）。

（4）休止角的计算方法为：$\theta_r = (\theta_{r1} + \theta_{r2} + \theta_{r3})/3$。

8.4.2.2　崩溃角的测试与计算

崩溃角测试过程如图 8-19 所示。

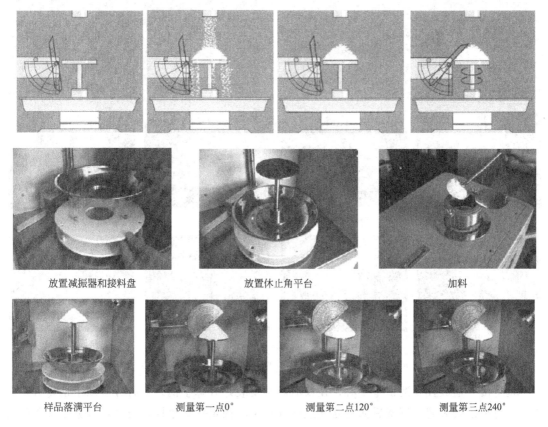

放置减振器和接料盘	放置休止角平台	加料

样品落满平台	测量第一点0°	测量第二点120°	测量第三点240°

图 8-18　休止角测试过程示意图

（1）测完休止角后，用两根手指轻轻提起样品台轴上的振子至卡销处，然后松开使振子自由落下，当振子落到底部时样品台受到振动，使平台上堆积的圆锥体样品表面崩塌下落，如此振动三次，然后再用测角器像测试休止角一样的方法测试 0°、120°、240°三个不同位置上的角度，其平均值即为崩溃角（θ_f）。

（2）崩溃角的计算方法为：$\theta_f = (\theta_{f1} + \theta_{f2} + \theta_{f3})/3$。

图 8-19　崩溃角测试过程示意图

8.4.2.3　差角的计算

差角即休止角与崩溃角之差为：$\theta_d = \theta_r - \theta_f$。

8.4.2.4　平板角的测试与计算

平板角测试过程如图 8-20 所示。

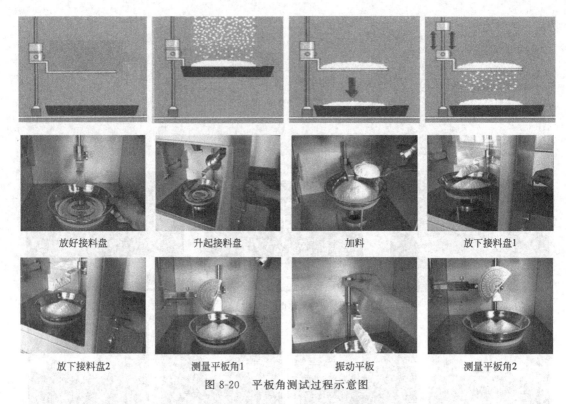

放好接料盘　　　　　升起接料盘　　　　　加料　　　　　放下接料盘1

放下接料盘2测量平板角1振动平板测量平板角2

图 8-20　平板角测试过程示意图

先将接料盘放置到测试室中心，在仪器右侧安装好升降手柄，顺时针扳动手柄将升降台升起，将平板安装到测试室后面的立柱上端并将平板固定在红色标记线处，拧紧平板顶丝将平板固定在立柱上。

（1）用小勺将待测样品徐徐撒落在接料盘中埋没平板，埋没平板的厚度在 $20\sim30\mathrm{mm}$ 之间。加料时尽量使样品呈自然松散状，不要用勺压或整理接料盘中的样品的堆积形状。

（2）加完料以后，逆时针转动升降台手柄使接料盘缓缓落下，这时用量角器测试平板上前、中、后三点的角度，并且取平均值 θ_{s1}。测试三处角度时，三个相邻测量点间的距离在 20mm 左右。

（3）将重锤提到立柱顶端，下落一次，冲击平板，再用测角器测试上述三处留在平板上粉体所形成的角度，取平均值 θ_{s2}。

（4）平板角的计算方法为：$\theta_s=(\theta_{s1}+\theta_{s2})/2$。

8.4.2.5　非金属粉体松装密度的测试与计算
非金属粉体松装密度测试过程如图 8-21 所示。

图 8-21　非金属粉体松装密度测试过程示意图

（1）将减振器、接料盘、通用松装密度垫环、100mL 密度容器安装好。

（2）加料。将仪器前门关上，准备好样品，将定时器调到 3min 左右，开振动筛盖，打开仪器的电源开关和振动筛开关，用小勺在加料口徐徐加料，物料通过筛网、出料口落入密度容器中。

（3）当样品充满密度容器并溢出后要停止加料，关闭振动筛，取出密度容器，用刮板将多余的料刮出，并且用毛刷将外面的粉扫除干净，用天平称量容器与粉体的总质量。

（4）松装密度的计算方法为：连续试验 3 次。设 3 次的平均质量为 G，密度容器的质量为 G_1（该质量应事先称量好），用下式计算松装密度 ρ_a：

$$\rho_a = \frac{G - G_1}{100}$$

8.4.2.6 金属粉体松装密度的测试与计算

金属粉体松装密度测试过程如图 8-22 所示。

图 8-22 金属粉体松装密度测试过程示意图

（1）将减振器、接料盘、金属粉松装密度支架、25mL 密度容器、金属粉松装密度漏斗安装好。

（2）加料。将仪器前门关上，准备好样品，将定时器调到 3min 左右，开振动筛盖，打开仪器的电源开关和振动筛开关，用小勺在加料口徐徐加料，使样品通过筛网、出料口下落。加料时可以根据样品流动性情况选择 5mm 小孔的漏斗或 2.5mm 小孔的漏斗。

（3）当样品充满密度容器并溢出后停止加料。关闭振动筛，取出密度容器，用刮板将多余的料刮出，并且用毛刷将外面的粉扫除干净，用天平称量容器与粉体的总质量。

（4）松装密度的计算方法为：连续试验 3 次。设 3 次的平均质量为 G，密度容器的质量为 G_1（该质量应事先称量好），用下式计算松装密度 ρ_a：

$$\rho_a = \frac{G - G_1}{100}$$

8.4.2.7 振实密度的测试与计算（固定质量法）

表 8-7 为固定质量粉体振实密度的测试条件。其测试原理如图 8-23 所示。其测试过程如图 8-24 所示。

图 8-23 固定质量法振实密度振动原理示意图

图 8-24　固定质量法振实密度测试过程示意图

表 8-7　固体质量粉体振实密度的测试条件

量筒容积/mL	样品的松装密度/(g/cm³)	样品质量/g
100	≥1	100±0.5
	<1	50±0.2
25	≥4	100±0.5
	2～4	50±0.2
	1～2	20±0.1

（1）将导柱放入振实密度底座中，放入振实密度垫块（平面向上）。将称量好的样品（100g 或 50g 或 20g）放到白纸上，折叠后徐徐滑入量筒中，将量筒放到振实密度底座中。

（2）将定时器调整到 8min，启动振动。在振动过程中，如果量筒中的粉体表面一直呈下降状态，就要继续振动下去，直到粉体表面不再下降为止。

（3）振实密度的计算方法为：从量筒上读出粉体的体积 V（mL），当粉体的质量为 100g 或 50g 或 20g 时，通过下面三个算式计算出金属粉体的振实密度；

$$\rho_p = 100/V \quad 或 \quad \rho_p = 50/V \quad 或 \quad \rho_p = 20/V$$

8.4.2.8　振实密度的测试与计算（固定体积法）

固定体积法振实密度测试过程如图 8-25 所示。

图 8-25　固定体积法振实密度测试过程示意图

（1）将透明套筒与 100mL 密度容器连接好，将导柱放入振实密度底座中。

（2）将适量样品慢慢加到振实密度组件中，样品的上面要至少达到透明部分的一半高度。盖上振实密度组件筒盖，防止样品振动时飞溅。

（3）将定时器调整到 8min，打开振动电机开关，连续振动，待振动自动停止。

（4）在振动过程中观察透明套筒中的粉体表面，如果粉体表面还在下降，就要继续振动下去，直到粉体表面不再下降后停止振动，取出振实密度组件，将上下两部分分开，将 100mL 容器口用刮板刮平，并且用毛刷将容器外面的粉轻轻扫除干净，用天平称量容器与粉体的总质量。对于一个要多次测试振实密度的样品要记下首次振动时间，以后测试时就可以直接设定相同的振动时间了。

（5）振实密度的计算方法为：连续测试 3 次。设 3 次的平均质量为 G，密度容器的质量为 G_1（该质量事先称量好），用下式计算振实密度 ρ_p：

$$\rho_p = \frac{G - G_1}{100}$$

8.4.2.9 压缩度的计算

压缩度是指粉体的振实密度与松装密度之差与振实密度之比。它反映粉体的流动特性，压缩度越大，粉体的流动性就越差。根据前面测得的松装密度 ρ_a 和振实密度 ρ_p，按下式即可计算出粉体的压缩度 C_p：

$$C_p = \frac{\rho_p - \rho_a}{\rho_p} \times 100\%$$

8.4.2.10 分散度的测试与计算

粉体在空气中的飘散程度称为分散度，其测试过程如图 8-26 所示。

（1）首先将分散度卸料控制器拉到右端并卡住，关闭料斗。将接料盘（ϕ100mm）置于分散度测试筒正下方的分散度测试室内的定位圈中，关上抽屉。

（2）用天平称 10g 样品，通过漏斗把样品加到仪器顶部的分散度入料口中。然后瞬间开启卸料阀，使样品通过分散度筒自由落下。

（3）取出接料盘，称残留于接料盘中的样品质量 m，重复两次取其平均值，用下式求分散度 D_s：

$$D_s = \frac{10 - m}{10} \times 100\%$$

8.4.2.11 均齐度、凝集度的测试与计算

（1）均齐度的计算。均齐度是用粒度测试仪测出的 D_{60} 和 D_{10} 二者的比值表示，即均齐度＝D_{60}/D_{10}。

（2）均齐度、凝集度的选择与测试。根据堆积密度＝（松装密度＋振实密度）/2，选择凝集度或均齐度。在表 8-8 中所示的筛子上加少量粉体，时间设置 2min，开始振动，观察是否全部通过，以此来确定该粉体适用测量凝聚度还是均齐度。

表 8-8 凝集度、均齐度的适用标准

平均堆积密度/(g/cm³)	0.4 以下	0.4～0.9	0.9 以上	适用
全部通过筛	150μm 筛全通过	75μm 筛全通过	45μm 筛全通过	凝集度
的筛网孔径/μm	150μm 筛未全通过	75μm 筛未全通过	45μm 筛未全通过	均齐度

分散度卸料控制器

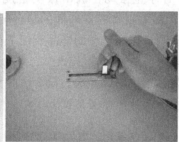
关闭分散度卸料控制器

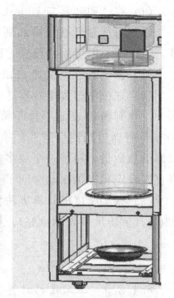

加料10g

释放分散度卸料控制

取出样品并称量(m)

图 8-26　分散度测试过程示意图

（3）凝集度的测试方法如下。

① 用松装密度值按表 8-9 中的条件选择三个合适的筛，将筛子安装好，放好接料盘，安装好出料口套筒。

表 8-9　测试凝集度筛的选择

平均松装密度/(g/cm³)		0.4 以下	0.4~0.9	0.9 以上
筛网孔径/μm	上层	355	250	150
	中层	250	150	75
	下层	150	75	45

② 用天平称取 2.00g 样品，并且全部倒到上层筛子上，同时设置好定时器的时间，启动筛分振动器进行筛分。

③ 振动时间根据松装密度值按下式来确定：松装密度≤1.6g/cm³ 时，振动时间＝120－62.5×松装密度（振动时间的单位为 s）；松装密度＞1.6g/cm³ 时，振动时间为 20s。

④ 筛分结束后称量各层筛上的残留量（精确到 0.01g），计算每层筛上残留率，再用下式求得凝集度（%）：

$$凝集度＝上层残留率＋中层残留率×3/5＋下层残留率×1/5$$

8.4.2.12 空隙率的计算

空隙率是指粉体中颗粒与颗粒之间的空隙体积占整个粉体堆积体积的百分比。空隙率的计算方法是：

$$\varepsilon_n = \frac{V_n-(W_1-W_0)/\rho}{V_n} \times 100\%$$

式中 V_n——n 次振动后粉体的容积，mL；

      n——振动次数（$n=0$ 时为初期空隙率，$n=\infty$ 为最终空隙率），测试空隙率时的振动次数以粉体表面不再下降为限；

      W_1——填充粉体后的粉体与容器的总质量，g；

      W_0——容器质量，g；

      ρ——粉体有效密度，g/cm³。

8.4.2.13 流动性指数

流动性指数是休止角、压缩度、平板角、均齐度、凝集度等项指数的加权和。在表 8-10 中查得休止角、平板角、压缩度、凝集度、均齐度，这五个指数的总和称为流动性指数（flowability）。

均齐度与凝集度的选择说明：均齐度多用于颗粒凝聚性较小的粗粉，而凝集度则适用于颗粒易团聚的细粉。测量凝集度还需要满足样品全部通过最下层振动筛这个前提条件，干筛时可能因颗粒团聚而不能全部通过下层筛网时不能测凝集度，应选用测量均齐度。而当粉体中含有一定量大于最下层筛网孔径的粉粒时则只能选择均齐度，不能选择凝集度。均齐度和凝集度适用条件的选择方法见表 8-8。

8.4.2.14 喷流性指数

喷流性指数是流动性指数、崩溃角、差角、分散度等项指数的加权和。在表 8-11 中查得四个指数，这四个指数的总和称为喷流性指数。

表 8-10 流动性指数

评价	流动性指数	起拱防止措施	休止角 /(°)	指数	压缩度 /%	指数	平板角 /(°)	指数	均齐度 /%	指数	凝集度 /%	指数
最良好	90～100	不要	<26	25	<6	25	<26	25	1	25		
			26～29	24	6～9	23	26～30	24	2～4	23		
			30	22.5	10	22.5	31	22.5	5	22.5		
良好	80～89	不要	31	22	11	22	32	22	6	22		
			32～34	21	12～14	21	33～37	21	7	21		
			35	20	15	20	38	20	8	20		
相当良好	70～79	需要振动器	36	19.5	16	19.5	39	19.5	9	19		
			37～39	18	17～19	18	40～44	18	10～11	18		
			40	17.5	20	17.5	45	17.5	12	17.5		

续表

评价	流动性指数	起拱防止措施	休止角 /(°)	指数	压缩度 /%	指数	平板角 /(°)	指数	均齐度 /%	指数	凝集度 /%	指数
一般	60~69	起拱的临界点	41	17	21	17	46	17	13	17		
			42~44	16	22~24	16	47~56	16	14~16	16	<6	15
			45	15	25	15	60	15	17	15		
不大好	40~59	必要	46	14.5	26	14.5	61	14.5	18	14.5	6~9	14.5
			47~54	12	27~30	12	62~74	12	19~21	12	10~29	12
			55	10	31	10	75	10	22	10	30	10
不良	20~39	需要有力措施	56	9	32	9.5	76	9.5	23	9.5	30	9.5
			57~64	7	33~36	7	77~89	7	24~26	7	32~54	7
			65	5	37	5	90	5	27	5	55	5
非常差	0~19	需要特别的装置和技术	66	4.5	38	4.5	91	4.5	28	4.5	56	4.5
			67~89	2	39~45	2	92~99	2	29~35	2	57~79	2
			90	0	>45	0	>99	0	>35	0	>79	0

表 8-11 喷流性指数

喷流性程度	喷流性指数	防止措施	流动性 /(°)	指数	崩溃角 /(°)	指数	差角 /(°)	指数	分散度 /%	指数
非常强	80~100	需要交叉密封(RS)	>59	25	<11	25	>29	25	>49	25
			56~59	24	11~19	24	28~29	24	44~49	24
			55	22.5	20	22.5	27	22.5	43	22.5
			54	22	21	22	26	22	42	22
			50~53	21	22~24	21	25	21	36~41	21
			49	20	25	20	24	20	35	20
相当强	60~79	需要交叉密封(RS)	48	19.5	26	19.5	23	19.5	34	19.5
			45~47	18	27~29	18	20~22	18	29~33	18
			44	17.5	30	17.5	19	17.5	28	17.5
			43	17	31	17	18	17	27	17
			40~42	16	32~39	16	16~17	16	21~26	16
			39	15	40	15	15	15	20	15
有倾向	40~59	有时要求交叉密封	38	14.5	41	14.5	14	14.5	19	14.5
			34~37	12	42~49	12	11~13	12	11~18	12
			33	10	50	10	10	10	10	10
也许有	25~39	根据流动速度或投入状态时需要交叉密封	32	9.5	51	9.5	9	9.5	9	9.5
			29~31	8	52~56	8	8	8	8	8
			28	6.25	57	6.25	7	6.25	7	6.25
无	0~24	不要	27	6	8	6	6	6	6	6
			23~26	3	59~64	3	1~5	3	1~5	3
			>23	0	>64	0	0	0	0	0

参 考 文 献

[1] 陶珍东，郑少华．粉体工程与设备 [M]．第 3 版．北京：化学工业出版社，2014.

[2] 任俊，沈健，卢寿慈．颗粒分散科学与技术 [M]．北京：化学工业出版社，2005.

[3] 李凤生，等．超细粉体技术 [M]．北京：国防工业出版社，2000.

[4] 高濂，孙静，刘阳桥．纳米粉体的分散及表面改性 [M]．北京：化学工业出版社，2003.

第 **9** 章

超微粉体理化特性的基本理论 ▶▶

对于粒径大于毫米级的粉体，其理化特性与其同质的大块材料基本相同，然而随着粒径减小至微米乃至纳米尺度，其特性不仅取决于固体本身，而且还与表面原子状态有关，颗粒尺寸会对粉体的物理化学特性起着关键性的影响，甚至表现为与相同组分的宏观块体材料截然不同的理化特性。

9.1 粉体纳米化后的电子能态特征

9.1.1 纳米颗粒的电子结构

普通的块体材料是由无数个原子或离子在三维方向周期排列而成的。原来属于单个原子的电子在组成固体的过程中通过外层电子公有化而成为金属键合，或者通过轨道杂化而成为离子键合或共价键合。当材料尺寸在 1 nm 以下的体系时实质上是一个原子，组成原子的电子受到原子核力的作用，被局限在这一尺寸的球形或椭球形的范围内。这时电子只能占据壳层模型的离散能级，其能量状态由固体能带来描述，电子的运动状态由能级的主量子数、轨道角动量量子数和自旋量子数来描述。如果这一原子包含有多个电子，多个电子占据能级的情况由泡利原理和洪德规则来决定。它实际上是考虑了电子间的相互排斥力和电子的自旋。

无论从几何尺寸上，还是从材料包含的原子或电子数来看，纳米颗粒处于从单个原子到块体材料的过渡区。通过对这种纳米状况的分析可以揭示在这一过渡区电子结构的变化。在纳米尺度的体系内只含有很少数目的电子，此时电子结构与单个原子壳层结构十分类似，可以借用处理原子的电子结构模型来粗略地求出。如果将这一体系看成是一个势阱，则电子被限制在此势阱内。显然，电子可占据的能级与势阱的深度和宽度有关。在强限制的情况下，即势阱很深时，纳米材料具有类原子的特性，可称为类原子材料。但与真实原子相比又表现出自己的特点。类原子材料的基态与所包含的电子数目的奇偶性有关，从而影响到它的物理性质。另外，类原子材料内所包含的电子数目容易变化，电子数目的涨落会强烈地影响到类原子的能级结构和性质。

9.1.2 纳米颗粒中的电子关联和激发

当材料被逐渐减小到纳米尺度时，电子之间的相互作用会得到加强。由于电子被严格地限制在一个很小的区域内，电子波函数受材料内表面的散射，而散射波和入射波的相互叠加，使得所有的电子波函数都相互关联在一起，成为强关联的电子系统，而不能再把它们看成是彼此无关的自由电子，从而改变了这些纳米尺度材料的物性。

材料的尺寸被减小到纳米尺度时，原来的电子能级会发生分裂，使得体系所处的基态的性质也会相应发生变化。电子能级的分裂引起电子占据各能级的分布数发生变化。当电子受到外场的作用被激发到高能级时，通过光辐射途径返回低能级的概率也会发生相应的变化。这一变化可能使得量子辐射的强度发生变化，使某些谱线的强度得到加强或减弱。该现象表明由于电子能级的分裂，相应的光谱线也发生移动。

电子被激发时，在原来的能级处会留下一个空穴。电子与空穴之间的相互作用使得电子与空穴在一定的时间内重新复合。与此同时，电子或空穴也会在材料内部扩散。如果电子和空穴扩散到材料表面，被表面态所捕获的时间短于电子-空穴对的寿命时，那么不管是电子还是空穴都将首先被表面捕获，而留下激发态的电子或空穴保持相当高的浓度。由此可以看到纳米尺度材料的激发态可能是长寿命和高浓度的，这就为研究和利用激发态或激发过程提供了可能。

9.1.3 电子能级的离散特性

当颗粒尺寸为纳米级时，由于量子尺寸效应使原大块金属的准连续能级产生离散现象，它与通常处理大块材料费米面附近电子态能级分布的传统理论不同，有新的特点。起初，人们把低温下单个小粒子的费米面附近电子能级看成等间隔的能级，按这一模型推导出单个超微粒子的比热容与温度的关系，在高温下，温度与比热容呈线性关系，这与大块金属的比热容关系基本一致，然而在低温下，则与大块金属完全不同，它们之间为指数关系。尽管用等能级近似模型推导出低温下单个超微粒子的比热容公式，但实际上无法用试验证明，这是因为我们只能对超微颗粒的集合体进行试验，如何从一个超微颗粒的新理论解决理论和试验相脱离的困难，这方面日本科学家久保做出了杰出的贡献。

久保理论是针对金属超微颗粒费米面附近电子能级状态分布而提出来的，对小颗粒的大集合体的电子能态做了两点主要假设。

（1）简并费米液体假设 把超微粒子靠近费米面附近的电子状态看成是受尺寸限制的简并电子气，假设它们的能级为准粒子态的不连续能级，准粒子之间交互作用可忽略不计，当 $k_BT \ll \delta$（相邻两能级间平均能级间隔）时，这种体系靠近费米面的电子能级分布服从泊松（Poisson）分布：

$$P_n(\Delta) = \frac{1}{n!} \frac{1}{\delta} (\Delta/\delta)^n \exp(-\Delta/\delta) \tag{9-1}$$

式中，Δ 为两能态之间间隔；$P_n(\Delta)$ 为对应 Δ 的概率密度；n 为这两能态间的能级数，如果 Δ 为相邻能级间隔，则 $n=0$。久保等指出，找到间隔为 Δ 的两能态的概率 $P_n(\Delta)$ 与哈密顿量的变换性质有关。例如，在自旋与轨道交互作用弱和外加磁场小的情况下，电子哈密顿量具有时空反演的不变性，并且在 Δ 比较小的情况下，$P_n(\Delta)$ 随 Δ 减小而减小。久保的模型优越于等能级间隔模型，比较好地解释了低温下超微粒子的物理性能。

（2）超微粒子电中性假设　久保认为对于一个超微粒子，取走或放入一个电子都是十分困难的。他提出了如下一个著名公式：

$$W \approx \frac{e^2}{d} \gg k_\mathrm{B}T \tag{9-2}$$

式中，W 为从一个超微粒子取出或放入一个电子克服库仑力所做的功；d 为超微粒子直径；e 为电子电荷。由此式表明，随 d 值下降，W 增加，所以低温下热涨落很难改变超微粒子的电中性。

针对低温下电子能级是离散的，而且这种离散对材料热力学性质起很大作用，例如，超微粒子的比热容、磁化率明显区别于大块材料，久保及其合作者建立了相邻电子能级间距和颗粒直径的关系，提出以下著名的公式：

$$\delta = \frac{4E_\mathrm{F}}{3N} \propto V^{-1} \propto \frac{1}{d^3} \tag{9-3}$$

式中，N 为一个超微粒子的总导电电子数；V 为超微粒子体积；E_F 为费米能级。由该式可以看出，随粒径的减小，能级间隔增大。

实际上由小粒子构成的试样中颗粒的尺寸有一个分布，因此它们的平均能级间隔 δ 也有一个分布。在处理热力学问题时，首先考虑粒子具有一个 δ 的情况，然后在 δ 分布范围（粒径分布范围）进行平均。设所有小粒子的平均能级间隔处于 $\delta \sim \delta + \mathrm{d}\delta$ 范围内，这种小粒子集合体的电子能级分布依赖于粒子的表面势和电子哈密顿量的基本对称性，在这里所有粒子为近球形，只是表面有些原子尺度的粗糙，这就导致粒子的表面势不同。球形粒子本来具有高的对称性，产生简并态，但粒子表面势的不同使得简并态消失。在这种情况下，电子能级服从的规律（概率密度）取决于哈密顿量的变换性质。哈密顿量的变换性质主要取决于电子自旋-轨道相互作用、外场与能级间隔 δ 相比较的强弱程度。

9.1.4　库仑堵塞和量子隧穿

库仑堵塞效应是 20 世纪 80 年代介观领域所发现的极其重要的物理现象之一。当体系的尺度进入到纳米级（一般金属粒子为几纳米，半导体粒子为几十纳米），体系是电荷"量子化"的，即充电和放电过程是不连续的，充入一个电子所需的能量 E_c 为 $e^2/2C$，这里 e 为一个电子的电荷，C 为小体系的电容。由此可以看到，体系越小，C 越小，能量 E_c 越大。我们把这个能量称为库仑堵塞能。这个现象表明，库仑堵塞能是前一个电子对后一个电子的库仑排斥能，这就导致了对一个小体系的充放电过程，电子不能集体传输，而是一个一个单电子的传输。通常把小体系这种单电子输运行为称为库仑堵塞效应，由于库仑堵塞效应的存在，电流随电压的上升不再是直线上升，而是在 I-V 曲线上呈现锯齿形状的台阶。

如果两个量子点通过一个"结"连接起来，一个量子点上的单个电子穿过势垒进入到另一个量子点上的行为称为量子隧穿。为了使单电子从一个量子点隧穿到另一个量子点，在一个量子点上所加的电压（$V/2$）必须克服 E_c，即 $V > e/C$。量子隧穿的概率与势阱的深度、壁厚和形状有关。因此，如果对纳米尺度材料的表面进行修饰，能通过改变势阱的深度、壁厚、形状来改变其对电子的约束。量子隧穿及其可控制的事实带来两种截然不同的效果：第一，如果纳米材料内电子的量子态作为信息记录的媒质，那么这一信息很有可能由于量子隧穿而丢失或导致器件误动作，这是要避免的；第二，量子隧穿又可以将临近的纳米尺度材料直接耦合在一起，形成无导线的连接，适当改变材料的尺寸、界面间距以及外界的电场，可以直接调制材料之间的耦合。

库仑阻塞和量子隧穿一般都是在极低温情况下观察到的，观察到的条件还包括 $e^2/2C > k_B T$。据估算，如量子点的尺寸为 1nm，可在室温下观察到上述效应；当为十几纳米时，则必须在液氮温度下。原因很容易理解，体系的尺寸越小，电容 C 越小，$e^2/2C$ 越大，这就允许我们在较高温度下进行观察。库仑阻塞效应和量子隧穿效应是设计下一代纳米结构器件如单电子晶体管、共振隧穿二极管和量子开关的基础。日本已研制成功在室温条件下工作的单电子晶体管，预测单电子晶体管至少可以在以下方面有重要应用：构成新机制、超高速、微功耗、特大规模量子功能器件电路和系统，制取量子功能计算机；实现对极微弱电流的测量，制成高灵敏度的静电计；研究高灵敏度红外线辐射探测器。

9.2 粉体纳米化后的基本效应

9.2.1 量子尺寸效应

纳米微粒的尺寸小到某一值时，金属费米能级附近的电子能级由准连续变为离散能级的现象和纳米半导体微粒存在不连续的最高被占据分子轨道和最低未被占据的分子轨道能级的现象以及能隙变宽现象均称为量子尺寸效应。能带理论表明，金属费米能级附近电子能级一般是连续的，这一点只有在高温或宏观尺寸情况下才成立。对于只有有限个导电电子的超微粒子来说，低温下能级是离散的，对于宏观物体包含无限个原子（即导电电子数 $N \rightarrow \infty$），可得能级间距 $\delta \rightarrow 0$，即对大粒子或宏观物体能级间距几乎为零；而对纳米微粒，所包含原子数有限，N 值相对很小，这就导致 δ 有一定的值，即能级间距发生分裂。当能级间距大于热能、磁能、静磁能、静电能、光子能量或超导态的凝聚能时，这时必须要考虑量子尺寸效应，这会导致纳米微粒磁、光、声、热、电以及超导电性与宏观特性有着显著的不同。例如前面提到的纳米微粒的比热容、磁化率与所含的电子奇偶性有关，光谱线的频移、催化性质、导体变绝缘体等都与粒子所含电子数的奇偶有关。图 9-1 示出了金属和半导体的原子、纳米粒子及其块体的电子能级示意图，显示了因量子尺寸效应而导致的纳米粒子电子能级的离散特征。

9.2.2 小尺寸效应

由于相关的效应发生在超细微粒上，因此称为小尺寸效应。当超细微粒尺寸与光波波长、德布罗意波长以及超导态的相干长度或透射深度等物理特征尺寸相当或更小时，晶体其周期性的边界条件将被破坏；如果是非晶态纳米微粒，其颗粒表层附近原子密度减小，结果将导致声、光、电、磁、热、力学等特性呈现与普通非纳米材料不同的新效应。例如，光吸收显著增加，并且产生吸收峰的等离子共振频移；磁有序态向磁无序态转变、超导相向正常相转变；声子谱也发生改变。用高倍率电子显微镜对超细金颗粒（2nm）的结构非稳定性进行观察，实时地记录颗粒形态在观察中的变化，可以发现颗粒形态在单晶与多晶、孪晶之间进行连续转变，这与通常的熔化相变不同，由此准熔化相的概念被提出来了。纳米粒子的这

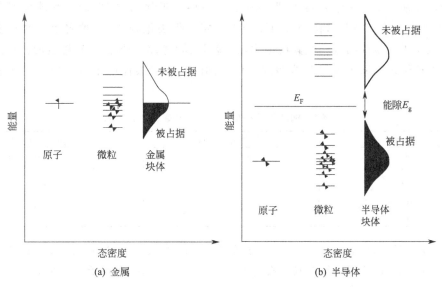

图 9-1　金属和半导体的原子、纳米粒子及其块体的电子能级示意图

些小尺寸效应为实用技术开拓了新领域。例如，纳米尺度的强磁性颗粒（Fe-Co 合金、氧化铁等），当颗粒尺寸为单磁畴临界尺寸时，具有甚高的矫顽力，可制成磁性信用卡、磁性钥匙、磁性车票等，还可以制成磁性液体，即磁流体，广泛地用于电声器件、阻尼器件、旋转密封、润滑、选矿等领域。纳米微粒的熔点可远低于块状金属。例如，2nm 的金颗粒熔点为 600K，随粒径增加，熔点迅速上升，块状金为 1337K；纳米银粉熔点可降低到 373K。小尺寸效应为粉末冶金工业提供了新工艺，利用等离子共振频率随颗粒尺寸变化的性质，可以改变颗粒尺寸，控制吸收边的位移，制造具有一定频宽的微波吸收纳米材料，可用于电磁波屏蔽、隐形飞机等。

9.2.3　表面效应

　　纳米微粒尺寸小，具有高的比表面积，最高可达数千平方米每克，巨大的比表面积使得表面能极高。表 9-1 反映了铜颗粒比表面积和表面能随粒径变化的情况，由表可以看出，铜颗粒粒径从 1000nm 到 100nm 再到 1nm，铜微粒的比表面积和表面能增加了 3 个数量级。对于纳米微粒，表面层原子所处的物理和化学环境不同于体内原子，而使它们可能形成一种新的相——表面相。同样由于微小颗粒的因素使位于表面的原子数占相当大的比例。当材料尺寸小到 10nm 左右时，表面原子数目和体内原子数目几乎达到相等。由于表面原子数的增多，导致原子配位不足及很高的表面能，使这些表面原子具有高的活性，因此很不稳定，很容易与其他原子结合。图 9-2 所示的是单一立方结构的晶粒的二维平面图，假定颗粒为圆形，实心圆代表位于表面的原子，空心圆代表内部原子，颗粒尺寸为 3nm，原子间距约为 0.3nm，很明显，实心圆的原子近邻配

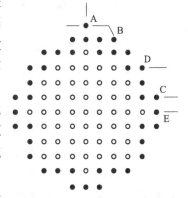

图 9-2　将采取单一立方晶格结构的原子尽可能以接近圆（或球）形进行配置的超微粒子模式图

位不完全，存在缺少一个近邻的"E"原子、缺少两个近邻的"D"原子和缺少三个近邻配位的"A"原子，像"A"这样的表面原子不稳定，很快跑到"B"位置上，这些表面原子一遇见其他原子，很快结合，使其稳定化，这就是具有活性的原因，这种表面原子的活性不但引起纳米粒子表面原子输运和构型的变化，同时也引起表面电子自旋构象和电子能谱的变化。

表 9-1 铜颗粒粒径与比表面积和表面能的关系

粒径/nm	比表面积/(m²/g)	表面能/(J/mol)
1	6.7×10^2	5.9×10^4
10	67	5.9×10^3
10^2	6.7	5.9×10^2
10^3	0.67	59
10^4	6.7×10^{-2}	5.9

最常见的纳米颗粒极易相互团聚的情况就是表面效应一个明显的例证。更值得注意的是，高的表面能会使金属的纳米粒子在空气中燃烧。无机的纳米粒子暴露在空气中会吸附气体，并且与气体进行反应。

9.2.4 宏观量子隧道效应

众所周知，宏观物体，当其动能低于势能的位垒时，根据经典力学规律是无法逾越势垒的；而对于微观粒子，如电子，即使势垒远较粒子动能高，量子力学计算表明，粒子的态函数在势垒中或势垒后均非零，这表明微观粒子具有进入和穿透势垒的能力，称为隧道效应。20 世纪 50 年代人们在研究镍超微粒子的超顺磁性时，按照奈耳的观点，热起伏可以导致磁化方向的反转，假如反转磁化所需克服的势垒为 U，则磁化反转率 P 应正比于 U 的负指数项，即 $P = \exp(-U/kT)$。显然，随着温度降低，P 呈指数下降，在热力学温度零度时 P 趋于零，或者说，反转磁化弛豫时间 $\tau = \tau_0 \exp(U/kT)$ 应趋于无限大。这意味着，当温度接近热力学温度零度时，超顺磁性将转变为铁磁性。然而试验中却发现，对纳米镍微粒在 4.2K 仍然可处于超顺磁状态，可能的解释是在低温存在某种隧道效应，从而导致反转磁化弛豫时间为有限值。产生隧道效应的原因，被认为是量子力学的零点振动可以在低温起着类似于热起伏的效应，从而使热力学温度零度附近微粒的磁化矢量重新取向，保持有限的弛豫时间，即热力学温度零度仍然存在非零的磁化反转率，从量子力学文策-克拉茂-布里渊（WKB）近似出发可以计算由于隧道效应而产生反磁化核的概率，可求出临界温度 T_0。当温度低于 T_0 时，量子隧道效应比经典的热起伏效应更为重要，T_0 与居里温度 T_c 之比与颗粒半径 r 成反比，即 $T_0/T_c = a/2r$（a 为自旋间距离）。由此理论出发可以解释 $T < T_0$ 时，畴壁运动速度与温度 T 无关的试验事实。例如，Ni(83%)-Fe(17%) 合金薄膜，设磁畴尺寸为 3.0nm，可得试 $T_0 = 12K$，与试验结果很好地符合。

对高磁晶各向异性的 $SmCo_{3.5}Cu_{1.5}$ 单晶体，发现低于 2K 温度下，退磁曲线呈阶梯式，可以认为，畴壁在低温时将在亚稳的平衡态作振动，特征频率 ω_0 约为 $10^{12} \ s^{-1}$，晶体中的缺陷将产生势垒 Δ，在反磁化场作用下，如满足下列条件，$kT \ll h\omega_0 < h\Delta(H, T)$，此时，畴壁的振动能量低于势垒，通过隧道效应有部分畴壁可以越过缺陷的势垒，在一定的条件下可以产生雪崩式的宏观范围内的畴壁运动，从而形成阶梯式的反转磁化模式。

上述事实表明，宏观物理量如磁化强度等，在纳米尺度时将会受到微观机制的影响，换言之，微观的量子效应可以在宏观物理量中表现出来，称为宏观量子隧道效应。除磁性外，超导中的约瑟夫森效应亦是很好的例子。约瑟夫森结是由两个超导体中隔着一层绝缘薄膜所构成，当电压施加于两个超导电极上时，超导的库伯对可以隧穿绝缘薄膜，从而导致振荡电流的产生。有人提出畴壁结亦类似于超导的约瑟夫森结，在畴壁结上施加一个恒定磁场，也会出现交变的磁化强度，称为磁约瑟夫森效应。

宏观量子隧道效应的研究不仅对基础研究有着重要意义，而且在实用上也是极为重要的，它限定了颗粒型磁记录的极限记录密度。量子尺寸效应、宏观量子隧道效应将会是未来微电子器件的基础，或者它们确立了现存微电子器件进一步微型化的极限。例如，人们提出了畴壁结的磁性量子元件和量子计算机等应用。

9.2.5 介电限域效应

介电限域是纳米微粒分散在异质介质中由于界面引起的体系介电增强的现象，这种介电增强通常称为介电限域，主要来源于微粒表面和内部局域场的增强。当介质的折射率与微粒的折射率相差很大时，产生了折射率边界，导致微粒表面和内部的场强比入射场强明显增加。这种局域场的增强称为介电限域。一般来说，过渡族金属氧化物和半导体微粒都可能产生介电限域效应。纳米微粒的介电限域对光吸收、光化学、光学非线性等都会有重要影响，因此，在分析纳米材料的光学现象时，不仅要考虑量子尺寸效应，还要考虑介电限域效应。布拉斯（Brus）方程分析了介电限域对光吸收带边移动（蓝移、红移）的影响。

$$E_r = E_g + k_B^2 \pi^2 / 2\mu r^2 - 1.786 e^2 / \varepsilon r - 0.248 E_{Ry} \tag{9-4}$$

式中，E_r 为纳米微粒的吸收带隙；E_g 为体相的带隙；r 为粒子半径；$\mu = \left(\dfrac{1}{m_{e^{-1}}} + \dfrac{1}{m_{h^+}} \right)^{-1}$ 为粒子的折合质量，其中 $m_{e^{-1}}$ 和 m_{h^+} 分别为电子和空穴的有效质量；$\dfrac{k_B^2 \pi^2}{2\mu r^2}$ 为量子限域能，因量子尺寸效应而产生，该值的增加会引起光吸收带边的蓝移；$\dfrac{1.786 e^2}{\varepsilon r}$ 为电子-空穴对的库仑作用能，其增量会对红移产生影响，其中 ε 为体系的介电常数，该值因介电限域效应而增加；$0.248 E_{Ry}$ 为有效里德伯能。由上式可以看出，当颗粒尺寸达到纳米尺度，量子尺寸效应和介电限域效应共同作用的结果导致微粒的吸收带隙增加时，光吸收带边发生蓝移，反之则出现红移。

参 考 文 献

[1] 张立德，牟季美. 纳米材料和纳米结构［M］. 北京：科学出版社，2001.
[2] 倪星元，沈军，张志华. 纳米材料的理化特性与应用［M］. 北京：化学工业出版社，2006.
[3] 关振铎，张中太，焦金生. 无机材料物理性能［M］. 北京：清华大学出版社，1992.
[4] 高濂，李蔚. 纳米陶瓷［M］. 北京：化学工业出版社，2001.
[5] 严东生，冯瑞. 材料新星——纳米材料科学［M］. 长沙：湖南科学技术出版社，1997.
[6] 肖建中. 材料科学导论［M］. 北京：中国电力出版社，2001.
[7] 郑乐民. 原子物理［M］. 北京：北京大学出版社，2000.
[8] 冯端，师昌绪，刘治国. 材料科学导论——融贯的论述［M］. 北京：化学工业出版社，2002.
[9] ［美］基泰尔 C. 固体物理导论［M］. 项金钟，吴兴惠译. 北京：化学工业出版社，2005.

超微粉体的物理特性与测试

小尺寸效应、量子尺寸效应、表面效应及介电限域效应都是纳米微粒的基本特性，使得超微粒子相较块体材料呈现许多奇异的物理、化学性质，而有些出现的现象与常规的认识甚至完全相反。

10.1 超微粉体的热学性能

10.1.1 基本表现

颗粒尺寸的变化导致比表面积的改变，表面效应会改变颗粒的化学势，进而使热力学性质发生变化，例如化学反应中物理、化学平衡条件的变化，熔点随颗粒尺寸减小而降低等。

对于半径为 r、表面张力为 σ、密度为 ρ 的液滴，其化学势 μ 可表述为：

$$\mu = \mu_\infty + \frac{2\sigma}{\rho r} \tag{10-1}$$

化学势随着半径的减小而增大。此式是对不可压缩与膨胀的液体一级近似表达式。对于固体微粒，如其形状满足居里-沃尔夫方程，亦可采用液滴模型。

$$\frac{\sigma_i}{h_i} = \alpha_i (常数) \tag{10-2}$$

式中，σ_i 为 i 面的表面自由能；h_i 为 i 面至体心的距离。

根据吉布斯方程，表面相的比自由能 f_i 与 σ_i 以及化学势 μ_i 的联系如下：

$$f_i = \sigma_i + \sum_\alpha \Gamma_{i\alpha}\mu_{i\alpha} \tag{10-3}$$

式中，$\Gamma_{i\alpha}$ 为相应的比例系数；$\mu_{i\alpha}$ 为相应于 i 面吸附 α 相所导致的化学势。

液体气化是常见的物理、化学现象，液滴的蒸气压依赖于其尺寸，热力学平衡条件为两者化学势相等：

$$\mu_{液} = \mu_{气} \tag{10-4}$$

对于满足居里-沃尔夫方程的固体颗粒，可得到相应的方程：

$$\ln\left(\frac{P}{P_\infty}\right) = \frac{2M\sigma_i}{h_i\rho RT_c} \tag{10-5}$$

式中，P 和 $P\infty$ 分别为超微颗粒和块状材料的蒸气压；M 为摩尔质量；R 为气体常数；T_c 为热力学温度。由上式可以看出，相比大块材料，超微颗粒的蒸气压上升。

另外，随着颗粒尺寸变小，表面能将显著增大，从而使得在低于块体材料熔点的温度下可以使超微粉体熔化，或相互烧结，即表现为熔点下降。金的熔点与颗粒尺寸的关系如图 10-1 所示。图中实线为经典理论曲线，根据经典理论，直径为 D 的微粒，其熔点 $T_m(D)$ 与大块材料熔点 $T_m(\infty)$ 的比值可用下式描述：

$$\frac{T_m(D)}{T_m(\infty)} = 1 - \frac{V_s^{1/3}}{\Delta h}(\sigma_s V_s^{2/3} - \sigma_l V_l^{2/3})\frac{1}{D} \tag{10-6}$$

式中，σ 为表面自由能；Δh 为摩尔熔化热；V 为摩尔体积；下标 s、l 分别代表固相与液相。

超微粉体熔点下降、蒸气压上升的现象有其实际应用的价值。例如，采用超微粉体有利于陶瓷、高熔点金属粉体的烧结。在微米量级的粉体中，添加少量纳米量级的粉体，有利于在较低烧结温度下得到高密度的烧结体；超微银粉的熔点可低达 100℃，这对低温烧结的导电银浆是至关重要的。

10.1.2　粉体的可烧结性及其评价方法

粉体烧结方式的选择、烧结过程进行的特点首先取决于粉体颗粒的可烧结性。理论上，单个颗粒作为一种晶体物质，它的烧结性取决于其原子扩散的难易程度。

扩散理论给出了原子扩散能力的表征，其中包括自扩散系数 D，即晶体内无化学位梯度时原子扩散的能力（即原子无规行走的扩散能力）。对于实际晶体，如金属体系中，原子的自扩散系数又通常可以用三个扩散系数表示。

（1）体积扩散系数 D_v　原子在晶体内部或晶格内的扩散能力，亦称为晶格扩散系数。

（2）晶界扩散系数 D_{gb}　原子沿晶界的扩散能力。

（3）表面扩散系数 D_s　原子沿各种表面，主要是自由表面的扩散能力。

对于离子晶体，物质的扩散能力还可由阴、阳离子在化学位梯度下的化学扩散系数、以晶体本身热运动产生的点缺陷作为迁移载体的本征扩散系数、以掺杂引起的点缺陷作为迁移载体的非本征扩散系数来表征。

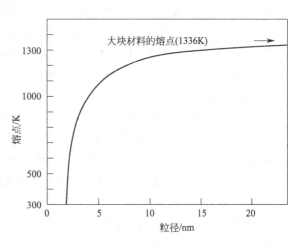

图 10-1　Au 纳米微粒的熔点与粒径的关系

晶体内原子从一个位置跳到另一个位置的运动必然要受到某种"阻力"。从自由能的角度考虑，这个"阻力"就是原子扩散所需要克服的能垒。试验表明，温度升高，能够克服这个能垒的原子数目增加。因此，原子自扩散系数可表示为：

$$D = D_0 \exp\left(-\frac{\Delta G}{RT}\right) \tag{10-7}$$

式中，D 对于纯固体为自扩散系数；D_0 为指前因子；ΔG 为自扩散激活能；R 为气体常数；T 为热力学温度。

上式中指数项表示的是能够克服能垒而跃迁的原子的概率。由式(10-7)可知，烧结温度越高，颗粒内原子扩散系数越大，而且按指数规律迅速增大，烧结进行得越迅速；扩散系数越大的物质，在给定的烧结温度下，原子扩散的能力越强。所以，在给定烧结温度的粉体的扩散系数值，可以代表粉体本征的烧结性。

颗粒内缺陷的存在对原子扩散有重要的影响。若一个原子邻近有一个空位，这个原子移动到空位上，则原来的位置就成了空位。原子与空位的这种交换，可以认为是原子向空位位置运动，也可以认为是空位向原子位置运动。不论哪种说法，都是说同时出现了原子扩散和方向相反的空位扩散。这样，在平衡状态下，原子的自扩散系数就可以与空位扩散系数及空位平衡浓度联系起来：

$$D = D'N_v = D'A\exp\left(-\frac{Q_v}{RT}\right) \tag{10-8}$$

式中，D' 为空位扩散系数；N_v 为平衡的空位物质的量浓度；A 为常数；Q_v 为空位形成能。

实际晶体中相应的体积扩散系数、晶界扩散系数与空位扩散系数和空位浓度也有类似于式(10-8)的关系。

式(10-8)表明，原子的扩散能力受空位浓度的高低所影响，这是粉体烧结活性的一个判据。如金属 Cu 粉，由式(10-8)计算接近熔点的空位平衡浓度 $[Q_v = 117\text{kJ/mol}，T = 1356\text{K}，R = 1.987\text{J/(mol·K)}]$ 得 $N_v \approx 10^{-3}$；而共价键的陶瓷粉（如 SiC）$N_v \approx 0$。因此，金属 Cu 粉被称为易烧结粉体，烧结活性高；而 SiC 粉为难烧结粉体，烧结活性几乎等于零，甚至被称为不可烧结的物质。

粉体颗粒内部，只要有局部的空位过剩，就有空位浓度的变化，在一定范围内就有梯度存在，就有空位流动，就有扩散，就增加烧结活性。颗粒内部过剩空位的研究应当引起重视。因为，晶体的平衡状态自扩散性是材料的本征属性，它不以人的意志为转移。而我们能做到的是通过力学、化学、物理的手段去提高颗粒内的非平衡空位浓度，以增加粉体颗粒的烧结性。

在烧结的某一阶段，颗粒的烧结速率取决于过剩空位从空位源到空位阱的流动过程。颗粒内既可以作为空位源又可以作为空位阱的缺陷是晶界、位错和孔洞。

晶界作为有效空位阱的前提条件是：晶粒尺寸应当比孔洞尺寸小得多。

Schatt 和 Friedrich 通过试验发现，单有晶界作为空位阱也还不能解释电解 Cu 粉高的烧结速率。Morgan 在 ThO$_2$ 和 MgO 的试验中，观察到应当把位错也作为空位阱考虑的试验现象。

位错作为空位阱的必要条件是位错间平均距离应当明显小于晶粒尺寸。应当说明，过剩空位进入面缺陷晶界阱的机会大于进入线缺陷位错阱的机会。

烧结的主要目的是把颗粒系统烧结成为一个致密的晶体，是向低能状态过渡。因此烧结前，颗粒系统具有的过剩的表面能越高，这个过渡过程就越容易，它的烧结活性就越大。

10.1.3　纳米流体的热学性能及其测试方法

10.1.3.1　纳米流体及其强化传热机理

由于固体粒子的热导率比液体大几个数量级，因此添加了固体粒子的两相流体的热导率比纯液体大许多。在热工领域，提高液体换热效率的一种有效方法就是在基液中添加金属、非金属或聚合物固体粒子。但如果粒子颗粒大，易沉降，因而易产生堵塞和磨损等不良现象。20 世纪 90 年代以来，研究人员开始探索将纳米材料技术应用于强化传热领域，研究新一代高效传热冷却技术。1995 年，美国 Argonne 国家实验室的 Choi 等首次提出了一个崭新的概念"纳米流体"。纳米流体是指把金属或非金属纳米粉体分散到水、醇、油等传统换热介质中，制备成均匀、稳定、高导热的新型换热介质，这是纳米技术应用于热能工程这一传统领域的创新性的研究。

理论上讲，几乎所有热导率高的固体粒子都可以作为纳米流体的添加物。文献中经常报道的纳米流体的添加物有以下几类：金属纳米粒子（Cu、Al、Fe、Au、Ag）；非金属纳米粒子（Al_2O_3、CuO、Fe_3O_4、TiO_2、SiC）；碳纳米管；纳米液滴。常用的基液有水、机油、甲苯、丙酮、乙二醇等。纳米流体常用添加物和基液的热导率如表 10-1 所示。

表 10-1　纳米流体常用添加物和基液的热导率

项目	材料	热导率/[W/(m·K)]
添加物	Cu	401
	Al	237
	Ag	428
	Au	318
	Fe	83.5
	Al_2O_3	40
	CuO	76.5
	Si	148
	SiC	270
	CNTs	3000(MWCNTs)
	BNNTs	260～600
基液	H_2O	0.613
	Ethylene glycol(EG)	0.256
	Engine oil(EO)	0.145

表 10-2　文献报告的一些常见纳米流体的热导率数据

体系名称	制备方法	粒子体积分数/%	粒子尺寸/nm	Δk/%
Cu/EG	一步法	0.3	10	40
Cu/H_2O	一步法	0.1	75～100	23.8
Cu/H_2O	两步法	7.5	100	78
Fe/EG	一步法	0.55	10	18
Ag/toluene	两步法	0.001	60～80	16.5(60℃)
Au/toluene	两步法	0.00026	10～20	21(60℃)
Au/ethanol	两步法	0.6	4	1.3±0.8
Fe_3O_4/H_2O	一步法	4	10	38
TiO_2/H_2O	两步法	5	15	30～33
Al_2O_3/H_2O	两步法	5	20	20
Al_2O_3/EG	两步法	0.05	60	29
CuO/H_2O	两步法	5	33	11.5
SiC/H_2O	两步法	4.2	25	15.9
CNTs/engine oil	两步法	2.0	20～50nm	30
CNTs/poly oil	两步法	1.0	25nm×50μm	160
CNTs/EG	两步法	1.0	15μm×30μm	19.6
CNTs/H_2O	两步法	1.0	15μm×30μm	7.0
CNTs/decene	两步法	1.0	15μm×30μm	12.7
H_2O/FG-72	两步法	12	9.8nm	52
CNTs/liquid-galium	两步法	20		130

表 10-2 是文献报道的一些常见纳米流体热导率的测量数据，由表中数据可以看出，添加纳米粒子后大部分纳米流体的热导率都异常增加。式(10-9)为传统的液固两相流的热导率公式，对于纳米流体，该公式不再适用。

$$\lambda_m = \lambda_f \frac{2\lambda_f + \lambda_p - \dfrac{2C_v(\lambda_f - \lambda_p)}{100}}{2\lambda_f + \lambda_p + \dfrac{C_v}{100}(\lambda_f - \lambda_p)} \tag{10-9}$$

式中，λ_f、λ_p 分别为颗粒相和液体的热导率；C_v 为颗粒的体积分数。

影响纳米流体热导率的因素很多，包括添加物粉体的尺寸与分布、形态、体积分数、基液的黏度、温度、热导率以及纳米颗粒与基液之间的固-液界面层的性质。研究者们在这方面做了大量工作，为解释纳米流体热导率异常增加的现象，人们提出了一些不同的理论。Keblinski、Eastman 及 Xie 等认为影响纳米流体热导率的主要因素有 4 个。

(1) 纳米粒子的非限域传递。当纳米颗粒的尺度接近或小于晶体材料的声子平均自由程时，边界起了重要作用，晶格振动波受纳米颗粒界面的强烈散射，使传统的傅里叶定律不再满足，热流的传递是跳跃式和非限域的，应采用 Boltzmann 方程来描述热传导。

(2) 纳米粒子的布朗运动。当颗粒尺度较大时，布朗运动速度很小，可以忽略不计；当颗粒尺度较小时，布朗运动就不可忽略。布朗运动增大了粒子与粒子之间的碰撞频率，引起颗粒聚集，同时使粒子与液体之间产生微对流现象，因此纳米流体的热导率是由固-液两相的有效热扩散和颗粒迁移共同作用的结果。

(3) 固-液界面液膜层。纳米流体中，在固-液界面上由于表面吸附作用会形成一层厚度为几个原子距离的液膜层，液膜层内液体分子受纳米颗粒表面原子排列的影响，趋向固相，其热导率远大于液体本身，这相当于增加了固相的体积含量。

(4) 纳米颗粒聚集。纳米颗粒间的范德华力是长程吸引力，静电力是排斥力，所以以在悬浮液中存在颗粒间距很小但彼此分散且稳定的纳米颗粒富集区域。在这些区域内，如果纳米颗粒间距小到 1nm 以下，2 个颗粒表面附着的液膜层就会接触甚至部分重叠，这样 2 个纳米颗粒就相当于直接接触，出现热短路，极大地降低了热阻，增大了悬浮液的有效热导率。图 10-2 为纳米流体热导率增加的几个可能影响因素示意图。

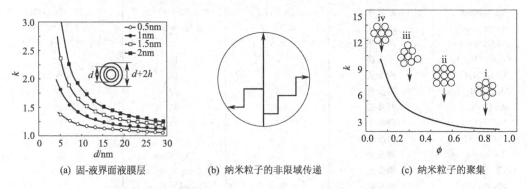

(a) 固-液界面液膜层　　　(b) 纳米粒子的非限域传递　　　(c) 纳米粒子的聚集

图 10-2　纳米流体热导率增加的几个可能影响因素示意图

10.1.3.2　纳米流体热导率的测试

热导率是衡量流体强化传热能力的重要参数，纳米流体热导率更是研究者们关注的热点。圆球法、平板法、热线法、激光闪射法是常用的热导率测试方法。前两种方法属于稳态法，利用稳定传热过程中，传热速度等于散热速度的平衡状态，根据傅里叶一维稳态热传导模型，由通过试样的热流密度、两侧温差和厚度，计算得到热导率，适用于固体块体材料热导率的测试。后两种方法属于动态法，是最近几十年内开发的新方法，不仅适用于固体材料，也可对流体试样的热导率进行测试。其中，瞬态热线法能克服对流引起的误差，测量结果更为准确可靠，在流体热导率测试中应用更加广泛。

热线法测试热导率的基本原理是，将一根细长的金属丝埋在初始温度分布均匀的试样内部，突然在金属丝两端加上电压后，金属丝温度升高，其温升速度与待测试样的导热性能有关。如试样热导率小，热量就不容易散掉，金属丝温度升得又高又快；相反，试样热导率大，则金属丝温度升得少而慢。热线法就是根据这一原理建立起来的。金属丝温度随时间的变化满足下式：

$$\frac{\partial T(r,t)}{\partial \ln t}=\frac{\rho}{4\pi\lambda} \tag{10-10}$$

式中，T 为某时刻 t 时金属丝（$r=0$）的温度；ρ 为待测试样的密度；λ 为试样的热导率。

由上式看出 $T(r,t)$ 与 $\ln t$ 呈线性关系。试验时测量金属丝的温度随时间的变化，将数据标在半对数坐标纸上，根据曲线线性段的斜率，代入上式就可算出热导率。或者将数据输入计算机，将 T 对自变量 $\ln t$ 作最小二乘法曲线拟合，也可求出热导率。

图 10-3 是美国 Decagon 公司研制的便携式 KD 2 Pro 高端热特性分析仪。可测量热扩散率、比热容、热导率和热阻率，用户可以选择自动模式以直接显示读数，或选择手动模式获取每个读数的原始数值，并且利用电子数据表程序进行深层分析。KD 2 Pro 使用瞬时线形热源方法进行测量，通过监测样品中给定某一电压的线形探针的热耗散和温度，计算物质的热特性。一个测量周期包括 30s 平衡、30s 加热和 30s

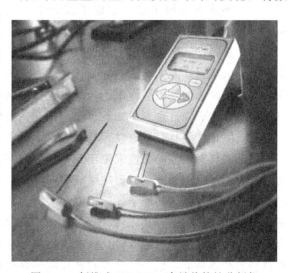

图 10-3　便携式 KD 2 Pro 高端热特性分析仪

冷却时间。在加热和冷却期间以 1s 为间隔进行温度测量，然后使用非线性最小二乘法程序对测量结果进行指数积分函数拟合。对测量期间样品温度变化进行线性校正，以使测量精度最优化。

10.2 超微粉体的磁学性能

10.2.1　基本概念

超微粉体的磁学性质尤其是铁磁颗粒的磁性对颗粒尺寸的依赖性是长期以来人们十分感

兴趣的课题，它既具有重要的基础研究意义，同时又具有实际应用的价值。磁性超微颗粒至今仍为磁记录介质中的主角，微粉永磁体是利用了超微颗粒高矫顽力的单畴特性，磁性液体是利用了超微颗粒矫顽力为零的超顺磁性，磁性超细微粒在微波、红外隐身材料、生物、医学、传感器等领域都有着广泛的应用。本节将介绍铁磁微颗粒的宏观磁性。

10.2.1.1 超微粉体磁性的分类

粉体在外加磁场中被磁化，而呈现一定的磁性，其自身产生一个磁化磁场，根据磁化磁场的大小和方向，将磁性基本上分为三类。

(1) 抗磁性 产生的磁化磁场方向与外磁场方向相反，从而使得叠加后的总磁场强度比原来的外磁场强度略微减弱，表现为抗磁性。Bi、Cu、Ag、Au 等金属具有这种性质，抗磁性材料的抗磁性一般很微弱，磁化率 χ 一般约为 -10^{-5}，χ 为负值，即磁化强度为负。陶瓷材料的大多数原子是抗磁性的。周期表中前 18 个元素主要表现为抗磁性。

(2) 顺磁性 产生的磁化磁场方向与外磁场方向相同，但只是使叠加后的总磁场强度比原来的外磁场强度略微增强的一类材料所表现的磁性。磁化强度与外磁场方向一致，为正值，而且严格地与外磁场强度成正比。顺磁性材料的磁性除了与外磁场强度有关外，还依赖于温度。其磁化率与热力学温度成反比。顺磁性物质的磁化率一般也很小，在室温下约为 10^{-5}。一般含有奇数个电子的原子或分子，电子未填满壳层的原子或离子，如过渡元素 Mn、Cr、Pt 等及稀土元素、锕系元素，都属于顺磁性材料。

(3) 铁磁性 产生的磁化磁场方向与外磁场方向相同，并且能使叠加后的总磁场强度比原来的外磁场强度大大增强的一类材料所表现的磁性。铁磁性材料和顺磁性材料的主要差异在于即使在较弱的外磁场作用下，前者也可得到极高的磁化强度，而且当外磁场移去后，仍可保留极强的磁性。金属中如铁、镍、钴、一些稀土金属，以及它们的合金如钕铁硼、金属化合物、氧化物等具有铁磁性，其在室温下的磁化率可达 10^3 数量级。

铁磁性材料很强的磁性来源于其很强的内部交换场。由于铁磁性材料的交换能为正值，而且较大，使得相邻原子的磁矩平行取向，在材料内部形成许多小区域——磁畴。每个磁畴约有 10^{15} 个原子。这些原子的磁矩沿同一方向排列，外斯假设晶体内部存在很强的称为"分子场"的内场，"分子场"足以使每个磁畴自动磁化达饱和状态。这种自生的磁化强度称为自发磁化强度。由于它的存在，铁磁性材料能在弱磁场下强烈地磁化。因此自发磁化是铁磁性材料的基本特征，也是铁磁性材料和顺磁性材料的区别所在。

铁磁体的铁磁性只在某一温度以下才表现出来，超过这一温度，由于材料内部热骚动破坏电子自旋磁矩的平行取向，因而自发磁化强度变为零，铁磁性消失。这一温度称为居里点 T_c。在居里点以上，材料表现为强顺磁性，其磁化率 χ 与温度 T 的关系服从居里-外斯定律：

$$\chi = \frac{C}{T - T_c} \tag{10-11}$$

式中的 C 称为居里常数。

在原子自旋（磁矩）受交换作用而呈现有序排列的磁性材料中，如果相邻原子自旋间是受负的交换作用，电子自旋为反平行排列，则磁矩虽处于有序状态（称为序磁性），但总的净磁矩在不受外场作用时仍为零。这种磁有序状态称为反铁磁性。该种材料当加上磁场后，其磁矩倾向于沿场方向排列，即材料显示出小的正磁化率，这类材料不常见，大都是金属化合物, 如 MnO、Cr_2O_3、CuO、NiO 等, 而且大多数反铁磁性材料只存在于低温状况, 温度升高到一定值时, 反铁磁性材料表现出顺磁性, 该转变温度称为反铁磁性材料的居里点或尼尔点, 常称尼尔温度 T_N。

10.2.1.2 纳米微粒的磁特性

纳米微粒的小尺寸效应、量子尺寸效应、表面效应等使得其具有常规粗颗粒材料所不具备的磁特性, 纳米微粒的主要磁特性归纳如下。

(1) 超顺磁性　因为总的磁晶各向异性能正比于 K_1V, 热扰动能正比于 kT (K_1 是磁晶各向异性常数, V 是颗粒体积, k 是玻耳兹曼常数, T 是样品的热力学温度), 铁磁性颗粒体积减小到某一数值即处于单磁畴临界尺寸时, 热扰动能将与总的磁晶各向异性能相当, 这样, 颗粒内的磁矩方向就可能随着时间的推移, 整体保持平行地在一个易磁化方向和另一个易磁化方向之间反复变化, 因此测量所得磁矩的时间平均值为零。从单畴颗粒集合体看, 不同颗粒的磁矩取向每时每刻都在变换方向, 这种磁性的特点和正常顺磁性的情况很相似, 但是也不尽相同。因为在正常顺磁体中, 每个原子或离子的磁矩只有几个玻尔磁子, 但是对于直径 5nm 的特定球形颗粒集合体而言, 每个颗粒可能包含了 5000 个以上的原子, 颗粒的总磁矩有可能大于 10000 个玻尔磁子。外加磁场时, 在普通顺磁体中, 单个原子或分子的磁矩独立地沿磁场取向; 而单畴体以包含大于 10^5 个原子的均匀磁化作为整体协同取向, 其磁化率较一般顺磁体大很多, 比普通顺磁体的磁化率大好几十倍。所以把单磁畴颗粒集合体的这种顺磁性称为超顺磁性。

超顺磁性行为有两个最重要的特点: 一是如果以磁化强度与饱和磁化强度的比值 M/M_s 为纵坐标、以 H/T 为横坐标作图 (H 是所施加的磁场强度, T 是热力学温度), 则在单畴颗粒集合体出现超顺磁性的温度范围内, 分别在不同的温度下测量其磁化曲线, 这些磁化曲线必定是重合在一起的; 二是不会出现磁滞, 即集合体的剩磁和矫顽力都为零, 即当去掉外磁场后, 剩磁很快消失。例如, 2% Co 在铜基体中脱溶析出所构成的颗粒系统, 其测得的磁化曲线如图 10-4 所示。

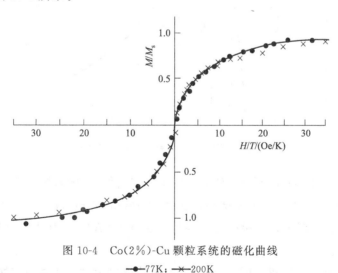

图 10-4　Co(2%)-Cu 颗粒系统的磁化曲线
●—77K; ×—200K

不同种类的纳米磁性微粒显现超顺磁的临界尺寸是不相同的, 室温呈现超顺磁性的一些材料临界尺寸估算值见表 10-3。

表 10-3 几种室温呈现超顺磁性材料的临界尺寸估算值

材料	Fe	Co(hcp)	Co(fcc)	CrO_2	Fe_3O_4	$\gamma\text{-}Fe_2O_3$
D_s/nm	12.5	4.0	14.0	70	16.0	25.0

假设没有外磁场，则通常它们不会表现出磁性。但是，假设施加外磁场，则会被磁化，就像顺磁性一样，而且磁化率大于顺磁体的磁化率。

铁磁性材料转变成超顺磁性的临界尺寸与温度有关，例如球状铁粒在室温的临界半径为 12.5nm，即在室温下粒径小于 25nm 的铁微粒具有超顺磁性，而在 4.2K 时半径为 2.2nm 还是铁磁性的。铁磁性转变成超顺磁性的温度常记为 T_B，称为转变温度。其意义是对于足够小的磁性颗粒，存在一个特征温度 T_B，当温度 $T<T_B$ 时，颗粒呈现强磁性（铁磁性或亚铁磁性）；$T \geqslant T_B$ 时，颗粒呈现超顺磁性。

（2）矫顽力增强 对于多畴体，磁化过程主要通过畴壁位移来完成；对单畴体却以磁畴转动改变磁化状态，作为单畴体的重要特征是矫顽力较之多畴体为高，因此可以得到矫顽力 H_c 与颗粒尺寸 d 的关系曲线，如图 10-5 所示。图中 d_c 为单畴直径临界尺寸，相应于 H_c 为极大值的颗粒尺寸，d_s 为超顺磁性临界尺寸，相应于 H_c 为 0 的颗粒尺寸，两者均为温度的函数。在室温条件下，对球状颗粒单畴临界尺寸 d_c 进行估算，其值见表 10-4。

表 10-4 球状颗粒单畴半径临界尺寸估算值

材料	Fe	Co	Ni	$BaFe_{12}O_{19}$	$SmCo_5$	MnBi	Fe_3O_4	$\gamma\text{-}Fe_2O_3$
d_c/nm	18.0	22.8	42.4	1000	33.6	34.0	40.0	50.0

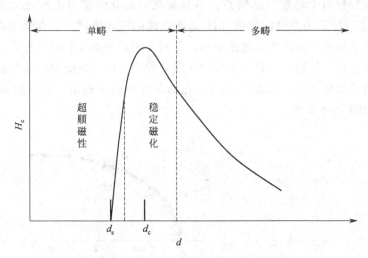

图 10-5 矫顽力与颗粒尺寸的关系曲线

例如，用惰性气体蒸发冷凝的方法制备的纳米 Fe 微粒，随着颗粒变小，饱和磁化强度 M_s 有所下降，但矫顽力却显著地增加，粒径为 16nm 的 Fe 微粒，矫顽力在 5.5K 时达 1.27×10^5 A/m，在室温下，其矫顽力仍保持 7.96×10^4 A/m，而常规的 Fe 块体矫顽力通常低于 79.62A/m。

（3）居里温度变化 居里温度 T_c 为物质磁性的重要参数，通常与交换积分成正比，并且与原子构型和间距有关。对于纳米微粒，由于小尺寸效应和表面效应而导致纳米粒子的本征和内部的磁性变化，因此具有较低的居里温度。许多试验证明，纳米微粒内原子间距随粒径下降而减小，从而导致交换积分减小，使居里温度下降。如纳米镍微粒的居里温度随粒径的减小而下降。

为了提高磁记录的记录密度，磁粉发展的趋势是减小颗粒的尺寸，增加矫顽力，超顺磁性特性确定了磁记录磁粉尺寸的下限，而多畴又决定了磁粉尺寸的上限，因此磁记录用磁粉尺寸通常控制在超顺磁性与多畴尺寸之间，单畴临界尺寸 d_c 附近。对于磁流体，为了避免磁性颗粒间的相互作用力所产生的凝聚现象，通常要求磁性颗粒尺寸处于超顺磁性临界尺寸 d_s 附近。

10.2.2 超微粉体的磁性测量

磁性测量的方法有很多，如采用冲击磁性仪测磁法，其基本原理是通过测定试样在磁通量迅速变化时所产生的感生电流的大小来测定试样的磁感应强度，故取名冲击磁性仪，该方法不仅可准确测定出试样的饱和磁化强度和饱和磁感应强度，还可测出试样的磁化曲线和磁滞回线等磁性参数。目前已有快速的自动磁性测试仪，如 CL-6 型直流磁性测量仪，配有微机处理系统，能自动绘出试样的磁化曲线和磁滞回线，并且能得到其他磁性参数。

MPMS（magnetic performance measurement system）磁学测量系统是由美国 Quantum Design 公司开发的基于超导量子干涉探测技术 SQUID（superconducting quantum interference device）的高精度磁学测量仪器。其中 SQUID 是 MPMS 高灵敏度的根源，因此人们常常直接以 SQUID 来称呼 MPMS。

MPMS 系统磁学测量精度最高可达 10^{-9} emu，基系统的测量温度范围为 $1.9 \sim 400K$（可购买选件拓展至 $0.48 \sim 1000K$），同时设备由超导磁体提供最高到 7T 的外加磁场。7T 以上的磁噪声会使 SQUID 的测量精度明显下降，因此 MPMS 系统不配备 7T 以上的磁体。

MPMS 系统由一个基系统和各种测量及拓展选件组成。用户首先选择一个基系统，在功能上基系统提供了一个集温度、磁场、控制软硬件部分于一体的测量平台以及基本的 SQUID 直流磁学测量功能。其中主要包含内置超导磁体、低温杜瓦、温控系统、磁场控制系统、MPMS 系统中央控制平台、SQUID 探测单元等。

采用该系统测得的磁化强度 M 随温度 T 的变化曲线有两种，即 ZFC 和 FC 曲线，指的是 zero-field-cooling（零场冷）和 field-cooling（场冷）曲线。具体来讲，零场冷就是在没有磁场的情况下冷却到某一温度，然后加磁场，进行升温测量磁化强度随温度变化曲线；场冷就是在测完零场冷曲线后，接着用该磁场进行一边降温一边测量磁化强度随温度变化曲线。在磁学研究中，ZFC 和 FC 曲线是非常重要也是基本的测量，来研究磁相转变温度和磁受挫等。

10.3 超微粉体的电学性能

10.3.1 超微粉体的导电性

金属材料具有导电性，然而纳米金属微粒导电性能却显著地下降，当电场能低于因量子尺寸效应所导致的分立能级的间距时，金属导电性能都会转变为电绝缘性。

电子在晶体中运动时，遇到缺陷、杂质等散射中心以及非周期性的晶格振动将产生散射，从而导致电阻。电子经历前后两次碰撞的平均自由时间定义为弛豫时间 τ，所经历的空间距离称为平均自由路程，单位时间内电子碰撞的概率 P 应为弛豫时间 τ 的倒数，即 $P=1/\tau$。设金属颗粒的直径为 d，电子以费米速度 v_F 运动，从中心到表面所需时间为（$d/2$）/v_F，受到表面散射的弛豫时间为 τ_s，$\tau_s=d/2v_F$，根据经典理论，电子在微颗粒中运动时将受到颗粒内的散射与表面散射的叠加，于是存在下列关系式：

$$P=\frac{1}{\tau}=\frac{1}{\tau_0}+\frac{2v_F}{d} \tag{10-12}$$

当颗粒足够小时，$P=\dfrac{1}{\tau}\approx\dfrac{2v_F}{d}$，即电子在颗粒内碰撞的概率急剧增大，电导率下降。

图 10-6 是有人对金属铟在室温下进行的导电性测试结果，表明其颗粒粒径小于 $10\mu m$ 时其电导率相比块体材料急剧下降。

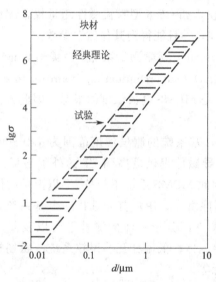

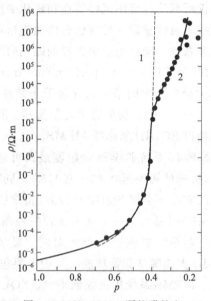

图 10-6　铟微颗粒的直流电导率对
颗粒直径的依赖关系（27℃）

图 10-7　Au-Al$_2$O$_3$ 颗粒膜的电
阻率随金含量的变化
1—温度为 42K；2—温度为 295K

纳米微颗粒具有巨大的比表面积，电子的输运将受到微粒表面的散射，由纳米微颗粒所构成的致密体（纳米固体），其电阻、介电性质将与颗粒尺寸密切相关，颗粒之间的界面将形成电子散射的高势垒，导致直流电阻率增大，界面电荷的积累产生界面极化，形成电偶极矩使介电常数增加。如 Maxwell-Garnett 给出了将金属微颗粒镶嵌于介质中有效介电常数的计算公式：

$$\varepsilon_{eff}=\varepsilon_m\frac{1+2f(\varepsilon-\varepsilon_m)/(\varepsilon+2\varepsilon_m)}{1-f(\varepsilon-\varepsilon_m)/(\varepsilon+2\varepsilon_m)} \tag{10-13}$$

式中，ε_m 为无颗粒时的介质基体介电常数；ε 为微颗粒的介电常数；f 为所含微颗粒的体积分数。由式可见，随着介质中的微颗粒体积分数增加，有效介电常数亦将增大。MG 理论适合于描述微颗粒体积分数不太高的情况，然而对金属颗粒膜介电常数的研究表明，上述理论仍然是很好的近似。

颗粒膜（granular films）是将微颗粒镶嵌在互不固溶的薄膜中所形成的复合薄膜。原则上，任意两组元或多组元如在平衡态条件下互不固溶，均可采用共溅射或共蒸发等工艺制备成颗粒膜。颗粒膜不同于合金、化合物，而属于非均匀相组成的材料。颗粒膜大体上可分为：金属-绝缘体型，如 Fe-SiO$_2$，当铁的体积分数低时，铁以颗粒的形式镶嵌在非晶态的 SiO$_2$ 薄膜中；金属-金属型，如 Co-Ag、Co-Cu 等；半导体-绝缘体型，如 Ge-SiO$_2$、Si-SiO$_2$ 等，共有 10 种可能的金属、半导体、绝缘体、超导体之间组合，每一种组合又可衍生出众多类型的颗粒膜，从而形成丰富多彩的研究内涵。为了有利于对比不同密度的材料所组成的物理特性，文献中常采用体积分数而不采用原子比率作为物性与组成的依赖性。设 A 和 B 构成颗粒膜，当组成 A 的体积分数远小于 B 的体积分数时，A 将以微颗粒形式镶嵌于 B 的薄膜中；反之亦然。当 A、B 两者的组成体积分数相近时，即 $p = p_c = 0.5 \sim 0.6$（p_c 称为逾渗阈值），两者形成网络状，颗粒间相互耦合增强，从而呈现反常的电性、磁性以及光学等性质。目前人们感兴趣的研究工作大多集中于纳米微粒与逾渗阈值附近组成的物理性质。

早期，人们利用金属-绝缘体颗粒膜中特殊的电学性质，研制成高电阻率、低温度系数的薄膜电阻材料，称为金属陶瓷（cermets）。现以 Au-Al$_2$O$_3$ 颗粒膜为例，说明电阻率 ρ 随金含量（体积分数 p）的变化，见图 10-7，当金含量较低时，金以颗粒的形式镶嵌于 Al$_2$O$_3$ 绝缘薄膜中，从而呈现绝缘体性质，电阻率随温度升高而降低；当金的体积分数超过 50% 时，颗粒逐渐形成薄膜，从而呈现金属型的导电性，电阻温度系数为正值，在逾渗阈值附近产生金属型-绝缘体型的转变，电阻率产生剧烈变化，在合适的组成时，电阻温度系数甚低。

10.3.2 超微粉体的巨磁电阻效应

巨磁电阻效应 GMR（giant magneto resistance）是指磁性材料的电阻率在有外磁场作用时较之无外磁场作用时存在巨大变化的现象。巨磁电阻是一种量子力学效应，它产生于层状的磁性薄膜（几纳米厚）结构。这种结构是由铁磁材料和非铁磁材料薄层交替叠合而成的。当铁磁层的磁矩相互平行时，载流子与自旋有关的散射最小，材料有最小的电阻。当铁磁层的磁矩为反平行时，与自旋有关的散射最强，材料的电阻最大。即材料的电阻在很弱的外加磁场作用下具有很大的变化量。

在多层膜巨磁电阻效应的推动与启发下，1992 年首先在 Co-Cu 颗粒膜中发现同样存在 GMR 效应。颗粒膜巨磁电阻效应的研究工作主要集中在以银、铜为基，与铁、镍、钴等金属或合金所构成的两大颗粒膜系列。银、铜金属均为面心立方结构，晶格常数分别为 0.4086nm 和 0.361nm，表面自由能分别为 0.130μJ/cm^2 和 0.193μJ/cm^2，两者与钴的晶格失配度分别为 15% 和 20%，而钴的表面自由能为

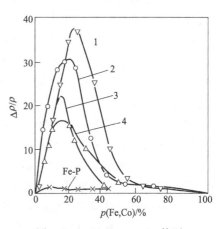

图 10-8 Co-Ag、Fe-Ag 等颗粒膜的巨磁电阻效应与组成的关系
1—Co-Ag；2—Fe-Ag；3—Fe-Au；4—Fe-Cu

0.271μJ/cm^2，因此银、铜与钴等铁族元素在平衡态不相固溶。在产生最大巨磁电阻效应的颗粒膜中，铁族元素的体积分数处于 15%～25% 范围内，低于形成网络状结构的逾渗阈值，此时铁族元素主要以微颗粒的形式镶嵌于薄膜之中，微颗粒的最佳直径为几纳米到 10 nm 左右。Co-Ag、Fe-Ag 等颗粒膜呈现巨磁电阻效应与组成的关系见图 10-8。

颗粒膜巨磁电阻效应的理论解释与多层膜一样，认为电子在输运过程中受到与自旋相关的散射，不同自旋取向的电子散射概率不一样，与自旋相关的散射可以发生在铁磁颗粒内，亦可产生在铁磁颗粒的界面。试验与理论表明，在颗粒膜系统中以界面散射为主，与磁性颗粒直径成反比，即与颗粒的比表面积成正比。

不论颗粒膜还是多层膜，要获得大的磁电阻效应必须保证颗粒的尺寸，或磁性、非磁性层的厚度小于电子平均自由路程，这样除了与自旋相关的散射外，电子在输运过程中较少受到其他的散射，自旋的取向可保持不变。因电子平均自由程通常为几纳米到 100nm，所以巨磁电阻效应只可能在纳米尺度的系统中才呈现。

10.4 超微粉体的光学特性

10.4.1 宽频带强吸收

一般金属都对可见光呈较强的反射和一定的吸收，所以具有不同颜色的光泽。这也表明了它们对可见光范围各种波长（颜色）的光的反射和吸收能力不同。而当材料尺寸减小到纳米级时，各种金属纳米微粒几乎都呈黑色，表明它们对可见光的反射率极低，通常可低于1%，而对太阳光谱似乎具有全吸收性质，约几微米的厚度就可以完全消光，因此通常又称"太阳黑体"。例如，铂金纳米粒子的反射率仅为1%，金纳米粒子的反射率小于10%，这种对可见光的低反射率、强吸收率导致粒子呈黑色。例如，颗粒尺寸为10nm的金微粒对波长 $0.3\sim2.5\mu m$ 的光波的反射率低于1%，称为全黑。铬黑普遍用来作太阳能的选择吸收体，铂黑是著名的催化剂。超微金属粒子对光的全吸收在实用上是十分有用的，例如可用于光-热转换材料、光检测器、红外隐身材料等。

一些纳米材料对红外线具有宽频带强吸收特性，如纳米氮化硅、碳化硅及氧化铝粉等。这是由于纳米粒子所具有的大的比表面积导致了平均配位数下降，不饱和键和悬挂键增多。与常规大块材料不同，此纳米粒子没有单一的、择优的键振动模，只存在一个较宽的键振动模的分布，因此在红外线场作用下它们对红外吸收的频率也就存在一个较宽的分布，这就导致了纳米粒子红外吸收带的展宽。

许多纳米微粒对紫外线有强吸收作用，例如 ZnO、Fe_2O_3 和 TiO_2 等，而在亚微米级时对紫外线可能几乎是不吸收的，如 TiO_2。这些纳米氧化物对紫外线的吸收主要原因是它们在紫外线照射下，吸收紫外线引起价带电子被激发，并且向导带跃迁。

雷达吸波材料是最重要的隐身材料之一，它能吸收雷达波，使反射波减弱甚至不反射雷达波，从而达到隐身的目的。雷达隐身材料按其吸波机制可分为电损耗型与磁损耗型。电损耗型隐身材料包括 SiC 粉体、SiC 纤维、金属短纤维、钛酸钡陶瓷体、导电高聚物以及导电石墨粉等；磁损耗型隐身材料包括铁氧体粉、羟基铁粉、超细金属粉或纳米相材料等。下面分别以纳米金属粉体（如 Fe、Ni 等）与纳米 Si/C/N 粉体为例，具体分析磁损耗型与电损耗型纳米隐身材料的吸波机理。

金属粉体（如 Fe、Ni 等）随着颗粒尺寸的减小，特别是达到纳米级后，电导率很低，材料的比饱和磁化强度下降，但磁化率和矫顽力急剧上升。其在细化过程中，处于表面的原子数越来越多，增大了纳米材料的活性，因此在一定波段电磁波的辐射下，原子、电子运动加剧，促进磁化，使电磁能转化为热能，从而增加了材料的吸波性能。一般认为，其对电磁波能量的吸收由晶格电场热振动引起的电子散射、杂质和晶格缺陷引起的电子散射以及电子与电子之间的相互作用三种效应来决定。

纳米 Si/C/N 粉体的吸波机理与其结构密切相关。但目前对其结构的研究并没有得出确切结论，M. Suzuki 等对激光诱导 $SiH_4 + C_2H_4 + NH_3$ 气相合成的纳米 Si/C/N 粉体所提出的 Si（C）N 固溶体结构模型来做说明。其理论认为，在纳米 Si/C/N 粉体中固溶了 N，存在 Si（N）C 固溶体中，而这些判断也得到了试验的证实。固溶的 N 原子在 SiC 晶格中取代 C 原子的位置而形成带电缺陷。在正常的 SiC 晶格中，每个碳原子与四个相邻的硅原子以共价键连接，同样每个硅原子也与周围的四个碳原子形成共价键。当 N 原子取代 C 原子进入 SiC 后，由于 N 只有三价，只能与三个 Si 原子成键，而另外的一个 Si 原子将剩余一个不能成键的价电子。由于原子的热运动，这个电子可以在 N 原子周围的四个 Si 原子上运动，从一个 Si 原子上跳跃到另一个 Si 原子上。在跳跃过程中要克服一定势垒，但不能脱离这四个 Si 原子组成的小区域，因此，这个电子可以称为"准自由电子"。在电磁场中，此"准自由电子"在小区域内的位置随电磁场的方向而变化，导致电子位移。电子位移的弛豫是损耗电磁波能量的主要原因。带电缺陷从一个平衡位置跃迁到另一个平衡位置，相当于电矩的转向过程，在此过程中电矩因与周围粒子发生碰撞而受阻，从而运动滞后于电场，出现强烈的极化弛豫。

纳米复合隐身材料因为具有很高的对电磁波的吸收特性，已经引起了各国研究人员的极度重视，而与其相关的探索与研究工作也已经在多国展开。1991 年海湾战争，美军战斗机一次次躲过了伊拉克严密的雷达监视网，使伊军 95% 的重要军事目标被毁，而自身却无一受损。为什么伊拉克的雷达防御系统对美国战斗机束手无策？一个重要的原因就是美国战斗机机身表面包覆了含有针对红外线与电磁波的纳米"隐身"材料。

当前，真正发挥作用的纳米隐身材料大多使用在与军事有密切关系的航空航天器部件上。能够上天的材料，要求其重量要轻。在这方面，纳米材料是有优势的，特别是由轻元素组成的纳米材料。例如，纳米氧化铝、氧化铁、氧化硅和氧化铁的复合粉体与高分子纤维结合，对中红外波段有很强的吸收性能，因此对这个波段的红外探测器有很好的屏蔽作用。将纳米磁性材料，特别是类似铁氧体的纳米磁性材料放入涂料中，既能发挥其优良的吸波特性，又具有良好的吸收和耗散红外线的性能，加之相对密度小，在隐身特性的应用上有明显的优势。另外，这种纳米磁性材料还可以与驾驶舱内信号控制装置相配合，通过开关发出干扰，改变雷达波的反射信号，使波形畸变，或者使波形变化不定，能有效地干扰、迷惑对方雷达操纵员，达到隐身目的。除此而外，纳米级的硼化物、碳化物包括纳米纤维及纳米碳管在隐身材料方面的应用也将大有作为。

随着对纳米隐身材料兼具宽频带、多功能、质量小和厚度薄等性质的深入研究，可以期望出现针对厘米波、毫米波、红外、可见光等很宽波段的复合隐身材料，甚至可望研制成与结构材料复合、与抗核加固技术兼容的纳米隐身材料。

10.4.2 超微粉体的发光特性

10.4.2.1 发光材料的基本知识

发光材料又称发光体，是一种能够把从外界吸收的各种形式的能量转换为非平衡光辐射的功能材料。光辐射有平衡辐射和非平衡辐射两大类，即热辐射和发光。任何物体只要具有一定的温度，则该物体必定具有与此温度下处于热平衡状态的辐射（红光、红外辐射）。非平衡辐射是指在某种外界作用的激发下，体系偏离原来的平衡态，如果物体在回复到平衡态的过程中，其多余的能量以光辐射的形式释放出来，则称为发光。因此发光是一种叠加在热辐射背景上的非平衡辐射，其持续时间要超过光的振动周期。

固体发光有以下两个基本特征。

（1）任何物体在一定温度下都具有平衡热辐射，而发光是指吸收外来能量后，发出的总辐射中超出平衡热辐射的部分。

（2）当外界激发源对材料的作用停止后，发光还会持续一段时间，称为余辉。这是固体发光与其他光发射现象的根本区别。一般以持续时间 10^{-8} s 为分界，短于 10^{-8} s 的称为荧光，长于 10^{-8} s 的称为磷光。目前已不再把发光划分为这样两个不同的过程，因为经研究了解到，所谓余辉现象即物质发光的衰减。衰减过程有的很短，可短于 10^{-8} s；有的则很长，可达数分钟甚至数小时。余辉现象说明物质在受激和发光之间存在一系列中间过程。不同材料在不同激发方式下的发光过程可能不同。但它们的共同之处是其中的电子从激发态辐射跃迁到基态或其他较低能态使离子、分子或晶体释放出能量而发光。

绝大多数无机发光材料由基质、激活剂组成，其通式为：（基质分子式）：（激活剂离子）。如红色荧光粉 $Y_2O_3:Eu^{3+}$，Y_2O_3 代表基质材料，Eu^{3+} 代表激活剂。基质（H，host）是发光材料的主体化合物，通常是由具有一定晶格且结构稳定的晶体充当。基质材料组成的离子往往既提供一个静止的晶体场，又提供一个附加的变化的晶体场。激活剂（A）的添加量少，在材料中部分地取代基质晶体中原有晶位上的离子，形成杂质缺陷。它能够对特定的化合物（即发光材料的基质）起激活作用，使原来不发光或发微弱光的材料产生发光，是发光中心的重要组成部分。

发光材料的发光过程一般由以下几个过程构成。

（1）基质或激活剂（或称发光中心）吸收激发能。

（2）基质将吸收的激发能传递给激活剂。

（3）被激活的激活剂发出荧光而返回基态，同时伴随有部分非辐射跃迁，能量以热的形式散发。

除了掺杂激活剂外，有时还在基质中掺杂另一种异种离子，称为敏化剂（S）。它可以有效地吸收激发能量并将其有效地传递给激活剂，被敏化的激活剂离子发出荧光而返回基态，同时伴随有非辐射跃迁，能量以热的形式散发，整个发光过程如图 10-9 所示。

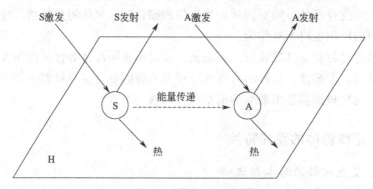

图 10-9　发光过程示意图

　　制备发光材料时，常加入助熔剂，有时还添加还原剂、疏松剂等。助熔剂是在发光体形成过程中起着帮助熔化和熔媒作用的物质，使激活剂容易进入基质，并且促进基质形成微小晶体。常用的助熔材料有卤化物、碱金属和碱土金属的盐类以及硼酸等。助熔剂的种类、含量及其纯度都对发光性能有直接影响。

　　发光材料的发光方式是多种多样的，主要类型有光致发光、阴极射线发光、电致发光、热释发光、光释发光、辐射发光等。以下分别做简要介绍。

　　光致发光是指用紫外线、可见光或红外线激发发光材料而产生的发光现象。它大致经历吸收、能量传递和光发射三个主要阶段。光的吸收和发射都是发生在能级之间的跃迁，都经过激发态，而能量传递则是由于激发态的运动。激发光辐射的能量可直接被发光中心（激活剂或杂质）吸收，也可被发光材料的基质吸收。在第一种情况下，发光中心吸收能量向较高能级跃迁，随后跃迁回到较低能级或基态能级而产生发光。对于这些激发态能谱项性质的研究，涉及杂质中心与晶格的相互作用，可以用晶体场理论进行分析。随着晶体场作用的加强，吸收谱及发射谱都由宽变窄，温度效应也由弱变强，使得一部分激发能变为晶格振动。在第二种情况下，基质吸收光能，在基质中形成电子-空穴对，它们可能在晶体中运动，被束缚在各个发光中心上，发光是由于电子与空穴的复合而引起的。当发光中心离子处于基质的能带中时，会形成一个局域能级，处在基质导带和价带之间，即位于基质的禁带中。不同的基质结构，发光中心离子在禁带中形成的局域能级的位置不同，从而在光激发下，会产生不同的跃迁，导致不同的发光色。

　　阴极射线发光材料是用电子束激发而发光的物质。电子射入发光材料的晶格，由于一系列的非弹性碰撞而形成二次电子，其中一部分由于二次发射而损失掉，而大部分电子激发发光中心，以辐射或无辐射跃迁形式释放出所吸收的能量，这些跃迁间的比例决定了发光的效率。阴极射线发光材料在电视机显像管等方面有着重要的应用。

　　电致发光是由电场直接作用在物质上所产生的发光现象，电能转变为光能，而且无热辐射产生，是一种主动发光型冷光源。固体的电致发光现象是前苏联科学家在 1927 年研究碳化硅晶体检波器时发现并做出初步理论解释的。电致发光器件可分为两类：注入式发光和本征型发光。半导体发光二极管是目前研究最多和应用最广的一种注入式发光，它是由电子-空穴对在 p-n 结附近复合而产生的发光现象；而本征型发光是通过高能电子碰撞激发发光中心所产生的发光现象，电子的能量来自数量级为 10^8 V/m 的高电场，因此这种发光现象称为高场电致发光。

　　某些发光材料在较低温度下被激发，激发停止后，发光很快消失，当温度升高时，其发光强度又逐渐增强，这种现象被称为热释发光（简称热释光）。长余辉材料在激发光源照射下，电子从基态跃迁到激发态，一部分电子会立即返回基态而产生发光。有一部分位于基态的空穴可以通过价带被缺陷陷阱俘获，如果陷阱很浅，空穴在室温下可以较容易地返回基态，与电子结合而发光。如果陷阱较深，则需要外部能量如加热，才能把空穴释放出来，和发光中心复合发光，这就是热释发光。热释光谱（也称热释光曲线）就是描述发光强度随温度变化的曲线。材料之所以出现热释发光现象，是因为材料禁带中存在的陷阱能够俘获电子或空穴。随温度升高，电子（或空穴）获释概率增大，发光随之增强。然而由于电子（或空穴）的释出，陷阱中的电子（或空穴）数逐渐减少，达到某一温度后，发光强度开始减弱，这样就在热释光谱上形成了一个热释光峰。热释光现象与材料中的电子（或空穴）陷阱密切相关，利用热释光法可以研究发光材料中的陷阱，因此，这种方法被广泛地应用在放射线和 X 射线发光材料的研究中。

　　光释发光不同于光致发光而与热释发光的机制类似，不同的是发光材料是在长波长光的作用下，使被陷阱捕获的电子释放到导带，然后与电离中心复合而发光。在红外线作用下的释光现象称为红外释光。典型的红外释光材料有 SrS:Ce，Sm 和 SrS:Eu，Sm，前者发绿色光，后者发橙红色光。光释发光可用于分析发光材料的陷阱种类和深度，也可用于红外探测，制作夜视仪的红外敏感元件、光记忆存储器件和辐射计量仪等。

辐照发光是指高能光子（如 X 射线和 γ 射线）和粒子（如 α 粒子、β 粒子、质子、中子）辐照发光材料，与其中的原子、分子碰撞，使之发生电离，电离出的电子有很大的动能，可继续引起其他原子的激发和电离，产生二次电子，通过电子、空穴复合或激子的迁移，把激发能传递给激活剂而发光。其中 X 射线激发作用在发光材料上的光子能量非常大，其激发概率随发光物质对 X 射线吸收系数的增大而提高，这个系数随原子序数的增大而增大，因此，X 射线发光材料最宜采用含有重元素例如 Cd、Ba、W 等的化合物。

20 世纪 30 年代，Frenzel 等研究人员发现水溶液在声场作用下能够产生光发射，从而认识了一种崭新的发光现象——声致发光。其原理在于声波通过水时，若液体中某些地方形成的声压超过某一阈值，液体中将会产生大量的气泡，当气泡处于声场膨胀相时，内部充满了水蒸气和其他气体；而处于声场的压缩相时，整个气泡将发生爆炸性的塌缩而导致发光。

应力发光是将机械应力加在某种固体材料上而导致的发光现象。这种机械应力可以是断裂、摩擦、挤压、撞击等形式。比较激烈的应力发光在地震时可以明显地观察到，一些材料在断裂时经常可观察到发光现象，如 SiO_2、$NaCl$、TiO_2、$SrTiO_3$ 等。但在许多材料中，这种发光的强度十分弱，一般很难检测到。应力发光可分为 3 种类型：断裂发光、弹性形变发光、非弹性形变发光。非破坏性的应力发光一般只在少数材料中才能观察到。由于发光强度低，应力发光离实际应用还有一段距离。

10.4.2.2 微纳米荧光颗粒的发光特性

当发光材料基质的颗粒尺寸小到纳米级范围的时候，其物理性质发生改变，从而影响其发光和动力学性质，呈现出一些不同于常规发光材料的新现象。

（1）谱线红移或蓝移 纳米粒子的光谱峰值波长向短波方向移动的现象称为蓝移，而光谱峰值波长向长波方向移动的现象称为红移。一般认为蓝移主要是由于载流子、激子或发光粒子受量子尺寸效应影响而导致其量子化能级分裂显著或带隙加宽引起的。一方面，由于纳米材料巨大的表面张力导致晶格畸变，晶格常数变小，通过晶体场的作用也会产生蓝移现象。另一方面，材料颗粒尺寸减小的同时，颗粒内部的内应力会增加，使发光粒子所处的环境发生变化，致使能带结构发生变化，带隙、能级间距变窄，这就导致电子由低能级向高能级及半导体电子由价带向导带跃迁引起的光吸收带和光吸收边发生红移。因此，只有颗粒尺寸小到一定的尺度，才可能发生红移或蓝移的现象。

（2）谱线宽化和新发光峰 纳米微粒随半径减小，越来越多的原子处于表面层。处于表面附近的激活剂离子与内部的离子所感受到的晶体场强度是不同的，因此这两种激活剂离子的光跃迁所需的能量不同，由此引起了谱峰变宽，称为不均匀加宽。纳米发光材料相对于体材料具有更多的表面原子，因而谱峰的不均匀加宽更加明显。同时，激活剂离子掺入纳米尺度的微粒中，有可能产生新的格位，如处于表面或杂相所形成新的发光中心，从而产生新的发光峰。

（3）猝灭浓度的改变 在纳米发光材料中，到达发光中心的激发有三种可能的猝灭途径：通过表面猝灭中心的猝灭；通过体猝灭中心的猝灭；同一微粒内激发和未激发的发光中心间的交叉弛豫。当颗粒尺寸减小的时候，后两种过程的影响随之减小，而表面猝灭中心的作用将随之增强，这三种情况的改变将会使纳米发光材料的猝灭浓度发生改变。纳米材料所具有的表面、界面效应使发光中心之间频繁的能量传递受阻，能量从发光中心到猝灭中心传递的概率变小，猝灭浓度可能增大。但是大量表面缺陷的存在增加了电子的无辐射跃迁，从而也有可能使猝灭浓度降低。由此可见，纳米发光材料猝灭浓度变化的机理是很复杂的。

（4）发光效率和荧光寿命的变化　量子尺寸效应会引起发光效率的改变和荧光寿命的缩短。量子尺寸效应导致纳米体系中的电子、空穴向发光离子的转移加快，从而提高发光效率；但纳米微粒随粒径减小表面缺陷增加，使无辐射跃迁概率显著提高，最终导致发光效率降低。同时量子尺寸效应会进一步解除发光离子能级弛豫中的自旋禁戒，从而提高辐射跃迁概率或增强无辐射弛豫，最终导致荧光寿命缩短。

10.4.2.3　发光材料基本性能指标及测试方法

在发光材料研究过程中，对于发光材料的性能指标通常采用一些特有的物理量进行表征，下面将常用的性能指标及其测试方法逐一进行介绍。

（1）吸收光谱　吸收光谱是描述吸收系数随入射光波长变化的谱图。发光材料对光的吸收遵循下述的规律：

$$I(\lambda) = I_0(\lambda)e^{-K_\lambda X} \tag{10-14}$$

式中，$I_0(\lambda)$ 为波长为 λ 的入射光的初始强度；$I(\lambda)$ 为入射光通过厚度为 X 的发光材料后的强度；K_λ 为不随光强但随波长变化的一个系数，称为吸收系数。

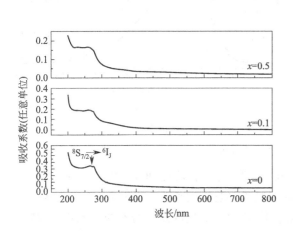

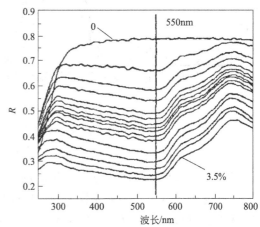

图 10-10　经 1300℃煅烧所得（Gd，Lu）AG 粉体的紫外-可见吸收光谱［Lu 含量（x）见图中标记］

图 10-11　氧化硅和氧化铁漫反射率与波长的关系

发光材料的吸收光谱主要取决于材料的基质，激活剂和其他杂质对吸收光谱也有一定的影响。在多数情况下，发光中心是一个复杂的结构，发光材料基质晶格周围的离子对它的性质会产生影响。吸收可以是由发光材料基质晶格的空位所决定，空位是在发光材料的形成过程中产生的。被吸收的光能一部分辐射发光，一部分能量以晶格振动等非辐射方式消耗掉。大多数发光材料主吸收带在紫外光谱区。发光材料的紫外吸收光谱可由紫外-可见分光光度计来测量。采用日本 JASCO 公司的 V-570 型紫外-可见光谱分析仪对（$Gd_{1-x}Lu_x$）AG 石榴石样品的光学性能进行了研究，结果见图 10-10。由图 10-10 可看出，Lu^{3+} 掺杂显著降低了材料的吸光度且随 Lu 含量增加吸收带出现蓝移。此外，GdAG 和（Gd，Lu）AG 样品均

呈现 Gd^{3+} 在 275 nm 处的特征跃迁 $^8S_{7/2} \rightarrow {}^6I_J$。

（2）漫反射光谱　漫反射率是指反射光能量与入射光能量之比，通常用来表示物体的反射能力，漫反射率随入射波长而变化的谱图，称为漫反射光谱。大部分发光材料是粉体状，难以精确测定其吸收光谱，通常只能通过粉体材料的漫反射光谱来估计其对光的吸收。紫外-可见分光光度计上附有漫反射积分球、粉体盒和固体样品架，可以用来进行漫反射光谱的测量。图 10-11 是 BWS003 型分光光度计测量所得到的氧化硅和氧化铁漫反射率与波长的关系。550nm 处为氧化铁的特征反射光谱峰。

（3）激发光谱　激发光谱是指发光材料在不同波长的激发下，该材料的某一发光谱线的发光强度与激发波长的关系。激发光谱反映了不同波长的光激发材料的效果。根据激发光谱可以确定激发该发光材料使其发光所需的激发光波长范围，并且可以确定某发射谱线强度最大时的最佳激发光波长。激发光谱对分析发光的激发过程具有重要意义。对于发光材料，发射光谱及其对应的激发光谱是非常重要的性质，激发、发射光谱通常采用紫外-可见荧光分光光度计进行扫描。

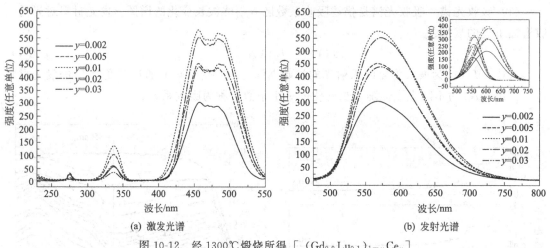

图 10-12　经 1300℃ 煅烧所得 $\left[\left(Gd_{0.9}Lu_{0.1}\right)_{1-y}Ce_y\right]$ AG 样品的激发光谱和发射光谱

图 10-12（a）为采用 JASCO 公司的 FP-6500 型荧光分光光度计 1300℃ 煅烧所得 $[(Gd_{0.9}Lu_{0.1})_{1-y}Ce_y]$AG 在不同 Ce 含量下的激发光谱（监控波长为 570nm）。激发光谱主要包含两个激发带，分别位于 338nm 和 457nm 处。位于 340nm 处的激发带对应于 Ce^{3+} 从基态（$^2F_{5/2}$）到激发态（T_{2g}）的跃迁，而位于 460 nm 处的激发带对应于 Ce^{3+} 从基态（$^2F_{5/2}$）到激发态（E_{2g}）的跃迁。位于 275 nm 处弱的激发带源于 Gd^{3+} 的 f-f 特征跃迁 $^8S_{7/2} \rightarrow {}^6I_J$。

（4）发射光谱　发射光谱是指在某一波长紫外线激发下，发射的荧光强度随发射光波长的变化曲线。用最强发射峰波长监控和最强激发峰波长激发，测得的激发光谱和发射光谱为荧光物质的特征光谱。发射光谱按发射峰的宽度可以分为以下三种谱：宽带谱（半宽度 100nm）、窄带谱（半宽度 50nm）和线谱（半宽度 0.1nm）。图 10-12（b）为在 457nm 波长激发下，样品在不同 Ce 浓度下的发射光谱。从图中可以看出，样品在 570nm 处呈现优异的黄光发射。

（5）发光衰减　发光衰减是指发光体的发光强度在激发停止后随时间的衰减现象。发光体在外界激发下发光，当激发停止后，发光持续一定时间，这是发光与其他光发射现象的根本区别。在持续期间，发光强度按一定规律衰减。这一过程称为发光衰减或发光弛豫或发光余辉。衰减过程反映发光中心处于激发态的平均寿命。余辉持续时间的长短是应用发光体时的重要依据。

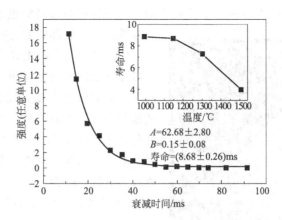

图 10-13 经 1150℃煅烧 4h 所得 $[(Gd_{0.7}Lu_{0.3})_{0.95}Eu_{0.05}]AG$ 粉体的 591nm
荧光衰减曲线 （插图为 591nm 荧光寿命随样品合成温度的变化）

不同的材料具有不同的衰减过程，但是对于分离中心的发光衰减而言，发光强度和时间存在指数关系：$I(t)=I_0 e^{-at}$，其中 $I(t)$ 为 t 时刻的瞬时发光强度，I_0 是激发停止时的瞬时发光强度，a 是常数。一些复杂的衰减过程可以分解为几个衰减指数的叠加：$I(t)=I_{01}e^{-at}+I_{02}e^{-bt}+I_{03}e^{-ct}+\cdots$（其中 a、b、c……为常数）。

研究荧光衰变行为是探求影响荧光强度主要因素的有效途径。采用瞬态荧光衰减仪测得的荧光衰变数据按单指数函数拟合：

$$I=A\exp(-t/\tau_R)+B \tag{10-15}$$

其中，τ_R 为荧光寿命；t 为衰变时间；I 为相对荧光强度；A 和 B 为常数。图 10-13 为 1150℃煅烧所得 $[(Gd_{0.7}Lu_{0.3})_{0.95}Eu_{0.05}]AG$ 样品的 591 nm 荧光衰减曲线。拟合结果为 $\tau_R=(7.28\pm0.15)ms$，$A=106.45\pm3.77$，$B=0.16\pm0.06$。当煅烧温度从 1000℃提升到 1500℃时，荧光寿命从 8.87ms 迅速缩短至 4.09ms。

（6）斯托克斯位移和反斯托克斯位移 一般发射光的波长都要大于激发光的波长，即发射波的能量小于激发波的能量，这是由发光过程中的能量损失造成的。把最大激发波长和最大发射波长所对应的能量差称为斯托克斯位移。有一些材料能将小能量的光子聚集向上转换成大能量光子，这种现象称为反斯托克斯发光。材料的发光效率与斯托克斯位移密切相关，斯托克斯位移越小，发光效率越高。

（7）色坐标 对于发光材料，我们通常会用发光颜色来描述，受到心理和生理方面的影响，人们对颜色的判断不会完全相同，即使是正常视觉的人眼判断也不完全相同，为了描绘一种发光颜色，有时会给出其主发射峰，实际上这样也很难精确地描述一种发光材料，因为即使两种材料具有同样的主发射波长，实际上颜色也会有所差别。要定量地对一种颜色进行描述，并且用物理方法代替人眼来测量颜色，就要用到色度图。荧光体的发光颜色一般用色坐标来表示，任何一种颜色 H0 都可以用三基色，即蓝色（x0）、绿色（y0）和红色（z0）定量表示出来：

$$H0=x\,x0+y\,y0+z\,z0 \tag{10-16}$$

而 x、y、z 值即所谓色坐标，和平面方程有关，$x+y+z=1$，其中只有 2 个值是彼此独立的。因而色度一般用 2 个值 x 和 y 来表示，就可以不用三维而是用二维的色度图来表示一种颜色，其中 CIE 标准色度图是比较完善和精确的系统。现在最常用的是 CIE 1931 色度图，图 10-14 是实际应用的一个 CIE 色度图，舌形区的顶部是绿色区域，底部靠左的部分是蓝色区域，底部靠右的部分是红色区域。

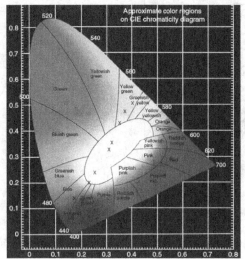

图 10-14　实际应用的 CIE 色度图

（8）色温　光源发光的颜色与黑体加热到某个温度所发出的颜色相同时，黑体所达到的温度称为光源的颜色温度，简称色温 T_c。色温和色坐标有一定的函数关系，由色坐标可以计算得到色温。两者在 CIE 图谱中可找到对应数值。色温可由色度图获得，亦可在色坐标确定的基础上通过如下公式获得：

$$T_c = 437 \times n^3 + 3601 \times n^2 - 6861 \times n + 5514.31 \tag{10-17}$$

式中系数 n 等于 $\dfrac{x - 0.3320}{y - 0.1858}$。

（9）光通量　光源在单位时间内向周围空间辐射并引起视觉的能量，称为光通量，即光源所放射出光能量的速率或光的流动速率，用 Φ 表示，单位为流明（lm）。光通量与光源的辐射强度有关，还与波长有关。通常采用比较法（光度法）测试光源的光通量，即将待测光源与标准光源分别置于积分球内，分别测出它们的光电流，将积分球测量窗口安置修正滤色片，此时两者光通量的比即等于光电流之比，从而测出待测灯的光通量。

（10）发光强度　光源某方向单位立体角内发出的光通量定义为光源在该方向上的发光强度，其单位为坎德拉（cd），是国际单位制 7 个基本单位之一，用符号 I 表示。$I = \Phi / W$，W 为光源发光范围的立体角，立体角是一个锥形角度，用球面度来测量，单位为球面度（sr）。Φ 为光源在 W 立体角内所辐射出的总光通量（lm）。在实际中，通常把用于研究的发光材料的发光强度和标准件用的发光材料的强度（同样激发条件下）相比较来表征发光材料的技术特性，此时所测量的发光强度为相对值。特征型发光材料的发光强度与激发光强度成正比。而复合型发光材料的发射强度与激发强度之间的关系比较复杂。此类发光材料在激发时，发光中心和基质内元素被离化，这时电子可能被陷阱俘获、释放，并且和发光中心、空穴复合或重新被陷阱俘获。发光强度还与温度存在一定的关系，由发光材料基质成分、激活剂的化学特性以及存在所谓的发光"猝灭剂"来确定这一关系的特性。在超出一定温度范围后，提高温度会使发光强度下降发生光发射的温度猝灭。

（11）亮度　亮度是光度学量，单位为尼特或坎德拉每平方米（1nt＝1cd/m²），表示颜色的明暗程度。光度学量是生理物理量，不仅与客观物理量有关，还与人的视觉有关。亮度的测量方法一般可分为分光光度法和光电积分法。分光光度法是通过测量材料本身的光度特性，然后再由这些光谱测量数据通过计算的方法求得物体在各种标准光源和标准照明体下的亮度值。这种方法可以获得很高的精度，但是由于需要光谱扫描，因此所需时间长，数据处理量大，系统要配备结构复杂的分光元件，体积庞大且对工作环境要求高。光电积分法是通过把探测器的光谱响应匹配成所要求的 CIE 标准色度观察者光谱刺激曲线 $y(\lambda)$，来对被测量的光谱功率进行积分测量。它不像分光光度法测量一次仅测量某一波长的色刺激，而是在整个测量波长范围内进行一次积分测量。它的特点是速度快，因为它不必像分光光度法那样先测量光谱分布，也免去了在整个可见光谱范围内的大量积分计算。而且只要光探测器的匹配精度足够好，那么光电积分法也具有相当高的测量精度。

（12）量子效率　为表征被发光材料所吸收的激活能的转换效率，引进一个"量子效率"的概念。发光的外部量子效率（ε_{ex}）和内部量子效率（ε_{in}）为：

$$\varepsilon_{ex} = \frac{\int \lambda P(\lambda) d\lambda}{\int \lambda E(\lambda) d\lambda} \tag{10-18}$$

$$\varepsilon_{in} = \frac{\int \lambda P(\lambda) d\lambda}{\int \lambda [E(\lambda) - R(\lambda)] d\lambda} \tag{10-19}$$

其中 $E(\lambda)/h\nu$、$R(\lambda)/h\nu$ 和 $P(\lambda)/h\nu$ 分别为激发、反射及发射的光子数。用标准白板的反射光谱进行校正。量子效率可由 JASCO 公司的 FP-6500 型荧光分光光度计所配置的内置软件获得。

10.4.3　超微粉体分散体系的光学性能

10.4.3.1　分散体系的光散射现象

当一束光线透过分散体系，从入射光的垂直方向可以观察到分散体系里出现的一条光亮的"通路"，这种现象称为丁达尔现象，也称丁达尔效应（Tyndall effect），是英国物理学家丁达尔于 1869 年在研究胶体时首先发现的。

可见光的波长在 400～800nm 之间，当光线射入分散体系时，一部分自由地通过，一部分被吸收、反射或散射，可能发生以下三种情况。

（1）当光束通过粗颗粒分散体系，由于分散质的粒子直径远大于入射光的波长，主要发生反射或折射现象，使体系呈现浑浊。

（2）当光线通过超微颗粒分散体系，特别是分散质粒子直径在纳米尺度范围内，小于入射光的波长，主要发生散射，可以看见乳白色的光柱，出现丁达尔现象。

（3）当光束通过分子溶液，由于溶液十分均匀，散射光因相互干涉而完全抵消，看不见散射光。

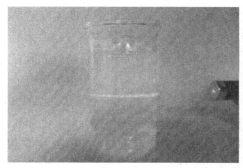

(a) 纳米二氧化钛粉体在水中的分散液　　　　　　(b) 自然界中的丁达尔现象

图 10-15　超微粉体分散体系的光散射现象

因此超微粉体形成的分散体系有明显的光散射现象，图 10-15(a) 为纳米二氧化钛粉体在水中的分散液在红色激光笔照射下出现丁达尔效应，如图 10-15（b）所示，在清晨茂密的树间小道上，常常可以看到从枝叶间透过的一道道光柱，这种自然界现象，也是丁达尔现象。这是微小的尘埃或液滴分散在空气中对入射的太阳光发生散射所致。

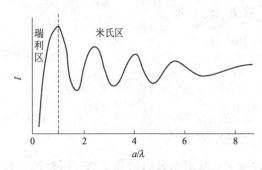

图 10-16 散射光强度与微粒尺度
和入射光波长比值的关系

光本质上是电磁波，当光波作用到液体或气体介质中小于光波长的粒子上时，粒子上的电子被迫振动，其振动频率与入射光波的频率相同，成为二次波源，向各个方向发射电磁波，这就是散射光波，也就是我们所观察到的散射光（亦称乳光）。英国物理学家瑞利（Rayleigh）和德国物理学家古斯塔夫·米（Mie）分别对微粒分散体系的光散射现象进行了研究。前者针对微粒直径远小于入射光波长的分散体系进行研究，称为瑞利散射；后者针对微粒直径接近或大于入射光波长的分散体系进行研究，称为米氏散射。图 10-16 反映了散射光强度 I 与微粒尺度 a 和入射光波长 λ 比值的关系，a/λ 小于 1 对应瑞利区，表明散射光不仅与粒子大小有关，也与入射光波长有关，即在微粒直径一定的情况下，入射光波长越短，产生的散射光强度越大，也就是说波长越短的光越易被散射；a/λ 大于 1 对应米氏区，随着粒子的相对尺度增大，散射光强度随波长已经基本不变，说明各种波长具有几乎相同强度的散射，而且散射光中各种波长的比例也和入射辐射中的一致，即散射的程度跟波长无关。

10.4.3.2 分散体系的颜色

纳米粒子的分散体系呈现什么颜色主要取决于分散体系对光的选择性吸收；若分散体系对可见光的各部分吸收很好，而且大致相同，则该分散体系表现为无色；若能较强地选择性吸收某一波长的光，则透过光中该波长部分变弱，这时透过光就不再是白光，透过光呈现出它的补色。例如红色的金溶胶，是由于质点对波长（500～600nm）的可见光（即绿色光）有较强的吸收，因而透过光呈现它的补色即红色。

纳米微粒对光的吸收主要取决于其化学结构。当光照射到微粒上时，如果光子的能量与使分子从基态跃迁到较高能态所需的能量相同时，这些光子的一部分将被吸收，而能量较高和较低的光子不被吸收。与跃迁所需的能量相对应，每种分子都有自己的特征吸收波长。如果其特征吸收波长在可见光范围内，则此物质显色。例如，$AgCl$ 几乎不吸收可见光，所以它是白色的；$AgBr$ 和 AgI 只吸收蓝色光，所以它们呈黄色和深黄色。

纳米粒子分散体系的颜色除与粒子对光的选择性吸收有关外，还与微粒的散射有关。可以用 Beer 光吸收定律来讨论：

$$I = I_0 e^{-cd(E+A)} \tag{10-20}$$

式中，I 和 I_0 分别为透过光和入射光的强度；c 为分散体系浓度；E 为吸收常数，与所选用的浓度单位有关，它表示分散体系对光的吸收能力；d 为吸收层厚度；A 为散射系数，它是粒子半径的函数；$E+A$ 为消光系数。

在金属溶胶中，散射光强度与粒子大小和波长有关。由于金属胶粒对光有强的选择性吸收作用，所以瑞利定律在此不适用。试验证明，金溶胶的散射光强度，在一定波长下，与粒子大小之间的关系均有一极大值。散射光强度极大值随粒子变大向长光波方向移动，即主要散射长光波；散射光强度极大值随粒子变小移向短波长方向，即主要散射短光波，金溶胶的颜色主要取决于光被粒子的吸收和散射。一般来说，粒子较小时，吸收占优势，散射很弱，长波长的光不易被吸收，所以透过光趋向于波长较长的红光部分，溶胶显红色；当粒子较大时，散射增强，而且峰值向长波长方向移动，所以透过光趋向于波长较短的蓝光部分，故溶胶显蓝色。

银溶胶也是一个较典型的例子。其对光的吸收和散射，也因分散度改变而变化（表 10-5）。透射光的颜色主要由光的吸收决定，并且要对着光线的入射方向进行观察；而散射光必须在溶胶的侧面进行观察，这两种颜色常常是互补的。

表 10-5 不同大小粒子的银溶胶的颜色

粒子直径/nm	透射光	侧面光	粒子直径/nm	透射光	侧面光
10～20	黄	蓝	50～60	蓝紫	黄
25～35	红	暗绿	70～80	蓝	棕红
35～45	红紫	绿			

总之，纳米微粒分散体系的颜色是一个相当复杂的问题，它与粒子大小、分散相与分散介质的性质、光的强弱、光的散射和吸收等问题有关，目前还没有一个能说明分散体系颜色的包括多种因素在内的定量理论。

10.5 纳米颗粒的抗磨减摩性及其测试

纳米摩擦学主要包括从纳米尺度上研究摩擦、磨损和润滑现象的本质（包括纳米尺度的摩擦化学）和研究纳米材料的摩擦学特性及其与材料结构特性的关系等。随着纳米摩擦学的深入研究，纳米颗粒在润滑与摩擦学方面具有特殊的抗磨减摩和高载荷能力等摩擦学性质，可以用作润滑油新型抗磨剂。近年来，纳米颗粒在摩擦学领域中的应用越来越受到人们的重视。人们针对纳米颗粒作为润滑油添加剂开展了大量的研究，纳米颗粒作为润滑油添加剂能够改善润滑油的抗磨、减摩、挤压性能，在润滑领域展示了广阔的应用前景。

纳米抗磨剂，也称纳米润滑油添加剂，是一种将纳米微粒分散在基础油中的溶胶，添加到润滑油中具有显著抗磨减摩效果的超微颗粒分散体，通常分散在油中的微粒直径在 10nm 左右，而且不发生团聚。用作润滑油添加剂加以研究的纳米微粒主要有纳米单质、纳米氧化物、纳米氢氧化物、纳米硫化物、纳米硼酸盐、纳米稀土化合物以及聚合物纳米微粒等。其中低熔点金属，例如锡、铟、铋及其合金等，是常用的膜润滑材料和防护材料。这类金属的纳米微粒作为润滑油添加剂有望显著改善润滑油的摩擦学性能。铋纳米微粒添加剂的研究表明，铋是"环境友好"的、与 S、P、Cl 等元素有良好协同性的、唯一可以取代铅的重金属元素。

10.5.1 纳米颗粒的抗磨减摩机理

摩擦与润滑是一个相当复杂的过程，因此纳米润滑添加剂润滑机理的研究是一个非常困难的课题。大量研究表明，纳米颗粒的润滑效果非常强烈地依赖粒子的化学和物理性质、种类、粒径大小、润滑油的类型等。所以对于纳米添加剂在润滑油中的摩擦学作用机制，目前尚无统一的认识，主要有以下 3 种观点。

10.5.1.1　微轴承作用

由于摩擦副表面的凹凸不平，使得接触面凸出的部位承受巨大压力。加入纳米添加剂后，纳米颗粒起到"微轴承"的作用，如图 10-17 所示。由于纳米颗粒近乎球形，在摩擦副间可以像鹅卵石一样自由滚动，可以改变摩擦副之间的滑动摩擦为滚动摩擦，同时起到支撑作用，表现出优异的抗磨减摩和抗挤压性能。并且，由于纳米颗粒的尺寸较小，在摩擦过程中可以填充到磨痕中，对摩擦表面起到一定的修复作用。目前，这种"微轴承"的摩擦原理还缺乏进一步的试验支持，仅仅是一种推测而已。

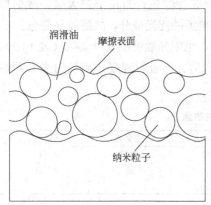

图 10-17　"微轴承"的摩擦原理示意图

10.5.1.2　成膜机制

金属在摩擦过程中会产生塑性变形，大量的能量消耗至少有 90% 转变成热量。这些热量集中在金属表面，瞬时温度可达 500～1000℃，在这样高的温度下，化学反应很容易进行。加之，金属表面在摩擦过程中受到机械能的作用，会发生变形，使表面晶格缺陷处的能量富集，当能量富集到一定程度，超过电子的脱出功时，金属便向外发射外逸电子，从而引起金属与周围介质发生化学变化。另外，摩擦面接触时产生很高的压力，金属晶体在受到摩擦时释放出的成分等因素都容易引发物理、化学变化。

摩擦成膜可分为以下 3 类。

（1）铺展成膜，即润滑介质中的纳米颗粒与活化的金属表面发生物理化学作用而形成化学吸附膜或极性分子直接吸附在摩擦副表面形成物理吸附膜，从而起到抗磨减摩作用。

（2）共晶成膜，即在边界润滑条件下局部的摩擦高温促使润滑介质中纳米颗粒与磨损微粒形成共晶微球，从而在摩擦副表面形成具有滚动润滑功能的保护膜。这种膜还可以填充摩擦表面微观沟谷，改善摩擦表面的密封性能，并且降低摩擦阻力，延长零部件寿命。

（3）沉积成膜，即分散在油品中的纳米颗粒沉积在摩擦副表面，形成一层具有抗磨减摩作用的保护膜，从而在摩擦过程中保护摩擦表面。

10.5.1.3　修复填充机制

分散在润滑油中的纳米颗粒吸附在摩擦表面形成物理吸附膜，在摩擦过程中通过扩散、渗透作用在金属表面形成具有良好摩擦学性能的渗透层和扩散层，尤其在高负载下纳米颗粒中的一种或几种元素渗透到金属表面或亚表面与基体组分形成固溶体，通过吸附、沉积或镶嵌作用填补摩擦表面上的微损伤与微划痕，使摩擦表面光滑、平整，有利于应力的释放和改善摩擦，并且具有一定的修复作用。关于该机制有两点需要说明。

（1）摩擦副表面越平整，承载时接触面越大，纳米颗粒的填充、修复作用对改善摩擦学性能的贡献越大。

（2）在保证纳米颗粒分散性和稳定性的前提下，具有一定粒径分布的纳米颗粒，有利于填充大小不同的摩擦表面微坑，实现更大程度的修复。

这种观点认为，分散在润滑油中的纳米级的添加剂颗粒（如氧化物和氢氧化物）更容易进入摩擦表面，而且具有很高的表面能，因而在摩擦刚刚开始时，这些微粒就吸附在摩擦表面上，形成更厚、易剪切的物理吸附膜，使摩擦副表面很好地分离，提高减摩抗磨效果。不仅如此，纳米微粒中的元素渗透到金属的亚表面或在摩擦副表面上发生化学反应生成一些新的物质，得到坚固耐磨的化学反应膜，在摩擦副表面形成一个光滑保护层，将两摩擦的金属表面隔开。即可以通过选择不同的添加剂或者改变润滑油中添加剂的浓度等，使生成的化学反应膜具有易剪切、塑性高等特点，从而减小接触应力和摩擦系数，降低摩擦和磨损。例如铜纳米润滑油添加剂的作用机理就属于此种观点。胡泽善等测定了纳米硼酸铜作为润滑油添加剂的摩擦学性能。结果表明，硼酸铜使样品油润滑下的摩擦系数略有增大，并且使其抗磨能力及承载能力提高，其最佳添加质量分数为 $0.70\% \sim 1.10\%$。纳米硼酸铜颗粒在摩擦表面发生了化学反应，生成了由 B_2O_3 等组成的表面保护膜。

然而普通的液态润滑剂以及传统的固体润滑剂所形成的膜在许多条件下是不牢固的，容易被破坏掉，而利用纳米颗粒作为润滑油添加剂，由于其自身的独特性质，可以获得很好的润滑效果。

10.5.2 纳米抗磨剂的抗磨减摩性能测试

利用材料端面摩擦磨损试验机，图 10-18 所示为 MMU-10G 型微机控制高温端面摩擦磨损试验机装置。采用四球摩擦磨损试验和止推圈摩擦磨损试验可对纳米抗磨剂的抗磨减摩性能进行测试。

10.5.2.1 四球摩擦磨损试验

（1）试验装置　试验装置如图 10-19 所示。

摩擦过程中，下方的三个球被卡紧固定，主轴带动上方的球转动，与下方的三个球摩擦，摩擦结束后，上方的球出现环形的磨痕，下方的三个球出现圆形的磨斑。摩擦系数由数据终端处理系统记录，磨斑直径通过显微镜观察并记录。所用钢球按照 GB 308—1989 制造，GCr15，二级钢球，硬度为 $64 \sim 66$HRC，直径为 12.7mm。试验机的转速为 1450 r/min，载荷力为 147N，试验温度为 75℃。

（2）试验指标　试验指标包括摩擦系数和磨斑直径。

① 摩擦系数　摩擦系数是指两表面间的摩擦力和作用在其一表面上的垂直力的比值。在润滑油的摩擦学研究中，摩擦系数反映了摩擦引起的能耗大小，摩擦系数数值越小，说明能耗越小，润滑油的减摩效果越好。

图 10-18　MMU-10G 型微机控制高温端面摩擦磨损试验机装置

② 磨斑直径　摩擦过程中，摩擦磨损时留下的摩擦痕迹称为磨斑。磨斑直径大小反映了磨损引起的器械损耗大小。磨斑直径越小，说明器械损耗越小，润滑油的抗磨效果越好。

（3）具体试验步骤

① 将试验用的磨损试验机打开预热 5min，设定转速为 1450r/min，载荷力为 147N，试验温度为 75℃，试验时间为 30min。

② 将油槽和卡具、钢球用石油醚清洗干净并烘干，将清洗完成后的钢球装入油槽和卡

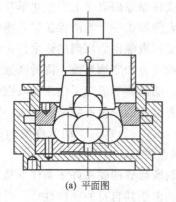

(a) 平面图　　　　　　　　(b) 立体图

图 10-19　四球摩擦磨损试验装置

具内,清洗后的钢球不能用手触摸,随后将装入钢球的油槽和卡具安装到磨损试验机上。

③ 将钢球用镊子夹起,安装在主轴下端。

④ 将配制的添加纳米抗磨剂的润滑油加入油槽内,使润滑油的高度超过球约 3mm。

⑤ 将摩擦试验机的试验力、摩擦系数等数值清零。

⑥ 将油阀打到手动挡,缓慢施加载荷至 40N 左右时,此时将油阀打到自动挡,使载荷缓慢施加至 147N,要避免震动和冲击。

⑦ 当温度升高到 65℃时,打开试验机,待转速稳定后,磨损试验机与电脑时间归零。

⑧ 试验机停止运行后,将油阀由自动挡转向手动挡,缓慢降低压力使油槽向下移动。

⑨ 将油槽取下,倒出润滑油,保存摩擦系数数据,同时将油槽放到金相或电子显微镜下,观察钢球的磨斑,测量其磨斑直径并记录。

⑩ 改变不同种类不同浓度的纳米抗磨剂,重复②～⑨的试验步骤。

⑪ 先关闭油阀,再关闭电源。整理并清洗试验仪器,试验结束。

10.5.2.2　止推圈摩擦磨损试验

(1) 试验装置　试验装置如图 10-20 所示。

摩擦过程中,止推圈与试环以面接触的形式摩擦,产生摩擦系数和磨损量变化。摩擦系数由数据终端处理系统记录,磨损量通过电子天平称量并记录磨损质量变化。试验所用止推圈为 45 号

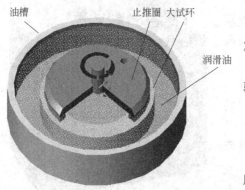

图 10-20　止推圈摩擦磨损试验装置

钢,淬火到 45～50HRC,外径为 50mm,内径为 42mm,厚度为 5mm;试环为 45 号钢,淬火到 44～46HRC,外径为 54mm,内径为 38mm,厚度为 10mm。试验机转速为 1200 r/min,载荷力为 200N,试验温度为 75℃,时间为 30min。

(2) 试验指标　试验指标包括摩擦系数、磨损质量及摩擦副表面形貌变化及元素组成。

① 摩擦系数　在润滑油的摩擦学研究中,摩擦系数反映了摩擦引起的能耗大小,摩擦系数数值越小,说明能耗越小,润滑油的减摩效果越好。

② 磨损质量　摩擦过程中引起的摩擦副质量变化。磨损质量大小反映了磨损引起的器械损耗大小。磨损质量越小,说明器械损耗越小,润滑油的抗磨效果越好。

③ 摩擦副表面形貌变化及元素组成　摩擦过程中，摩擦副表面的形貌会有所变化，表现为表面有划痕。表面划痕越浅，说明磨损越小，表面润滑程度越高。摩擦前后若摩擦副表面出现了纳米添加剂中所含的元素，则说明摩擦过程中，纳米添加剂对摩擦副表面进行了修复。

（3）具体试验步骤

① 将试验用的磨损试验机打开预热 5min，设定转速为 1200r/min，载荷力为 200N，试验温度为 75℃，试验时间为 30min。

② 将试验用的止推圈和试环用石油醚超声波清洗 30min，烘干，然后用电子天平称量试环的质量并记录。

③ 将止推圈安装到磨损试验机上主轴下端。

④ 将试环安装到油槽上，把润滑油加入油槽中，使润滑油高度超过试环高度约 3mm。

⑤ 将油杯放在油杯座上，将试验力、摩擦系数清零。

⑥ 将油阀打到手动挡，缓慢施加载荷至 55N 左右时，此时将油阀打到自动挡，使载荷缓慢施加至 200N，要避免震动和冲击。

⑦ 当温度升高到 65℃时，打开试验机，待转速稳定后，磨损试验机与电脑时间归零。

⑧ 试验机停止运行后，将油阀由自动挡转向手动挡，缓慢降低压力使油槽向下移动。

⑨ 将油槽取下，倒出润滑油，保存摩擦系数数据，同时将试环用石油醚清洗干净，然后用电子天平称量其质量并记录。

⑩ 改变不同种类不同浓度的纳米抗磨剂，重复②～⑨的试验步骤。

⑪ 先关闭油阀，再关闭电源。整理并清洗试验仪器，试验结束。

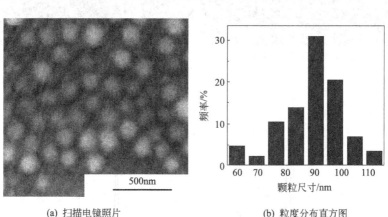

(a) 扫描电镜照片　　　　　　　(b) 粒度分布直方图

图 10-21　$ZnAl_2O_4$ 纳米颗粒的扫描电镜照片及其粒度分布直方图

对如图 10-21 所示平均粒度为 95nm 的 $ZnAl_2O_4$ 颗粒的纳米抗磨剂进行抗磨减摩试验，图 10-22 为测得的四球摩擦摩擦系数值随纳米 $ZnAl_2O_4$ 添加浓度变化的曲线。从图中可以看出，添加 $ZnAl_2O_4$ 颗粒后摩擦系数与纯润滑油试验相比均有所降低。当 $ZnAl_2O_4$ 作为添加剂的添加浓度为 0.1％时摩擦系数最小，摩擦系数降幅达 33％。低于或者高于这个浓度时，摩擦系数降幅都是减小的，减摩效果不能达到最佳。

图 10-23 为止推圈摩擦磨损试验后摩擦副表面扫描电镜照片 ［图 10-23(a)、(b) 分别为使用纯润滑油和使用添加了 $ZnAl_2O_4$ 纳米颗粒的润滑油摩擦试验后的表面］ 及图 10-23(b) 表面的能谱分析。从图 10-23(a) 可以看出，没有添加纳米颗粒的空白润滑油试样经摩擦试验

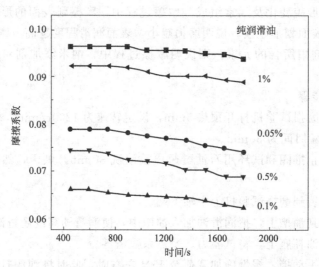

图 10-22　不同改性纳米 ZnAl₂O₄ 添加量的平均摩擦系数

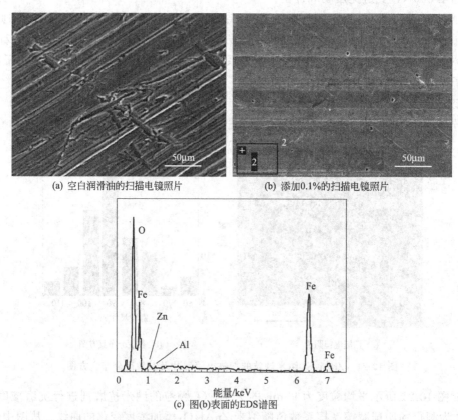

(a) 空白润滑油的扫描电镜照片　　　(b) 添加0.1%的扫描电镜照片

(c) 图(b)表面的EDS谱图

图 10-23　止推圈表面形貌的扫描电镜照片及图(b) 表面的 EDS 谱图

之后，试环摩擦表面划痕较深、较宽，有明显划痕和犁沟，表层有脱落现象；对比图 10-23(b) 可以发现，加入纳米颗粒后，摩擦表面较平整，划痕变得平滑且较细，犁沟较浅、较窄。这 说明加入纳米颗粒后的润滑油与使用空白润滑油相比具有了更加优良的抗磨性能。为了对摩 擦表面进行元素分析，对图 10-23(b) 表面做了能谱分析，如图 10-23(c) 所示，摩擦表面 上检测到了 Zn 和 Al 元素，Zn 和 Al 元素的能谱信号与 Fe 元素的相比要弱得多，说明 Zn

和 Al 元素的量与 Fe 元素的相比要少得多，但也仍然能够证明在使用添加有 $ZnAl_2O_4$ 纳米颗粒的润滑油摩擦的过程中有 $ZnAl_2O_4$ 沉积到了摩擦表面上，可见在摩擦过程中，润滑油中的复合纳米颗粒向摩擦表面发生了转移。由此可以推断纳米颗粒之所以发挥抗磨减摩的作用，原因可能是"自修复机理"和"微轴承机理"。"自修复机理"认为被摩擦表面既存在摩擦副表面物质磨损的过程，同时也存在纳米粒子向摩擦副表面沉积的自修复过程，在摩擦进行过程中纳米添加剂与摩擦副表面的元素发生化学变化，生成坚硬的化学沉积膜牢固地附着在摩擦副表面，使得摩擦表面变得更加平滑，填补了摩擦面原有的划痕，从而显著提高润滑油的抗磨性能。"微轴承机理"认为作为添加剂的球形纳米颗粒可以看成是一个个微小的轴承，这样在摩擦的过程中这些微小的轴承分布在两个摩擦表面之间，将摩擦副分隔开并使得摩擦副变滑动摩擦为滚动摩擦，减小了摩擦系数，从而显著提高润滑油的减摩性能。

参 考 文 献

[1] 张立德. 超微粉体制备与应用技术 [M]. 北京：中国石化出版社，2001.

[2] 果世驹. 粉末烧结理论 [M]. 北京：冶金工业出版社，1998.

[3] 关振铎，张中太，焦金生. 无机材料物理性能 [M]. 北京：清华大学出版社，1992.

[4] 李金凯. 纳米流体导热性能及其在热管中应用的研究 [D]. 济南：济南大学，2010.

[5] 李艳娇，赵凯，罗志峰，周敬恩. 纳米流体的研究进展 [J]. 材料导报，2008，22 (11)：87-92.

[6] Keblinski P. Int J Heat Mass Transfer，2002，45：855-889.

[7] Eastman J A, Phillpot S R, Choi S U S, et al. An Rev Mater Res，2004，34：219-223.

[8] Xie H Q, Xi T G, Wang J C. Acta Phys Sinica，2003，52：1444-1450.

[9] 李建宇. 稀土发光材料及其应用 [M]. 北京：化学工业出版社，2003.

[10] 程守洙，江之永. 普通物理学 [M]. 第 4 版. 北京：高等教育出版社，1982.

[11] 张中太，张俊英. 无机光致发光材料及应用 [M]. 北京：化学工业出版社，2005.

[12] 洪广言. 稀土发光材料——基础与应用 [M]. 北京：科学工业出版社，2011.

[13] 王零森. 特种陶瓷 [M]. 长沙：中南工业大学出版社，2000.

[14] 宋小云. 球形氧化物颗粒的制备及其抗磨减摩性能 [D]. 济南：济南大学，2014.

第 11 章
超微粉体的化学特性与测试

11.1 超微粉体的吸附特性

11.1.1 基本原理

和液体一样，固体材料表面也有表面张力和表面能，但固体表面的分子或原子不能自由移动，只能靠降低界面张力的办法来降低表面能，这就是固体表面能产生吸附作用的根本原因。粉体材料特别是微纳粉体或多孔粉体具有大的比表面积，其表面粗糙度更大，表面层的组成与颗粒内部变化更显著，因此其吸附作用相比一般的固体材料更为强烈。如常见的活性炭、硅胶、活性氧化铝、分子筛、硅藻土等，纳米粉体或具有介孔结构的粉体材料等。

吸附分为物理吸附和化学吸附，物理吸附也称范德华吸附，它是吸附质和吸附剂以分子间作用力为主的吸附。化学吸附是吸附质和吸附剂以分子间的化学键为主的吸附。

物理吸附，它的严格定义是某个组分在相界层区域的富集。物理吸附的作用力是固体表面与气体分子之间，以及已被吸附分子与气体分子之间的范德华引力，包括静电力、诱导力和色散力。物理吸附过程不产生化学反应，不发生电子转移、原子重排及化学键的破坏与生成。由于分子间引力的作用比较弱，使得吸附质分子的结构变化很小。

在吸附过程中材料不改变原来的性质，因此吸附能小，被吸附的物质很容易再脱离，如用活性炭吸附气体，只要升高温度，就可以使被吸附的气体被逐出活性炭表面。

化学吸附，是指吸附剂与吸附质之间发生化学作用，生成化学键引起的吸附，在吸附过程中不仅有物理引力，还产生化学键的力，因此吸附能较大，要逐出被吸附的物质需要较高的温度，而且被吸附的物质即使被逐出，也已经产生了化学变化，不再是原来的物质了，一般催化剂都是以这种吸附方式起作用。

11.1.2 粉体吸附水中污染物性能的测试

利用具有大比表面积粉体材料的吸附特性，在环境污染物去除以及催化剂载体方面得以应用。下面以活性炭为例，介绍利用多孔粉体或超微粉体的吸附特性去除水中污染物的测试方法。

11.1.2.1 **试验原理**

活性炭处理工艺是运用吸附的方法来去除异味、某些离子以及难以进行生物降解的有机污染物。在吸附过程中，活性炭比表面积起着主要作用。同时，被吸附物质在溶剂中的溶解度也直接影响吸附的速率。此外，pH 值的高低、温度的变化和被吸附物质的分散程度也对吸附速率有一定影响。

活性炭对水中所含杂质的吸附既有物理吸附现象，也有化学吸着作用。有一些被吸附物质先在活性炭表面上积聚浓缩，继而进入固体晶格原子或分子之间被吸附，还有一些特殊物质则与活性炭分子结合而被吸着。

当活性炭对水中所含杂质吸附时，水中的溶解性杂质在活性炭表面积聚而被吸附，同时也有一些被吸附物质由于分子的运动而离开活性炭表面，重新进入水中即同时发生解吸现象。当吸附和解吸处于动态平衡状态时，称为吸附平衡。这时活性炭和水（即固相和液相）之间的溶质浓度，具有一定的分布比值。如果在一定压力和温度条件下，用 m 克活性炭吸附溶液中的溶质，被吸附的溶质为 X 毫克，则单位质量的活性炭吸附溶质的量 q_e 即吸附容量可按下式计算：

$$q_e = \frac{X}{m} \tag{11-1}$$

$$X = V(C_0 - C)$$

式中　q_e——吸附容量，mg/g；

　　　C——吸附平衡浓度，mg/L；

　　　C_0——吸附质初始浓度，mg/L；

　　　V——水样体积，mL。

q_e 的大小除了取决于活性炭的品种之外，还与被吸附物质的性质、浓度、水的温度及 pH 值有关。一般来说，当被吸附的物质能够与活性炭发生结合反应、被吸附物质又不容易溶解于水而受到水的排斥作用，而且活性炭对被吸附物质的亲和作用力强、被吸附物质的浓度又较大时，q_e 值就比较大。

描述吸附容量 q_e 与吸附平衡时溶液浓度 C 的关系有 Langmuir、BET 和 Fruendlich 吸附等温式。在水和污水处理中通常用 Fruendlich 表达式来比较不同温度和不同溶液浓度时的活性炭的吸附容量，即：

$$q_e = KC^{\frac{1}{n}} \tag{11-2}$$

式中　q_e——吸附容量，mg/g；

　　　C——吸附平衡时的溶液浓度，mg/L；

　K，n——与溶液的温度、pH 值以及吸附剂和吸附质的性质有关的常数，通常 n 大于 1。

K、n 的求法是，式(11-2) 为一个经验公式，通常用图解方法求出 K、n 的值. 为了方便易解，多将式(11-2) 取对数变形，即：

$$\lg q_e = \lg K + \frac{1}{n} \lg C$$

当 q_e、C 相应值点绘在双对数坐标纸上，所得直线斜率为 $1/n$，由直线的截距可以求得 K。

11.1.2.2 **试验装置与设备**

采用间歇性吸附试验操作方法，常采用三角烧杯内装入活性炭和水样进行振荡方法。使用的仪器设备主要有振荡器、pH 计（或精密 pH 试纸）、粉末状活性炭、500mL 三角瓶、亚甲基蓝溶液、250mL 量筒、分析天平、温度计（刻度 0～100℃）、分光光度计、称量纸、100mL 容量瓶。

11.1.2.3 试验步骤

（1）绘制亚甲基蓝标准曲线 用移液管分别吸取浓度为 100mg/L 亚甲基蓝标准溶液 5mL、10mL、20mL、30mL、40mL 于 100mL 容量瓶中，用蒸馏水稀释至 100mL 刻度处，摇匀，以蒸馏水作为参比，在波长 470nm 处，用 1cm 比色皿测定吸光度，绘出标准曲线。

（2）吸附动力学试验

① 测定一定浓度亚甲基蓝原水水样温度、pH 值、吸光度。

② 用称量纸准确称量 60mg 粉末活性炭分别置于 8 个 500mL 三角瓶内。

③ 用量筒分别准确量取 200mL 原水倒入上述三角瓶内，再置于振荡器上（120r/min，25℃），并且开始计时。

④ 在 5min、10min、20min、30min、50min、70min、90min、120min 时各从振荡器上取出一个三角瓶，并且立即用注射针筒和滤膜过滤活性炭，取滤出液测定吸光度，并且根据亚甲基蓝标准曲线换算浓度并记录。

⑤ 绘制 C-t 曲线，分析达到吸附平衡的时间。

（3）吸附等温线试验

① 准确称量 10mg、20mg、30mg、40mg、50mg、60mg 活性炭分别置于 500mL 三角瓶内。

② 用量筒分别准确量取 200mL 原水倒入上述三角瓶内，将三角瓶置于振荡器上，并且同时计时。

③ 根据吸附动力学试验所确定的达到吸附平衡的时间进行振荡，停止振荡后，对每个三角瓶中溶液用注射针筒和滤膜过滤活性炭，取滤出液测定吸光度，并且根据亚甲基蓝标准曲线换算浓度并记录。

④ 以 $\lg q_e$ 为纵坐标、$\lg C$ 为横坐标绘制 Fruendlich 吸附等温线。

⑤ 从吸附等温线上求出 K 和 n，代入式(11-2)，求出 Fruendlich 吸附等温式。

在进行此试验时需要注意以下事项。

① 注意正确操作分光光度计。

② 原水吸光度需经滤膜滤过后测定。

③ 准确称取活性炭、准确量取原水，以减少试验误差。

④ 做吸附动力学试验时，为减少试验误差，在每一个三角瓶内加完水样后立即放入振荡器，并且同时计时。

11.2 超微粉体的催化特性

11.2.1 粉体的非均相催化特性

随着颗粒尺寸的减小，其急剧增加的新生表面对材料的吸附和催化特性将有显著影响。催化反应大致可分为均相催化反应与非均相催化反应两大类：前者指催化剂与反应物处于均匀的气相或液相中进行反应；后者指催化剂和反应物在不同的相中，例如催化剂为固体微粒，反应物为气相或液相，反应在催化剂表面进行，因此反应速率与催化剂的比表面积、电子结构、缺陷等有关。本节仅简要介绍非均相催化及其与催化剂颗粒特性的关系。

对于非均相催化反应，为了提高催化效率，增加催化剂的比表面积，即减小颗粒尺寸是必要的，但并不是唯一的。有的催化剂在合适的颗粒尺寸时往往会呈现催化效率的极大值，因而有必要研究催化剂颗粒尺寸、表面状态对催化活性的影响。催化剂除改变化学反应速率外，另一个基本性质是应当具有高的选择性，对所需要的反应进行选择性的催化加速，而对不需要的反应则起着抑制作用。例如乙醇分解时，如采用 Al_2O_3 为催化剂其生成物为乙烯；当采用金属银、铜为催化剂时生成物却为乙醛。

Bond 将颗粒尺寸对催化作用的影响大致分为三大类。

(1) 氧化过程　通常催化反应速率随颗粒尺寸减小而降低。例如：

$$2C_3H_6 + 9O_2 \xrightarrow{Pt/\gamma\text{-}Al_2O_3} 2CO_2 + 2H_2O$$

当 Pt 颗粒尺寸由 1.44nm 减小至 1.1nm 时，催化反应速率降低 12/13。又如：

$$2CO + O_2 \xrightarrow{Pt/\alpha\text{-}Al_2O_3} 2CO_2$$

当颗粒尺寸由 100nm 减小至 2.8nm 时，催化反应速率降低 9/10。

(2) 烷烃转换　如氢解、骨架异构化、差向异构化，通常催化反应速率随颗粒尺寸减小而增加，但亦有例外。例如乙烷氢解，如用 $Pd/Al_2O_3 + Cr$ 作催化剂，当颗粒尺寸由 6.4nm 减小至 0.5nm 时，催化反应速率显著增加；如用 Ni/SiO_2 作催化剂，当颗粒尺寸由 22nm 减小至 2.5nm 时，催化反应速率增加 10 倍。丙烷氢解以 Ni/SiO_2 作催化剂，当颗粒尺寸由 22nm 减小至 2.5nm，发现在 6nm 时催化反应速率呈现极大值。

(3) 某些同位素交换以及氢解反应　通常催化反应速率随颗粒尺寸减小而降低。例如：

$$CO + 3H_2 \xrightarrow{Ni/SiO_2} CH_4 + H_2O$$

当颗粒尺寸由 12nm 减小至 0.5nm 时，随颗粒尺寸变小催化反应速率亦降低。

由此可见，在非均相反应中，催化反应速率与催化剂颗粒尺寸大小缺乏简单的比例关系。因此，催化作用不仅与颗粒比表面积有关，还与其表面电子状态有关，即与暴露的不同取向的晶面有关。甚至有人认为还与颗粒内含奇数或偶数电子有关。从理论、试验上深入地研究催化作用与催化剂颗粒尺寸、表面状态的关系无疑是必要的。

例如，稀土氧化物 CeO_2 由于晶格中有氧化还原离子对（Ce^{3+}/Ce^{4+}），因而具有独特的氧化还原性能，即较高的储存与释放氧能力，因此被广泛应用于非均相催化反应中，特别是以 CeO_2 为助剂或载体的催化剂，在固体氧化物燃料电池、汽车尾气净化、水气变换、甲烷、甲醛、乙醇及 CO 完全氧化和醇类重整制氢等反应中显示出了良好的催化性能。一般来说，小尺寸、大比表面积的 CeO_2 纳米颗粒表现出了较高的催化活性和选择性，即催化中的纳米粒子效应。然而，近期研究也发现，CeO_2 的催化性能不仅与粒子大小有关，而且与形貌密切相关。

CeO_2 为立方晶系萤石结构型氧化物，Ce 有 Ce^{4+} 和 Ce^{3+} 两种氧化态，容易发生氧化还原循环，在贫氧或还原条件下，CeO_2 表面的一部分 Ce^{4+} 被还原成 Ce^{3+}，并且产生氧空位，形成一系列非化学计量比的具有氧缺陷结构的 CeO_{2-x}（$0 < x < 0.5$）氧化物；当在富氧或氧化条件下，Ce^{3+} 又被氧化为 Ce^{4+}，使 CeO_{2-x} 转化成 CeO_2，从而表现出很强的储氧功

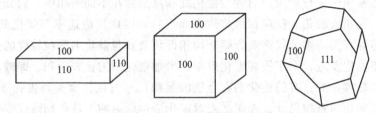

图 11-1 不同形貌的 CeO_2 纳米颗粒表面不同的晶面取向

能。CeO_2 晶体结构中有三个低米勒指数的晶面，即稳定和低能的（111）晶面、不太稳定的（110）晶面和高能的（100）晶面。为了降低表面能，CeO_2 在晶体生长过程中，具有较高表面能的（110）和（100）晶面生长速率更快，因而，通常情况下 CeO_2 晶粒优先显露在低能的（111）晶面。理论研究表明，产生氧空位所需要的能量与显露晶面的稳定性密切相关，遵循以下次序：（100）＜（110）＜（111）。因此，通过形貌控制合成纳米尺度的 CeO_2 材料，使其选择性地暴露出高度活泼晶面，有可能在多相催化反应中提供更多的活性位。例如通过可控的水热合成，可以得到显露不同晶面的纳米尺度的 CeO_2 多面体 [8 个（111）面和 6 个（100）面]、纳米棒 [4 个（110）面和 2 个（100）面] 和纳米立方体 [6 个（100）面]，如图 11-1 所示。其中，对于 CeO_2 纳米棒和纳米立方体，由于体相氧容易向表面迁移，氧储存同时发生在表面和体相；但对纳米尺度的 CeO_2 多面体而言，氧储存仅仅限制在表面。因此，可以认为 CeO_2 的储氧能力与其显露的晶面密切相关，（100）面具有最高的储氧能力，其次是（110）面，再次是（111）面。也有研究者发现，CeO_2 纳米管因其显露管外和管内两个可利用的表面，与常规粒子相比，有更大的表面-体积比率，因而显示出更好的还原和氧储存能力。

11.2.2 粉体的光催化特性

光催化是纳米半导体材料的独特性能之一，这种材料在光的照射下，通过把光能转变成化学能，从而促进有机物的合成或使有机物降解的过程称为光催化。近年来，人们在实验室里利用纳米半导体微粒的光催化性能进行海水分解提取 H_2，对 TiO_2 纳米粒子表面进行 N_2 和 CO_2 的固化都获得成功。人们把上述化学反应过程归结为光催化过程。光催化原理如图 11-2 所示。当半导体氧化物（如 TiO_2）纳米粒子受到大于禁带宽度能量的光子 $h\nu$ 照射后，电子由价带（value band，VB）跃迁到导带（conduct band，CB），产生了电子-空穴对，电子具有还原性，空穴具有氧化性，吸附在纳米颗粒表面的溶解氧俘获电子形成超氧负离子，而空穴将吸附在颗粒表面的氢氧根离子和水氧化成氢氧自由基。而超氧负离子和氢氧自由基具有很强的氧化性，能将绝大多数的有机物氧化至最终产物 CO_2 和 H_2O，甚至对一些无机物也能彻底分解。例如，可以将酯类氧化变成醇，醇再氧化变成醛，醛再氧化变成酸，酸进一步氧化变成 CO_2 和水。进行光催化分解水制氢气或氧气，则是利用在催化剂粒子表面分离的电子和空穴分别将水还原成氢气或将水氧化成氧气。光催化氧化降解有机物属于降低能垒反应，此类反应的 $\Delta G < 0$，反应过程不可逆。光催化分解水则属于升高能垒的反应，该类反应的 $\Delta G > 0$（$\Delta G = 237kJ/mol$）。

半导体的光催化活性主要取决于导带与价带的氧化还原电位，价带的氧化还原电位越正，导带的氧化还原电位越负，则光生电子和空穴的氧化及还原能力就越强，从而使光催化

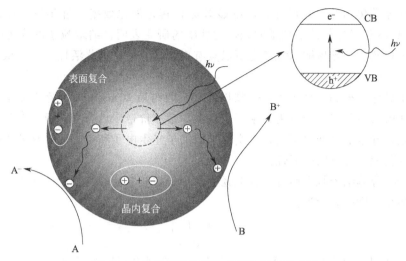

图 11-2　纳米半导体颗粒光催化原理示意图

降解有机物或分解水制氢气和氧气的效率大大提高。另外，导带与价带之间的吸收带隙应尽可能窄，以便最大限度地利用太阳光中的可见光部分作为催化剂的激活光源。

目前广泛研究的半导体光催化剂大都属于宽禁带的 n 型半导体氧化物和硫化物，已研究的光催化剂有 TiO_2、ZnO、CdS、WO_3、Fe_2O_3、PbS、SnO_2、In_2O_3、ZnS 和 $SrTiO_3$ 等十几种，这些半导体氧化物都有一定的光催化降解有机物的活性，但因其中大多数易发生化学或光化学腐蚀，不适合作为净水用的光催化剂，而 TiO_2 粒子不仅具有很高的光催化活性，而且具有耐酸碱和光化学腐蚀、成本低、无毒等特点，这就使它成为当前最有应用潜力的一种光催化剂。如图 11-3 所示，TiO_2 的禁带带隙 E_g 为 3.2eV，导带带边电位刚好在氢电极电位之上（氢的标准电极电势为 0），价带带边电位则处于氧电极电位之下（氧的标准电极电势为 1.23V），因此根据公式 $\lambda = \dfrac{1240}{E}$ 可知，在波长为 388 nm 的近紫外线照射下，TiO_2 粒子吸收该光子后产生的光生电子和空穴将具有强的还原和氧化能力，如进行催化分解水生成氢气和氧气，或进行催化降解水中的各种污染物，是一种极具前途的光催化材料。

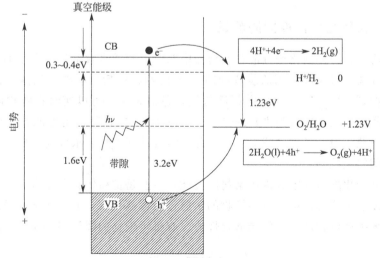

图 11-3　TiO_2 带隙及带边电位示意图

减小半导体催化剂的颗粒尺寸，可以显著提高其光催化效率。近年来，通过对 TiO_2、ZnO、CdS、PbS 等半导体纳米粒子的光催化性质的研究表明，纳米粒子的光催化活性均优于相应的体相材料。半导体纳米粒子之所以具有更为优异的光催化活性，一般认为有以下几方面的原因。

(1) 当半导体粒子的粒径小于某一临界值（一般约为 10nm）时，量子尺寸效应变得显著，电荷载体就会显示出量子行为，主要表现在导带和价带变成分立能级，能隙变宽，价带电位变得更正，导带电位变得更负，这实际上增加了光生电子和空穴的氧化还原能力，提高了半导体光催化氧化有机物的活性。

(2) 对于半导体纳米粒子而言，其粒径通常小于空间电荷层的厚度，在离开粒子中心的 L 距离处的势垒高度可表示为：

$$\Delta V = \frac{1}{6}\left(\frac{L}{L_D}\right)^2 \tag{11-3}$$

这里，L_D 是半导体的德拜长度，在此情况下，空间电荷层的任何影响都可以忽略，光生载流子可通过简单的扩散从粒子的内部迁移到粒子的表面而与电子给体或受体发生氧化或还原反应。由扩散方程 $\tau = \frac{r}{\pi^2 D}$，式中，τ 为扩散平均时间，r 为粒子半径，D 为载流子扩散系数。计算表明，在粒径为 $1\mu m$ 的 TiO_2 粒子中，电子从内部扩散到表面的时间约为 100ns，而在粒径为 10nm 的微粒中只有 10ps，由此可见，纳米半导体粒子的光致电荷分离的效率是很高的。Gratzel 等的研究显示，电子和空穴的俘获过程是很快的，如在二氧化钛胶体粒子中，电子的俘获在 30ns 内完成，而空穴相对较慢，约在 250ps 内完成，这意味着对纳米半导体粒子而言，半径越小，光生载流子从体内扩散到表面所需的时间越短，光生电荷分离效果就越高，电子和空穴的复合概率就越小，从而导致光催化活性的提高。

(3) 纳米半导体粒子的尺寸很小，处于表面的原子很多，比表面积很大，这大大增强了半导体光催化吸附有机污染物的能力，从而提高了光催化降解有机污染物的能力。研究表明，在光催化体系中，反应物吸附在催化剂的表面是光催化反应的一个前置步骤，纳米半导体粒子强的吸附效应甚至允许光生载流子优先与吸附的物质反应，而不管溶液中其他物质的氧化还原电位的顺序。

11.2.3 粉体光催化性能的测试

在光照作用下，粉体催化剂分散在水溶液中制氢，需通过收集反应产生的气体量来评价催化剂的催化性能。目前最常用的装置如图 11-4 所示，包括反应器、气体取样部件、气密循环系统以及抽真空装置，气体取样部件与气相色谱相连，可以实时在线检测气体的产生量。光源为高压汞灯（紫外线为主）或氙灯（可见光为主），通过附加滤光片或滤光溶液得到所需波段的光源。由于气体的特殊性，因此对装置的气密性要求较高，操作过程中通过转动特殊设计的阀门来控制。

评价粉体光催化降解水中有机污染物的性能，一般是把粉体分散在含某种已知的特定模拟有机污染物的水中或含模拟有机污染物的水通过粉体流化床，通过测试光照前后水中有机污染物的降解率来评价粉体材料的光催化性能。有机污染物的降解率 D 可采用下式计算：

$$D = \frac{C_0 - C}{C_0} \times 100\% \tag{11-4}$$

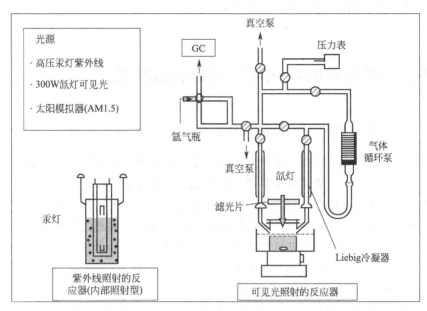

图 11-4 粉体光催化分解水制氢试验装置示意图

式中，C_0 和 C 分别为光照前后水中有机污染物的浓度，利用各种有机污染物在水溶液中在紫外线至可见光范围内有特定波长吸收，根据 Lambert-Beer 定律，水溶液对某特定波长的吸光度与相应有机污染物的浓度成正比，因而有机污染物的降解率则可利用紫外-可见分光光度计测试水溶液在光照前后的吸光度 A 来表示，即：

$$D = \frac{C_0 - C}{C_0} = \frac{A_0 - A}{A} \times 100\%$$

式中，A_0 和 A 分别为光催化前后水溶液对某特定波长的吸光度。不同的有机物对应不同的吸收波长，如常用的模拟有机污染物甲基橙，最大吸收波长为 462nm，亚甲基蓝的最大吸收波长为 664nm。图 11-5 是将粉体催化剂材料与臭氧相耦合在光照作用下对水中有机污染物强力去除的反应装置示意图。粉体催化剂对水中有机污染物降解率的测试过程可参考

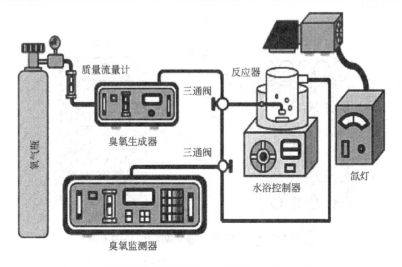

图 11-5 粉体光催化降解水中有机污染物反应系统示意图

本章 11.1.2 节粉体吸附水中污染物的性能测试过程。

11.3 超微粉体的电化学可循环储能特性

11.3.1 可充电电源与电极活性材料

众所周知，二次电池（可充电电池）的原理是正负电极活性材料在充放电状态下发生可逆的氧化还原反应，根据电极活性材料的存在形态，当前乃至今后的主流电化学可循环储能电源可分为三类：正负电极活性材料均以固体的形态存在，这类电源主要有锂（钠）离子电池、超级电容器、镍氢电池；正负电极活性材料均以熔融态或液态的形式存在，这类电源主要有钠硫电池和液流电池；正极活性物质为空气（主要是空气中的氧气），负极活性材料为锂或钠金属，这类极有发展前景的二次电源有锂空气电池和钠空气电池。本节主要针对应用于第一类二次电池的电极活性材料进行介绍。

锂离子电池和超级电容器能有效实现化学能与电能的可循环转换，具有容量高、寿命长、绿色环保等优点，是当今乃至今后最为重要的化学储能电源。进行储能并完成可逆转换的关键在于其使用的电极活性材料。如图 11-6 所示，锂离子电池分别用两个能可逆地嵌入与脱嵌锂离子的化合物作为正负极的活性材料，当电池充电（charge）时，锂离子从正极中脱嵌，正极活性材料失电子发生氧化反应，在负极中嵌入锂离子，负极活性材料得电子

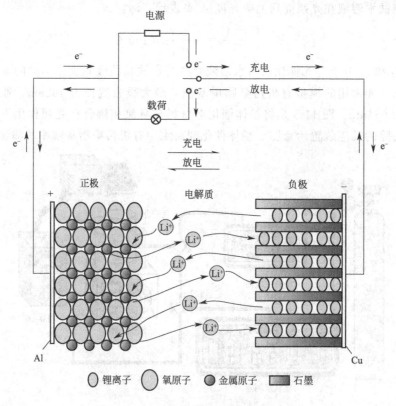

图 11-6　锂离子电池工作原理示意图

发生还原反应，外部输入的电能以化学能的形式存储在电极活性材料中；放电（discharge）时恰好相反，锂离子从负极中脱嵌，负极活性材料失电子发生氧化反应，在正极中嵌入锂离子，正极活性材料得电子发生还原反应，存储在电极活性材料中的化学能转变成电能向外输出做功，从而实现化学能与电能的可逆转换。超级电容器与锂离子电池工作原理相似，充放电时活性材料发生的可逆氧化还原反应也主要为质子（即 H^+）或锂离子的嵌入和脱嵌，不同在于电极活性材料的氧化还原反应主要发生在材料表面和距离表面极薄的体相中，因而其具有快速的充放电能力。锂离子电池正极活性材料一般选择相对锂而言电位大于 3.5 V 且结构稳定的嵌锂过渡金属氧化物，如氧化钴锂、氧化镍锂、氧化锰锂、三元正极材料 $[Li(Co_xNi_yMn_{1-x-y})O_2$，$0<x,y<1]$ 和 $LiFePO_4$（磷酸亚铁锂），作为负极的活性材料则选择电位尽可能接近锂电位的可嵌入锂的化合物，如各种碳材料和金属氧化物。因超级电容器与锂离子电池工作原理相似，因此许多用于锂离子电池的电极材料也可用于超级电容器电极的活性材料，如各种碳材料和多种金属氧化物等，此外，一些导电聚合物如聚苯胺、聚吡咯等也被用于超级电容器的电极活性材料。

基于离子嵌入与脱出反应机制的电极活性材料，其共同特点是能满足离子顺利地进出，而其自身的物相结构不发生变化，目前商用锂离子电池和超级电容器所采用的电极活性材料多是基于这种反应机制。除此之外，还有一类电极活性材料是基于相转化机制的氧化还原反应实现充电和放电，2000 年，法国科学家 Tarascon 首先在《Nature》上报道了 3d 过渡金属氧化物用于锂离子电池负极材料的电化学性能，尽管 3d 过渡金属氧化物本身通常并不具备嵌锂功能，其所含金属元素也不能够与锂形成合金，但他们发现该类材料能够通过转化反应（或称为相转化反应）机制（或连续的嵌锂、转化反应两步机制）与锂离子发生多电子可逆氧化还原反应，从而能够与传统锂离子电池电极材料一样具备储锂能力。随后，人们陆续发现一些简单的过渡金属化合物（氟化物、硫化物和磷化物等），如 FeF_3、NiF_2、FeS_2、CoS_2 和 NiP_2 等，也能够与锂离子发生转化反应。这类过渡金属化合物材料的颗粒尺度处于纳米范围内时，由于纳米尺度效应（表面自由能增大，材料反应活性增强），它们与锂离子之间的氧化还原反应会呈现出高度的可逆性和比传统电极材料高出 2～4 倍的储锂容量，而且在低电极电位下还能够通过界面电荷储锂机制进一步增强其储锂能力。因此，基于转化反应机制而实现储锂功能的过渡金属化合物作为锂离子电池的电极材料，已受到大量科研工作者的关注和研究，是极具潜力的新一代锂离子电池电极活性材料。

如图 11-7 所示，对于锂离子嵌入脱出反应机制，在放电过程中，过渡金属化合物电极材料能够为锂离子的嵌入提供所需的"空位"，锂离子嵌入脱出反应的结果是过渡金属化合物中某个元素化合价发生变化，但过渡金属化合物的结构框架通常没有太大改变。对于相转化反应机制，在首次放电过程中，锂离子与过渡金属化合物发生完全的还原反应，生成锂化合物和过渡金属纳米颗粒，材料的初始结构完全改变，而且过渡金属纳米颗粒均匀嵌入在 Li_nX 中，形成 Li_nX/M 纳米复合相，在随后的充电过程中，材料发生氧化反应，Li_nX/M 纳米微晶复合物中的锂迁出且又生成 M_nX_m，但其结构有可能和初始结构不同。上述放电产物中形成的锂化物 Li_nX，无论是 LiF 还是 Li_2O 都是热力学上高度稳定产物，通常都不具备良好的电化学活性，Li 与 F 的电负性相差 3，Li 与 O 为 2.5，因而 LiF 和 Li_2O 的电子和离子传导性都很差，常态下它们电化学分解分别要在 6.1V、5V 下才能实现。一个独特的现象是 LiF 或 Li_2O 能够在纳米过渡金属的催化作用下，实现在 0.01～4.5V 之间的可逆形成和分解。从热力学考虑，纳米材料的能带结构发生显著的变化，表面能的贡献更加突出，纳

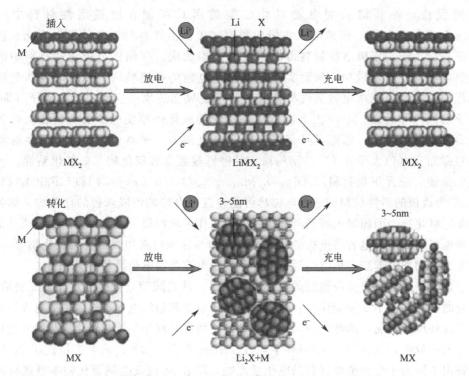

图 11-7　锂离子电池电极活性材料的锂离子嵌入脱出与转化反应机制模型

米材料的电化学势与体相材料将存在一定差异。从动力学考虑，纳米电极材料内部电荷分布遍及整个颗粒，离子和电子在颗粒内部的输运受其影响更加突出。此外，参与电化学反应的比表面积显著增加，界面的输运过程更加显著，载流子的输运路径大大缩短。因而，在过渡金属化合物首次放电过程中产生的纳米微晶复合物颗粒状态下，尤其是这一纳米微晶复合物颗粒是在首次电化学还原过程中在电极材料内部形成时，该颗粒的外表被 $Li_n X$ 包覆，不存在类似外部制备的纳米结构粉体材料的低堆积密度的问题，其电化学性能有所改善，分解电压也大大下降，这是该类过渡金属化合物能够通过可逆转化反应实现储锂功能的关键。

电极活性材料的电化学性能是化学电源领域研究的核心内容，活性材料的电化学性能直接决定了化学电源的性能。电极活性材料的电化学性能由动力学和热力学两大因素控制，热力学因素决定活性材料电化学参数的上限，如材料的理论比容量和电极电位，正负极活性材料的理论电极电位差值即为化学电源的理论电压，这主要是由材料的种类决定的。动力学因素包括活性材料进行电子交换的快慢，即交换电流密度以及离子在材料中的扩散速率等，动力学因素体现在活性材料的实际电化学性能方面，由材料的结构、制备工艺等决定，也是化学电源领域研究的重点，比如电极活性材料在电极制作时大多以粉体的形态被使用，因此粉体特有的特征如粒度、形貌、比表面积、表面物性、填充密度等因素对电源的能量密度、充放电速率、循环特性等都有很大的影响。

11.3.2　粉体活性材料电化学性能的测试

11.3.2.1　电极的制备

电池的电极主要由粉体状活性材料、黏结剂和导电剂组成。

在电极的制备过程中，黏结剂的用量虽然不多，但黏结剂的黏结性和柔韧性可直接影响电池的质量和使用性能。黏结剂的基本作用是实现活性材料/活性材料、活性材料/导电剂以及活性材料/导电剂/集流体之间的黏合，确保电极体系的良好电接触。理想的黏结剂具有以下特点：对电极材料和集流体具有良好的黏结性；在充放电循环过程中能够维持电极结构的稳定性；在电解液中性能稳定，不溶胀、不松散、不脱落；欧姆电阻小；对于充放电过程体积变化比较大的锂二次电池正负极材料来说，要求黏结剂应该具有一定的缓冲作用（具有弹性/柔韧性）；除此之外，为了满足现代社会对绿色生产的需求，所用的黏结剂应该对环境友好。

二次电池所用的黏结剂主要有两种类型：一种是油溶性黏结剂，一般采用有机溶剂才能溶解，常用的有聚偏二氟乙烯（PVDF）、聚四氟乙烯（PTFE）；另一种是水溶性黏结剂，用水作溶剂就可以溶解。与油溶性黏结剂相比，水溶性黏结剂具有无毒挥发、环境友好、不易燃烧、成本低廉和使用安全等特点，成为黏结剂的重要发展方向。常用的有羧基纤维素（CMC）、聚丙烯酸（PAA）等。

锂离子电池一般使用的电解液溶剂有 PC、EC、EMC、DMC 等有机易燃物，其本身就是影响电池安全性的主要原因。不同溶剂的分解电压不同，例如 EC/DEC（1：1）、EC/DMC（1：1）、PC/DEC（1：1）分解电压依次为 4.25V、5.1V、4.35V。因此，应根据电池使用的要求选择适当的溶剂，避免可能发生的危险；溶剂的含水量亦须进行严格的控制，否则有可能发生 SEI 膜分解、气胀等问题。

导电剂作为锂离子蓄电池负极即碳锂化合物电极的重要组成部分，对其电极性能有较大的影响。少量的导电剂均匀地加入电极后，它能起到增加电极内部活性材料颗粒与活性材料颗粒之间以及活性材料与集流体之间的接触，从而起到降低电极欧姆电阻的作用。由于导电剂是均匀分散到电极结构中，它还起到微集流体的作用，影响电极内部电子的转移速度、电极上的电流电位分布、电极结构的保持、电极内部吸液保持能力以及电解质溶液的分布等，进而影响活性材料的利用率。不同导电剂材料的性质存在较大的差异，在电极中加入一种导电剂材料往往存在某种缺陷，因此在实际应用中，一般考虑多种导电剂混合搭配使用。常用的导电剂有石墨类、炭黑类、碳纳米管。

粉体活性材料制备电极的方法一般为涂覆法。涂覆法制备电极的工艺流程为：首先，将电极活性材料和导电剂按一定比例在溶剂（一般为无水乙醇、水、N-甲基吡咯烷酮）中搅拌、混合均匀；其次，再加入一定量的黏结剂，在超声波分散仪中超声波分散 1h 至均匀分散，将浆料涂覆于经过预处理的集流体（铝箔、铜箔、泡沫镍等硬质金属片）上。此外，为了使黏结剂、导电剂发挥更好的作用，使浆料分散均匀，也可先将其加入一定转速的球磨机中球磨数小时。最后，在真空烘箱中或者红外灯下干燥后，在液压机上以 10MPa 大小的压力将其压制，以保证活性材料与集流体之间紧密接触。

11.3.2.2 充放电测试

通过半电池的充放电测试，可以确定电极材料的充放电曲线、容量、倍率特性、开路和极化电位等基本电化学性能参数。所谓半电池，通常是以锂金属片作对电极并作为参考电极，以上述粉体活性材料制作的电极作工作电极，选择合适的隔膜与电解液，在充满氩气的高真空手套箱中组装起来的一种特殊的电池，由于该电池的一极是标准的锂电极，因此对该电池进行相关性能测试，非常便于对另一极活性材料的电化学性能进行研究，故称半电池。由于锂电极电位较负，即使在锂离子电池中作负极的材料，相对锂仍有高的电位，因而在半电池中，锂电极总是为负极，所要研究的工作电极总是为正极。

目前半电池的充电方式主要为恒流充电。在充电过程中，起始电压升高较快，容量一般随时间线性增加，内阻也不断增加。对正极材料常常先采用恒流充电，然后采用恒压充电。电池的放电方式主要采用恒流放电方式，也可采用负荷固定的方式。

半电池的充放电电压随时间（或容量）的变化关系即为电极材料的充放电曲线。电极材料的容量是指半电池获得电量的值，单位可用 mA·h 或 F 表示，也常用比容量即单位质量或单位面积或单位体积活性材料的容量表示。容量是电极材料电性能的重要指标，电极材料的容量通常分为理论容量和实际容量，在电极材料容量的表征中常常会出现可逆容量与不可逆容量，可逆容量是指电极材料在循环过程中容量稳定达到的值。对锂离子电池电极材料来说，通常是指第二次循环后的容量，而不可逆容量中包括部分副反应所消耗的电量，为第一次充电过程中的容量。充放电效率又称库仑效率，为放电容量与充电容量的百分比。

锂离子电池中常用的负极材料石墨的理论比容量为 372mA·h/g。以前的大量文献报道认为，石墨类碳材料在含有 PC 为溶剂的电解液中不能进行良好的充放电。其最主要的原因是在 PC 为溶剂的电解液中，充电时会发生溶剂分子随锂离子共嵌入石墨片层而引起石墨层的"剥落"，造成结构的破坏，从而导致电极循环性能迅速变坏，所以电解液的选择对石墨类碳材料电化学性能的发挥起到至关重要的作用。目前多选用 EC/EMC（EC：EMC=1：1，体积比）或 3EC/3EMC/4PC（EC：EMC：PC=3：3：4，体积比）两组混合溶剂配制电解液（电解质盐为 $LiPF_6$，物质的量浓度为 1mol/L），目的是为了考察溶剂对天然石墨形成 SEI 膜及对天然石墨电化学性能的影响。图 11-8（a）、（b）分别是天然石墨在 EC/EMC 和 3EC/3EMC/4PC 为溶剂时前两次的恒流充放电曲线。这里需要指出的是，锂离子负极材料进行半电池测试的放电曲线对应于全电池的充电过程（即锂离子的嵌入过程），而充电曲线对应于全电池的放电过程（即锂离子的脱出过程）。从图中可以得出，天然石墨在 EC/EMC 中的充放电性能较好，锂离子的嵌入反应大部分出现在小于 0.3V 的电压范围内，充分体现了石墨类负极材料的低电位平台特性。天然石墨的首次可逆容量达到 333.4mA·h/g，首次的充放电效率为 89.8%，不可逆容量仅为 38mA·h/g。由图 11-8(b) 可知，天然石墨在含有 PC 达到 40% 时仍能进行良好的充放电，这可能与天然石墨含有较高的菱形石墨相有关，石墨中菱形相的存在抑制了溶剂分子随锂离子的共嵌入。天然石墨在含 40% PC 的电解液中首次放电容量达到 354mA·h/g，首次效率为 87.2%，不可逆容量为 52.1mA·h/g。比较图

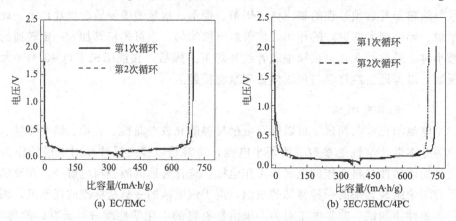

图 11-8　天然石墨 HT10 在 EC/EMC 和 3EC/3EMC/4PC 中的充放电曲线

11-8(a)、(b) 可以发现，两图中的首次充电曲线中都没有出现明显的剥落平台，图 11-8(a) 中天然石墨 HT10 的首次与第二次充电曲线基本重合，而图 11-8(b) 中天然石墨 HT10 的首次与第二次充电曲线在 0.3～0.8V 的电压范围内吻合得不是很好，这表明 PC 加入 EC/EMC 溶剂体系以后，在此电压范围内发生了更多的不可逆反应，这与不可逆容量由 38mA·h/g 增加到 52.1mA·h/g 是对应的。

11.3.2.3 循环伏安曲线测试

循环伏安法（cyclic voltammetry，CV）可以探测材料的电化学活性，测量材料的氧化还原电位，考察电化学反应的可逆性和反应机理，以及用于反应速率的半定量分析等，因此 CV 法已成为研究材料电化学性质和进行电化学分析的最基本手段之一。循环伏安法是选择不会起电极反应的某一电位为初始电位 φ_1（相应的电极称为辅助对电极），控制装载有活性材料的工作电极电位按指定的方向和速度随时间线性变化，当电极电位扫描至某一电位 φ_2 后，再以相同的速度逆向扫描至 φ_1，同时测定响应电流随电极电位的变化关系。对循环伏安曲线进行数据分析，可以得到峰电流 I_p、峰电势 φ_p、反应动力学参数、反应历程等诸多化学信息。

对于符合 Nernst 方程的电极反应（可逆反应），其阳极峰和阴极峰电位差在 25℃时为：

$$\Delta\varphi_p = \varphi_{pa} - \varphi_{pc} = \frac{57\sim63}{n} \tag{11-5}$$

式中，φ_{pa}、φ_{pc} 分别为阳极峰和阴极峰电位；n 为电子转移数，对于可逆反应，$\Delta\varphi_p = \frac{58}{n}$，对于不可逆反应，偏离 Nernst 方程，则 $\Delta\varphi_p > \frac{58}{n}$。在可逆反应条件下，峰电位与扫描速度无关，而峰电流与扫描速度的平方根成正比。

采用循环伏安技术能在很短时间内观测到宽广电位范围内未知电极体系的电极过程的变化。对电极充放电循环的研究中，利用循环伏安曲线中的氧化还原峰可以推测电极在充放电过程中的充放电平台。利用氧化还原电量（峰面积）的比值，可以判断电极反应的可逆性。

11.3.2.4 交流阻抗法

交流阻抗法是将一个小振幅的交流（一般为正弦波）电压（或电流）信号，使电极电位在平衡电极电位附近微扰，在达到稳定状态后，测量其响应电流（或电压）信号的振幅或相，依此计算出电极的复阻抗。然后据等效电路，通过阻抗谱的分析和参数拟合，求出电极反应的动力学参数。与大幅度正弦交流信号及非正弦波交流信号相比，用小幅度（≤5mV）正弦交流信号作为激励信号时，测量结果的数学处理比较简单。同时，使用的电信号振幅很小，又是在平衡电极电位附近，因此电流与电极电位之间的关系往往可以线性变化，这给动力学参数的测量和分析带来很大方便。另外，采用交流信号进行试验时，试验的重现性高。当采用不同频率的激励信号时，这一方法还能提供丰富的有关电极反应的机理信息，如欧姆电阻、吸脱附、电化学反应、表面膜以及电极过程动力学参数等，因此，交流阻抗法是最基本的电化学研究方法之一。

交流阻抗法主要是测量法拉第阻抗（Z_f）及其与被测材料的电化学特性之间的关系，通常用电桥法来测定，也可简称为电桥法。该法是把极化电极上的电化学过程等效于电容和阻抗所组成的等效电路。交流电压使电极上发生电化学反应产生交流电流，将同一交流电压加到一个由电容及电阻元件所组成的等效电路上，可以产生同样大小的交流电流。因此，电极上的电化学行为相当于一个阻抗所产生的影响。由于这个阻抗来源于电极上的化学反应，所以称为法拉第阻抗（Fradic impedance），见图 11-9(a) 中的 Z_f；图中 C_d 表示电极表面双电层的电容，R_Ω 为电解液的电阻，并联电路 C_d 和阻抗 Z_f 分别表示双电层电容和法拉第阻抗（电极电化学反应时电极/溶液界面电荷传递相对应的阻抗）。这种 C_d 和 Z_f 的并联意味着电极上通过的总电流，一部分用于电极反应（法拉第电流 i_f），另一部分用于双电层电容充电（充电电流 i_f）。

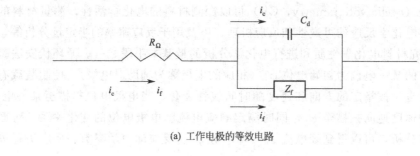

(a) 工作电极的等效电路

(b) Z_f 的分解组成法拉第阻抗

图 11-9　工作电极的等效电路以及 Z_f 的分解组成法拉第阻抗

$$Z_\omega = R_\omega - j\,\frac{1}{\omega C_\omega} \tag{11-6}$$

$$R_\omega = \frac{\sigma}{\sqrt{\omega}}$$

$$C_\omega = \frac{1}{\sigma\sqrt{\omega}}$$

则：

$$Z_\omega = \frac{\sigma}{\sqrt{\omega}} - j\,\frac{1}{\sigma\sqrt{\omega}} \tag{11-7}$$

式中，ω 为交流电角频率，$\omega = 2\pi f$（f 为频率）；σ 为 Warburg 系数。

$$\sigma = \frac{RT}{\sqrt{2}\,(nF)^2 A}\left(\frac{1}{\sqrt{D_O}\,c_O^0} + \frac{1}{\sqrt{D_R}\,c_R^0}\right) \tag{11-8}$$

式中，n 为发生氧化还原反应的电荷转移数；A 为电极面积；c_O^0、c_R^0 分别为氧化物和还原产物的起始浓度；D_O、D_R 为氧化物和还原产物的扩散系数。

Z_f 本身又可以用一个等效线路来代表，见图 11-9(b)。电极过程动力学参数都隐含在 Z_f 中。可将 Z_f 分解成具有一定物理意义的一些组分，求出 Z_f 与动力学参数的关系式。关于法拉第阻抗的分解，一般有两种方法。一种是把它分解成一个电阻 R_s 和一个电容 C_s 串联组成。这个电阻 R_s 称为极化电阻（polarization resistance），这个电容 C_s 称为假电容（pesudo capacitor）。之所以要假定 Z_f 是由 R_s 和 C_s 串联而成，是因为通常用交流电桥来测定阻抗，交流电桥的可调元件就是相互串联的可变电阻和电容。把 Z_f 分解成 R_s 和 C_s 只是为了数学处理的方便，它们其实分别代表复阻抗 Z_f 的实部和虚部。另一种是把它分解成电阻 R_{ct} 和阻抗

Z_ω 的串联组合，R_{ct} 和 Z_ω 具有实际的物理意义。R_{ct} 是电荷传递电阻，Z_ω 则被认为是与扩散有关的阻抗，称为 Warburg 阻抗。

等效电路中的 R_Ω 和 C_d 类似于理想的电路元件，但 Z_f 与一般的电路元件不同，它的阻抗随频率发生变化。其实研究法拉第阻抗的一个主要目的正是要找出 R_s 和 C_s 对频率的依赖关系，从而获得电化学反应的有关信息。利用交流电桥测定与法拉第阻抗相当的极化电阻（R_s）和假电容（C_s）的装置如图 11-10 所示。电解池 CE 连接于电桥线路，作为电桥的第四臂。振荡器供给的交流电压 U 的振幅约为 5mV。直流电压 P 加于电解池的两个电极上，调节 C_m 和 R_m，再用其他方法求出 C_d，然后用作图法求出 C_s 和 R_s，见图 11-11。

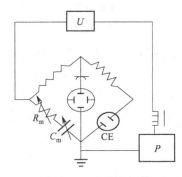

图 11-10 交流电桥法

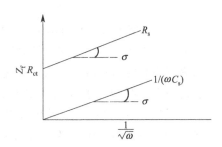

图 11-11 法拉第阻抗与频率的关系

$$R_s = R_{ct} + R_\omega = R_{ct} + \frac{\sigma}{\sqrt{\omega}} \tag{11-9}$$

$$C_s = C_\omega = \frac{1}{\sigma\sqrt{\omega}} \quad （扩散部分） \tag{11-10}$$

这样，按照前面的复阻抗表示方法，法拉第阻抗可表示为：

$$Z_f = R_{ct} + R_\omega - j\frac{1}{\omega C_s} = R_{ct} + \frac{\sigma}{\sqrt{\omega}} - j\frac{\sigma}{\sqrt{\omega}} \tag{11-11}$$

近年来人们越来越多地利用交流阻抗法研究、分析锂离子嵌入电极材料的动力学问题，特别是扩散系数的测定。

锂离子在常用负极碳材料的嵌入过程中，会因为电解液的分解在电极表面形成钝化膜，即在电位 $0.5 \sim 0.7V$ 之间电解液会在电极表面还原生成一层 SEI 钝化膜。钝化膜是电子绝缘体，它的形成阻碍了电解液的进一步分解，却提供了锂离子进入和脱出嵌基的通道，使电极能可逆地工作。电极表面发生物理化学整个过程的等效电路如图 11-12 所示。其中 R_Ω、R_f、C_f、R_{ct}、C_d 及 Z_ω 分别表示电解液及电极接触电阻、电极表面钝化膜的膜电阻、膜电容、嵌入反应电荷传递极化电阻、双电层电容及扩散阻抗。这一等效电路所表示的物理意义如下。

（1）固体扩散过程远远慢于液相及多孔膜中的离子扩散。溶剂化的锂离子在电解液中的扩散阻抗可以忽略。这在通常情况下是合理的，因为离子在固相中的扩散系数一般小于 $10^{-8}\,cm^2/s$，而在有机液相中的扩散系数一般在 $10^{-6}\,cm^2/s$ 左右。

（2）整个电极表面钝化膜的阻抗行为被简化，不考虑由于膜的存在而引起的对电荷迁移及扩散过程的影响。一般认为碳电极表面膜的结构应该和金属锂电极表面膜差不多。

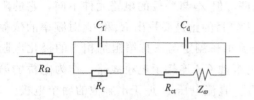

图 11-12　有钝化膜覆盖的碳电极
界面的等效电路

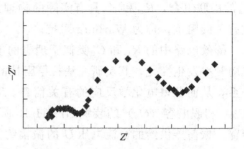

图 11-13　锂离子电池碳负极材料阻抗
的复数平面图
($f=10\text{mHz}\sim100\text{kHz}$)

由于 Z_ω 是频率函数，而 R_{ct} 不是，因而电极的反应速率在低频率（长时间）由锂离子在电极中的扩散控制，在高频率（短时间）由电化学反应控制。在比相应于电化学反应控制更高的频率（更短时间）时，电极反应速率才由 SEI 钝化膜的传递控制。在电极阻抗复数平面图上是两个半圆和一条直线，如图 11-13 所示。从图中可以获得有关参数：溶液的电阻、法拉第阻抗、SEI 膜阻抗以及相对应的电容。位于高频的半圆对应于 SEI 膜的形成或锂离子在 SEI 膜中的扩散，中频的半圆对应于电化学反应中的电荷转移过程，阻抗谱在高频区与实轴的交点对应于锂离子在电解液中的扩散，在低频区的斜线对应于锂离子在活性材料体相中的扩散。

11.3.3　以粉体为活性材料组装超级电容器及其性能测试

11.3.3.1　电容器分类及其工作原理
电容器是一种电荷储存器件，按其储存电荷的原理可分为三种：传统静电电容器、双电层电容器和法拉第准电容器。

传统静电电容器主要是通过电介质的极化来储存电荷，它的载流子为电子。

双电层电容器和法拉第准电容器储存电荷主要是通过电解质离子在电极/溶液界面的聚集或发生氧化还原反应，它们具有比传统静电电容器大得多的比电容量，载流子为电子和离子，因此它们两者都被称为超级电容器，也称电化学电容器。

双电层理论在 19 世纪末由 Helmhotz 等提出。Helmhotz 模型认为金属表面上的净电荷将从溶液中吸收部分不规则的分配离子，使它们在电极/溶液界面的溶液一侧，离电极一定距离排成一排，形成一个电荷数量与电极表面剩余电荷数量相等而符号相反的界面层。于是，在电极上和溶液中就形成了两个电荷层，即双电层。

双电层电容器的基本构成如图 11-14 所示，它是由一对可极化电极和电解液组成的。

双电层由一对理想极化电极组成，即在所施加的电位范围内并不产生法拉第反应，所有聚集的电荷均用来在电极的溶液界面建立双电层。

这里极化过程包括两种：电荷传递极化和欧姆电阻极化。

当在两个电极上施加电场后，溶液中的阴、阳离子分别向正、负电极迁移，在电极表面形成双电层；撤销电场后，电极上的正负电荷与溶液中的相反电荷离子相吸引而使双电层稳定，在正负极间产生相对稳定的电位差。当将两极与外电路连通时，电极上的电荷迁移而在外电路中产生电流，溶液中的离子迁移到溶液中成电中性，这便是双电层电容的充放电原理。

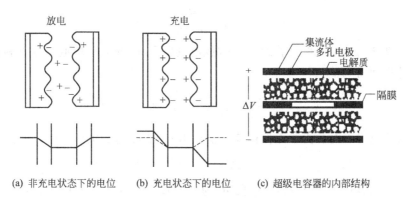

(a) 非充电状态下的电位　(b) 充电状态下的电位　(c) 超级电容器的内部结构

图 11-14　双电层电容器工作原理及结构示意图

对于法拉第准电容器而言，其储存电荷的过程不仅包括双电层上的储存，还包括电解液中离子在电极活性材料中由于氧化还原反应而将电荷储存于电极中。对于其双电层电容器中的电荷储存与上述类似，对于化学吸脱附机理来说，一般过程为：电解液中的离子（一般为 H^+ 或 OH^-）在外加电场的作用下由溶液中扩散到电极/溶液界面，而后通过界面的电化学反应进入到电极表面活性氧化物的体相中，由于电极材料采用的是具有较大比表面积的氧化物，这样就会有相当多的这样的电化学反应发生，大量的电荷就被储存在电极中。放电时这些进入氧化物中的离子又会重新返回到电解液中，同时所储存的电荷通过外电路而释放出来，这就是法拉第准电容器的充放电机理。

在电活性材料中，随着存在法拉第电荷传递化学变化的电化学过程的进行，极化电极上发生欠电位沉积或发生氧化还原反应，充放电行为类似于电容器，而不同于二次电池，不同之处如下。

（1）极化电极上的电压与电量几乎呈线性关系。

（2）当电压与时间呈线性关系 $dv/dt = k$ 时，电容器的充放电电流为恒定值。

$$I = C \frac{dv}{dt} = Ck$$

电容量及等效串联内阻的计算如下。

对于超级电容器的双电层电容可以用平板电容器模型进行理想等效处理。根据平板电容模型，电容量计算公式为：

$$C = \frac{\varepsilon S}{4\pi d} \tag{11-12}$$

式中，C 为电容，F；ε 为介电常数；S 为电极板正对面积，等效双电层有效面积，m^2；d 为电容器两极板之间的距离，等效双电层厚度，m。

利用公式 $dQ = idt$ 和 $C = Q/\varphi$ 得：

$$i = \frac{dQ}{dt} = C \frac{d\varphi}{dt} \tag{11-13}$$

式中，i 为电流，A；dQ 为电量微分，C；dt 为时间微分，s；$d\varphi$ 为电位微分，V。

采用恒流充放电测试方法时，对于超级电容器，根据式（11-13）可知，如果电容量 C 为恒定值，那么 $d\varphi/dt$ 将会是一个常数，即电位随时间是线性变化的关系。也就是说，理想电容器的恒流充放电曲线是一条直线，如图 11-15(a) 所示。我们可以利用恒流充放电曲线来计算电极活性材料的比容量：

$$C_m = \frac{it_d}{m\Delta V} \tag{11-14}$$

式中，t_d 为充/放电时间，s；ΔV 为充/放电电压升高/降低平均值。可以利用充放电曲线进行积分计算而得到：

$$\Delta V = \frac{1}{t_2 - t_1}\int_1^2 V\mathrm{d}t \tag{11-15}$$

在实际求比电容量时，为了方便计算，常采用 t_2 和 t_1 时的电压差值，即：

$$\Delta V = V_2 - V_1 \tag{11-16}$$

对于单电极比容量，式(11-14)中的 m 为单电极上活性材料的质量。若计算的是电容器的比容量，m 则为两个电极上活性材料质量的总和。

在实际情况中，由于电容器存在一定的内阻，充放电转换的瞬间会有一个电位的突变 $\Delta\varphi$，如图 11-15(b) 所示。

利用这一突变可计算电极或者电容器的等效串联电阻：

$$R = \Delta\varphi/2i \tag{11-17}$$

式中，R 为等效串联电阻，Ω；i 为充放电电流，A；$\Delta\varphi$ 为电位突变的值，V。

等效串联电阻是影响电容器功率特性最直接的因素之一，也是评价电容器大电流充放电性能的一个直接指标。

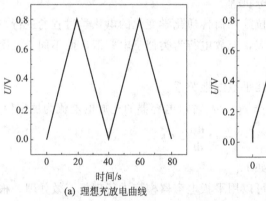
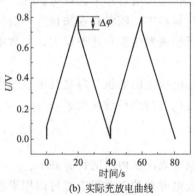

图 11-15　恒流充放电曲线

11.3.3.2　超级电容器组装及测试

所需的仪器设备主要有电子天平、真空干燥箱、Land 电池测试系统、压片机、扣式电池封装机、扣式电池钢壳等，所需药品主要有 MnO_2 粉体（或其他具有电化学活性的粉体材料）、Na_2SO_4、泡沫镍、乙炔黑、黏结剂（HPMC）、隔膜（聚丙烯膜，一种纤维结构的具有高的离子电导和低的电子电导的电子绝缘材料）、去离子水等。

超级电容器电极片的制备工艺流程如图 11-16 所示。

按 75∶15∶10（质量比）称取活性材料 MnO_2、导电剂乙炔黑和黏结剂 HPMC，加入适量去离子水，调成浆状；将浆料均匀涂覆于 $\phi=10\mathrm{mm}$ 的泡沫镍上（已称重）；真空 120℃干燥 1h，压片，称重，备用。

扣式超级电容器的组装如图 11-17 和图 11-18 所示。

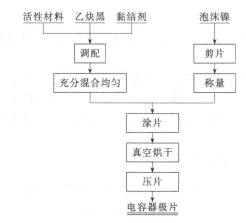

图 11-16 超级电容器电极片的制备工艺流程

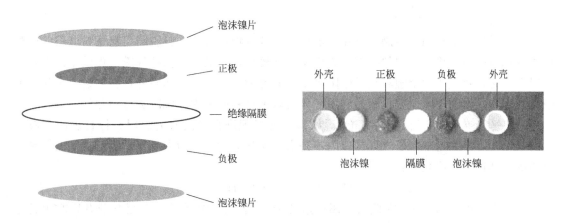

图 11-17 组装扣式电化学电容器的层次图   图 11-18 组装扣式电化学电容器的实物图

将上述中制备好的电极片作为电容器的正负极；正负极之间用隔膜隔离；电解液为 $1mol/L$ 的 Na_2SO_4；在电极片与电容外壳之间垫一层泡沫镍，使得电极片与电容外壳接触良好；用封装机把扣式壳封好。

电化学性能检测步骤如下。

（1）把组装好的扣式超级电容器连接到 Land 电池测试仪上。

（2）测试在室温下进行。

（3）采用恒流充放电的方式，设定充放电电流均为 5mA，根据电极材料的种类设置充放电截止电压，如 MnO_2 为 $0\sim0.8V$。

（4）计算电容器的比电容量及内阻。

11.4 超微粉体的敏感特性

敏感材料多为半导体材料，其电阻率显著受外界环境条件变化的影响，如温度、光照、电场、气氛、湿度等。根据这种变化很方便地将外界的物理量转化为可供测量的电信号，从而可以制成各种传感器。广泛用于工业检测、控制仪表、汽车、机器人、防止公害、防灾、公安及家电等领域。

纳米材料具有大的比表面积、高的表面活性,使得纳米材料对周围环境十分敏感,如光、温度、气氛、湿度等。

由于纳米微粒具有大的比表面积、高的表面活性及表面活性能与气氛性气体相互作用强等原因,纳米微粒对周围环境十分敏感,如光、温度、气氛、湿度等,因此可用来制取各种传感器,如温度、气体、湿度等传感器。下面着重介绍一下粉体的气敏性能及其测试技术。

11.4.1 粉体气敏性能的基本原理

目前,对于各种气敏材料的研究已经引起许多研究者的关注,但对气敏机理的认识还较为模糊,主要包括吸脱附模型、晶界势垒模型、氧化还原模型、半导体能级模型、催化燃烧模型等气敏模型。

11.4.1.1 吸脱附模型

吸脱附模型是指利用待测气体在气敏材料上进行物理或化学吸脱附引起材料电阻等电学性质变化从而达到检测目的的模型。该模型建立较早,是最为公认的气敏机理模型。在通常情况下,材料对气体的物理和化学吸附是不可分离的,只是对于不同的材料,起主导作用的吸附方式不同。物理吸脱附模型是利用气体与敏感材料的物理吸脱附进行检测的。

严白平等通过对 $MgCr_2O_4\text{-}TiO_2$ 湿敏陶瓷的机理进行微观研究表明,材料表面颗粒存在电子电导,产生这种电子电导的原因不是水的化学吸附,因为水的化学吸附在低温下是不可逆的,其化学反应式是:

$$H_2O + O^{2-} \longrightarrow 2OH^- \tag{11-18}$$

反应生成的 OH^- 不会在低温下还原成 H_2O。显然,湿敏材料表面电子电导产生的原因是物理吸附水。物理吸附水在湿敏材料表面是以弱氢键的形式吸附于表面 OH^- 上,由于水分子的强极性,水分子的物理吸附等效于表面上吸附了电偶极子。物理吸附水是容易脱附的,水分子的吸附、脱附等效于表面电偶极子的偶极矩增大、减小。这种表面偶极矩的变化使表面能变化,表面与材料内部实现电子转移。

化学吸脱附模型是利用气体在气敏材料上的化学吸脱附进行检测的,这也是目前应用最为广泛的气敏机理模型。电阻式半导体气体传感器用于气体检测时,在一定的温度下,检测元件表面物理吸附的 O_2 转化为化学吸附的 O_2^-、O_2^{2-}、O^{2-} 等,形成空间电荷耗尽层,使材料导带中电子减少,表面势垒升高,元件电阻增大。研究表明,氧气被吸附的过程是一个放热过程,在室温下进行很慢,当温度高于200℃时,表面吸附氧以 O^{2-}(ad) 为主,而且随着温度的升高,则有:

$$O_2(ad) + e^- \longrightarrow O_2^-$$
$$O_2^-(ad) + 2e^- \longrightarrow O_2^{2-}(ad)$$
$$O_2^{2-}(ad) + 2e^- \longrightarrow 2O^{2-}(ad)$$

以乙醇的气敏机理来说,乙醇的催化氧化经历了脱氢、脱水和深度氧化过程,即乙醇的催化反应有两条路径:一条是先脱氢生成乙醛后再进一步氧化成二氧化碳和水;另一条就是乙醇首先脱水生成乙烯。其反应历程如下,乙醇气体接触材料表面时发生物理吸附:

$$C_2H_5OH(g) \longrightarrow C_2H_5OH(ad)$$

吸附的乙醇气体与材料表面吸附的氧负离子发生反应(乙醛路径):

$$2C_2H_5OH(ad)+2O_2^{2-}(ad)\longrightarrow 2C_2H_4O^-(ad)+O_2(g)+2H_2O(g)+2e^- \quad (11\text{-}19)$$

生成的 $2C_2H_4O^-(ad)$ 中多余的电子不稳定，很容易受热激发返回体内，即：

$$C_2H_4O^-(ad)\longrightarrow CH_3CHO(ad)+e^-$$

$CH_3CHO(ad)$ 与 O_2^{2-} 进一步发生反应如下：

$$2CH_3CHO(ad)+5O_2^{2-}(ad)\longrightarrow 4CO_2(g)+4H_2O(g)+10e^- \quad (11\text{-}20)$$

乙醇脱水生成乙烯路径的反应过程如下：

$$C_2H_5OH(ad)\longrightarrow C_2H_4(g)+H_2O(g)$$

$$C_2H_4(g)+3O_2^{2-}(ad)\longrightarrow 2CO_2(g)+2H_2O(g)+6e^- \quad (11\text{-}21)$$

由上分析可知，在生成乙烯的过程中没有电子的产生，对气敏响应没有贡献，该路径无助于提高气体传感器的灵敏度；而产生乙醛的过程中有电子的产生，释放出的电子向材料主体转移，使材料的表面势垒及体内电子浓度发生变化，电导率发生变化，从而达到检测的目的。因此，通过施加催化剂或表面活性剂促进乙醇反应，沿乙醛路径进行是提高这类气体传感器乙醇灵敏度的关键。利用碱土金属、稀土金属掺杂制备乙醇气体传感器就是依据这个原理。

11.4.1.2 晶界势垒模型

晶界势垒模型（图 11-19）基于金属氧化物半导体气敏材料是由许多晶粒组成的多晶体，在晶粒接触的界面处存在晶界势垒。当晶粒边界处吸附氧化性气体时，这些吸附的氧化性气体从晶粒表面俘获电子，使半导体导带电子浓度降低，增加表面电子势垒，从而增大了气敏材料的电阻率；当环境中存在还原性气体时，还原性气体与吸附的氧化性气体发生反应，同时释放出电子回到半导体导带中，增加半导体导带电子浓度，降低了晶粒界面的势垒高度，从而使气敏材料的电阻率降低。该模型较好地解释了气敏传感器在还原性气体中电阻率下降的规律。

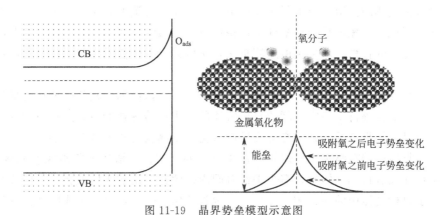

图 11-19　晶界势垒模型示意图

11.4.1.3 表面电荷层模型

当金属氧化物半导体表面吸附目标气体分子或原子后，因不同材料接受电子的能力存在差异，使得电子从气体分子（原子）向半导体或从半导体向气体分子（原子）迁移，形成空间电荷积累层或耗尽层，导致半导体能带弯曲，使半导体的功函数和电导率发生变化。气体分子从 n 型（或 p 型）半导体表面获得电子（或提供电子）成为带负电（正电）的离子形成负离子吸附（正离子吸附），同时在半导体表面积累相反的电荷，形成空间耗尽层；相反，如果在 n 型和 p 型半导体表面分别发生正、负离子吸附就形成空间积累层。当半导体表面吸附氧化性气体时，气体从半导体表面吸收电子成为负离子，使表面能带向上弯曲，降低了表面电子浓度，使气敏材料的电阻率增加。当半导体表面吸附还原性气体时，气体向半导体表面注入电子，降低了表面能带的弯曲，表面电子浓度增大，结果气敏材料的电阻率降低。该模型能解释气敏传感器在氧化性气体和还原性气体中电阻率变化的规律。

11.4.1.4　催化燃烧模型

催化燃烧模型是利用可燃性气体（如 CH_4、C_4H_{10} 等）在气敏材料表面燃烧并放出一定热量，从而引起气敏元件的电导率发生变化来检测可燃性气体。孙良彦等研究了甲烷气敏材料的机理，认为气敏材料对 CH_4 的检测多是依据气体在元件表面的催化燃烧机理。CH_4 化学稳定的气体，与 n 型气敏元件的反应困难，当采用表面修饰技术向 SnO_2-In_2O_3 材料中加入贵金属 Pd 及过渡金属 Co 后，大大提高了元件的催化活性，使其发生反应。

可见，催化剂的加入能促使 CH_4 在元件上分解，C—H 键断裂，CH_4 解离成 CH^{2+} 基和 CH^{3+} 基，促进了 CH_4 在 SnO_2 表面上的吸附作用，从而降低了 CH_4 在元件表面上的反应温度，这就使 CH_4 在常温条件下也可以发生催化燃烧反应，并且不断放热，使元件表面温度也不断升高。由于 SnO_2-In_2O_3 是 n 型半导体元件，当其温度上升时，载流子浓度增大，电导增加，阻值下降。

11.4.2　粉体气敏性能的评价

评价气敏传感器的性能有很多指标，最主要的可以用四个 S 来考量制备的气敏传感器的性能是否优良，即 Sensitivity（灵敏度）、Selectivity（选择性）、Stability（稳定性）、Suitability（适用性）。

灵敏度是指传感器输出变化量与被测输入变化量之比，主要依赖于传感器结构所使用的技术。它对目标气体的阈限制或最低爆炸极限的百分比的检测要有足够的灵敏性。对于电阻式气敏传感器来说，灵敏度是指在最佳工作条件下，气敏元件接触同一气体时，其阻值随气体浓度变化而变化的特性。若采用电压测量法，接触某种气体前后负载电阻上的电压降之比即为灵敏度。

选择性也被称为交叉灵敏度。可以通过测量由某一种浓度的干扰气体所产生的传感器响应来确定。这个响应等价于一定浓度的目标气体所产生的传感器响应。这种特性在追踪多种气体的应用中是非常重要的，因为交叉灵敏度低会降低测量的重复性和可靠性。

稳定性是指传感器在整个工作时间内基本响应的稳定性，取决于零点漂移和区间漂移。零点漂移是指在没有目标气体时，整个工作时间内传感器输出响应的变化。区间漂移是指传感器连续置于目标气体中的输出响应变化，表现为传感器输出信号在工作时间内的降低。

适用性是指传感器要能够适应环境的变化，包括温度、湿度等影响，可使用范围广，能承受暴露于高体积分数目标气体而不中毒。其中温度特性是指当环境温度变化时，气敏元件电阻值随之变化的特性。湿度特性是指当环境湿度变化时，气敏元件电阻值随之变化的特性。

另外，气敏传感器的响应恢复时间也是很重要的一个参数。响应时间是指在最佳工作条件下，气敏元件接触待测气体后，负载电阻的电压（电流）变化到规定值所需的时间。恢复时间是指在最佳工作条件下，气敏元件脱离被测气体后，负载电阻上的电压（电流）恢复到规定值所需的时间。

11.4.3 粉体气敏性能的测试

对于以超微粉体为敏感源的气敏传感器,首先按下列步骤制备气敏元件。

(1) 首先称取一定量的超微粉体,在玛瑙研钵中研磨 10min。接着把一定量的去离子水加入研磨过的超微粉体中,继续研磨 10min 制成浆料,随后把浆料均匀地涂覆到带有 Au 电极和 Pt 引线的 Al_2O_3 陶瓷管上。其中陶瓷管的内径为 1.0mm,外径为 1.4mm,长度为 4.0mm。

(2) 将涂覆好的陶瓷管自然风干。

(3) 在风干好的 Al_2O_3 陶瓷管中放入绕制好的加热丝(用 Ni-Cr 合金丝绕制成螺旋线圈),然后把电极和加热丝焊接到元件基座上,这样就得到了气敏传感器。旁热式气敏元件结构如图 11-20 所示。

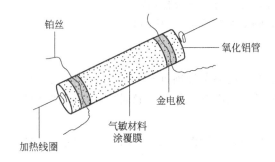

图 11-20 旁热式气敏元件结构示意图　　　　图 11-21 实验室自制的气敏元件实物图

(4) 将制备好的气敏传感器插在测试夹具上,在 350℃通电老化 72h。随后进行厚膜气敏传感器的电阻和气敏性能测试。图 11-21 即为实验室自制的气敏元件实物图。

气敏元件的性能测试系统有多种,其中测试过程中的配气方面主要有两种方式:一种是静态配气法测试;另一种是动态配气法测试。

11.4.3.1 静态配气法

静态配气法是把一定量的气态或蒸气态的原料气加入已知容积的容器中,再充入稀释气,混匀制得。标准气的浓度根据加入原料气的稀释气的量及容器容积计算得知。所用原料气可以是纯气,也可以是已知浓度的混合气,其纯度需用适宜的分析方法测定。

静态配气法的优点是所用设备简单、操作容易,但因有些气体化学性质较活泼,长时间与容器壁接触可能发生化学反应,同时,容器壁也有吸附作用,故会造成配制气体浓度不准确或其浓度随放置时间而变化,特别是配制低浓度标准气,常引起较大的误差。对化学性质不活泼且用量不大的标准气,用该方法配制较简便。

目前,国内使用的气敏性能测试系统多数为 WS-30A 和 WS-60A。该系统主要采用静态配气法。其中 WS-30A 测试系统和测试电路如图 11-22 所示。

11.4.3.2 动态配气法

动态配气法是使已知浓度的原料气与稀释气按恒定比例连续不断地进入混合器混合,从而可以连续不断地配制并供给一定浓度的标准气,根据两股气流的流量比可计算出稀释倍

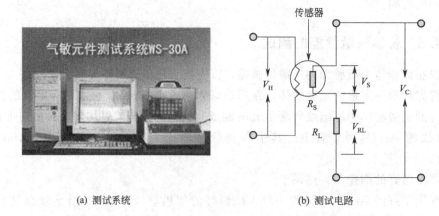

(a) 测试系统　　　　　　　　　　　(b) 测试电路

图 11-22　气敏元件测试系统和气敏元件测试电路

（负载电阻 R_L 指测量回路中取样用的电阻，R_S 为气敏传感器的电阻；

V_S 为气敏元件在含标定气体的条件下负载电阻上电压降稳定值；

V_{RL} 为负载电阻两端电压，V_H 为加热器两端施加的电压，V_C 为回路电压）

数，根据稀释倍数计算出标准气的浓度。

　　动态配气法不但能提供大量的标准气，而且可通过调节原料气和稀释气的流量比获得所需浓度的标准气，这种方法尤其适用于配制低浓度的标准气。但是，这种方法所用仪器设备较静态配气法复杂，不适合配制高浓度的标准气。

　　利用动态配气法的气敏性能测试系统较多，其中之一如图 11-23 所示。通过气体流量计的控制将所需气体注入测试系统，进行气敏性能测试。

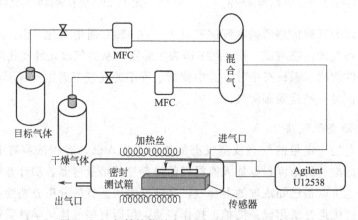

图 11-23　气敏性能动态配气法测试系统示意图

　　下面列举一例来说明粉体材料气敏性能的测试及数据处理与分析过程。

　　采用化学沉淀法和二氧化碳超临界干燥的方法，制备了 $Sn(OH)_4$ 纳米颗粒。$Sn(OH)_4$ 分别在 400℃、600℃ 和 800℃ 下煅烧，得到平均晶粒尺寸为 5nm、10nm 和 25nm 的 SnO_2 纳米颗粒。采用这三种不同晶粒尺寸的 SnO_2 超微粉体，制备了三种 SnO_2 厚膜，分别命名为 S-400、S-600 和 S-800。制备的气敏厚膜与三氧化二铝陶瓷管表面的黏附性很好。气敏性测试结果表明，与 S-600 和 S-800 相比，传感器 S-400 由于晶粒较小对 $1000\mu L/L$ 的乙醇蒸气表现出了更高的灵敏度；另一方面，相比 S-400 和 S-600，传感器

S-800 具有更低的本征电阻和对乙醇蒸气更高的选择性。利用 X 射线衍射分析（XRD）、透射电子显微镜（TEM）和选区电子衍射分析（SAED）来分析不同煅烧温度下得到的 SnO$_2$ 纳米颗粒的物相，如图 11-24 所示。用扫描电子显微镜（SEM），如图 11-25 所示，分析气敏性能差异的原因。

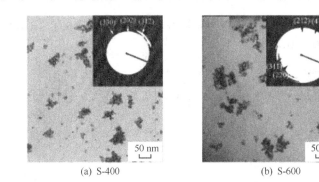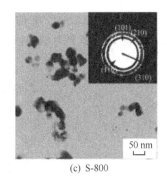

(a) S-400　　　　　　　　(b) S-600　　　　　　　　(c) S-800

图 11-24　SnO$_2$ 纳米颗粒的 TEM 图像和 SAED 图像

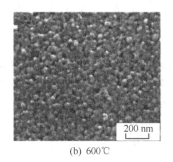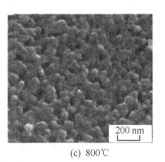

(a) 400℃　　　　　　　　(b) 600℃　　　　　　　　(c) 800℃

图 11-25　在不同温度下煅烧后得到的 SnO$_2$ 颗粒的 SEM 图像

从图 11-26 中可以看出，三种传感器的最佳工作温度都是 300℃。在这一温度下，S-400 对 1000μL/L 乙醇蒸气表现出了最高的灵敏度（$S=56$），而 S-600 和 S-800 的灵敏度分别为 18 和 21。

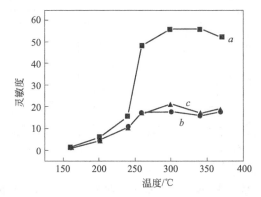

图 11-26　SnO$_2$ 纳米颗粒的灵敏度与工作温度的关系

选择性是传感器性能的另一个重要指标。从表 11-1 中可以看出，在整个试验的工作温度范围内，三种传感器在工作温度为 300℃时均表现出了最高的选择性。

表 11-1　传感器 S-400、S-600 和 S-800 在不同工作温度下的选择性

项　目	160℃	200℃	240℃	260℃	300℃	340℃	370℃
选择性 D(S-400)	1.2	3.3	2.9	4.1	6.5	3.2	2.5
选择性 D(S-600)	1.4	3.2	3.3	3.6	5.9	3.2	2.2
选择性 D(S-800)	1.7	3.2	3.4	4.7	7.9	3.6	4.1

选择性 D 定义为乙醇的灵敏度 $S_{ethanol}$ 与丙酮的灵敏度 $S_{acetone}$ 之比，即 $D = S_{ethanol}/S_{acetone}$，此处乙醇和丙酮的浓度均为 $1000\mu L/L$。

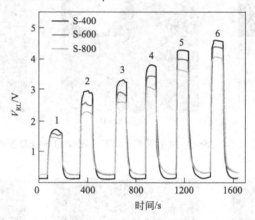

图 11-27　所制备的气敏元件对不同浓度的乙醇气体的响应-恢复曲线

1—100μL/L；2—200μL/L；3—300μL/L；

4—500μL/L；5—1000μL/L；6—2000μL/L

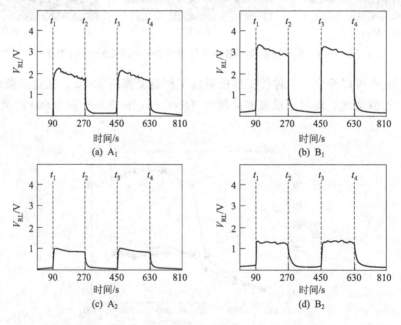

图 11-28　气敏元件 S-400（A_1 和 A_2）和 S-800（B_1 和 B_2）在 300℃ 时

对 1000μL/L 的乙醇蒸气和丙酮蒸气的响应-恢复曲线对比

（A_1、B_1 为 1000μL/L 乙醇蒸气，A_2、B_2 为 1000μL/L 丙酮蒸气）

图 11-27 表明，三种传感器在工作温度为 300℃ 时，当乙醇气体的浓度由 2000μL/L 降

至 $100\mu L/L$ 时，仍表现出良好的灵敏度。由图 11-28 可以看出，S-400 和 S-800 都表现出对乙醇蒸气的灵敏度要高于对丙酮蒸气的灵敏度。说明两种传感器对乙醇具有较高的选择性。另外，也可以看出两种传感器的重复性都比较好。

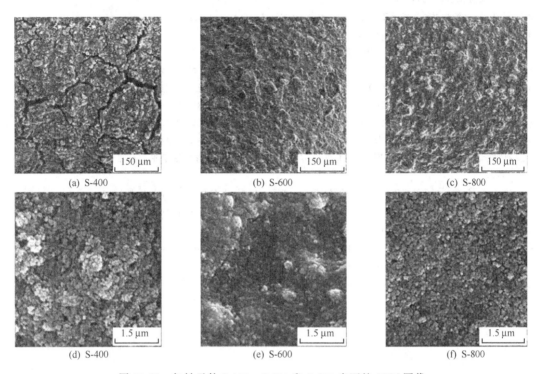

(a) S-400   (b) S-600   (c) S-800

(d) S-400   (e) S-600   (f) S-800

图 11-29　气敏元件 S-400、S-600 和 S-800 表面的 SEM 图像

[(d)～(f) 分别对应 (a)～(c) 的高倍放大图]

如果气敏粉体材料在氧化铝陶瓷管表面的附着性好，那么气敏材料就很难从氧化铝陶瓷管表面剥离。为了分析三种传感器 S-400、S-600 和 S-800 气敏性能差异的原因，对传感器的表面形貌进行了分析。从图 11-29(a) 中可以看出，传感器 S-400 表面有许多大裂纹存在，这无疑会导致传感器本征电阻的增加。相反，S-600 和 S-800 中的裂纹则非常少，而这有利于减小传感器的本征电阻。而在一定程度上，本征电阻的减小有利于提高器件的稳定性。可见粉体材料的表观特性直接影响其与陶瓷管表面的黏附性，从而影响气敏传感器的性能，这与粉体活性材料涂覆法制备电极的影响是一致的。

参 考 文 献

[1]　张立德. 超微粉体制备与应用技术 [M]. 北京：中国石化出版社，2001.

[2]　刘守新，刘鸿. 光催化及光电催化基础与应用 [M]. 北京：化学工业出版社，2005.

[3]　李娟，塔娜，李勇，申文杰. 纳米尺度 CeO_2 在多相催化反应中的形貌效应 [J]. 催化学报，2008，29（9）：823-830.

[4]　季生福，张谦温，赵彬侠. 催化剂基础及应用 [M]. 北京：化学工业出版社，2011.

[5]　华坚. 环境污染控制工程材料 [M]. 北京：化学工业出版社，2009.

[6]　冀志江，王静，侯国艳，王晓燕，王继梅. 硅藻泥——装饰壁材 [M]. 北京：中国建材工业出版社，2014.

[7]　黄文强. 吸附分离材料 [M]. 北京：化学工业出版社，2005.

[8]　杨军，解晶莹，王久林. 化学电源测试原理与技术 [M]. 北京：化学工业出版社，2006.

[9] 吴宇平. 绿色电源材料 [M]. 北京：化学工业出版社，2008.

[10] Poizot P, Laruelle S, Grugeon S, Dupont L, Tarascon J M. Nature, 2000, 407：496-499.

[11] 吴超，崔永丽，庄全超，徐守冬，沈明芳，史月丽，孙智. 基于转化反应机制的锂离子电池电极材料研究进展 [J]. 化学通报，2011，74（11）：1014-1025.

[12] 夏熙. 电极活性材料的发展和趋势 [J]. 电池，2008，38（5）：288-292.

[13] 张鉴清. 电化学测试技术 [M]. 北京：化学工业出版社，2010.

[14] 李荻. 电化学原理 [M]. 第3版. 北京：北京航空航天大学出版社，2008.

[15] ［美］克莱邦德 K J. 纳米材料化学 [M]. 陈建峰，邵磊，刘晓林译. 北京：化学工业出版社，2004.

[16] 郭威威. 半导体金属氧化物 ZnO 的水热合成及气敏性能研究 [D]. 重庆：重庆大学博士学位论文，2013.

[17] 严白平，朱秉升. 湿敏电导的机理 [J]. 西安交通大学学报，1997，31（8）：39-43.

[18] 刘海峰，彭同江，孙红娟. 气敏材料机理研究进展 [J]. 中国粉体材料，2007，4：42-45.

[19] 陈伟良. ZnO 基纳米棒阵列气敏材料合成与性能. 天津：天津理工大学硕士学位论文，2010.

[20] 孙良彦，刘正绣，常温升. 厚膜 TiO$_2$ 气敏传感器研究 [J]. 云南大学学报：自然科学版，1997，19（2）：135-138.

[21] 徐红燕. 氧化物多孔纳米固体气敏传感器的研究 [D]. 济南：山东大学博士学位论文，2006.

[22] Mondal B, Basumatari B, Das J, et al. ZnO-SnO$_2$ based composite type gas sensor for selective hydrogen sensing [J]. Sensors and Actuators B, 2014, 194：389-396.

[23] Xu H, Cui D, Cao B. Effect of nanoparticle size on gas-sensing properties of tin dioxide sensors. Chemical Research Chinese Universities, 2012, 28：1086-1090.

第 12 章

细微颗粒物的危害性及其监测 ▶▶

12.1 大气中细微颗粒物的来源与种类

大气中的细微颗粒物，英文名称为 particulate matter 2.5（简称 PM2.5），是指环境空气中空气动力学当量直径小于等于 2.5μm 的颗粒物，它能较长时间悬浮于空气中，其在空气中含量浓度越高，就代表空气污染越严重。虽然 PM2.5 只是地球大气成分中含量很少的组分，但它对空气质量和能见度等有重要的影响。与较粗的大气颗粒物相比，PM2.5 粒径小，比表面积大，活性强，易附带有毒、有害物质（例如重金属、微生物等），而且在大气中的停留时间长、输送距离远，因而对人体健康和大气环境质量的影响更大。水中的细微颗粒物主要指采用常规水处理工艺难以有效去除的纳米微粒，这种微颗粒污染物滞留在饮用水中对人类生命健康及生物安全也具有潜在的威胁。

美国国家航空航天局（NASA）于 2010 年 9 月公布了一张全球空气质量地图，见图 12-1，专门展示世界各地细颗粒物的密度。地图由达尔豪斯大学的两位研究人员制作，他们根据 NASA 的两台卫星监测仪的监测结果，绘制了一张显示出 2001～2006 年细颗粒物平均值的分布图。在这张图上，细颗粒物密度最高出现在北非、西亚和中国。中国华北、华东和

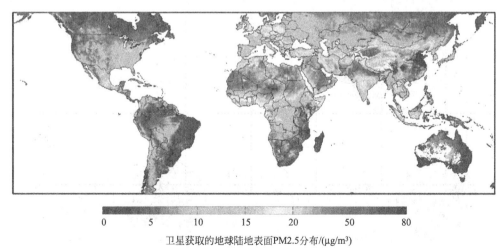

0	5	10	15	20	50	80

卫星获取的地球陆地表面PM2.5分布/(μg/m³)

图 12-1　2010 年全球空气中 PM2.5 含量分布图

华中细颗粒物的密度指数甚至接近 $80\mu g/m^3$，甚至超过了撒哈拉沙漠。

大气和水中细微颗粒物的成分很复杂，主要取决于其来源，图 12-2 示出了 PM2.5 的主要成分及其来源。主要有自然源和人为源两种，但危害较大的是后者。

自然源包括土壤扬尘（含有氧化物矿物和其他成分）、海盐（颗粒物的第二大来源，其组成与海水的成分类似）、植物花粉、孢子、细菌等。自然界中的灾害事件，如火山爆发，向大气中排放了大量的火山灰，森林大火或裸露的煤原大火及尘暴事件都会将大量细微颗粒物输送到大气层中和水中。

人为源包括固定源和流动源。固定源主要是工业废气，包括各种燃料燃烧源，如发电、冶金、石油、化学、纺织印染等各种工业过程、供热、烹调过程中燃煤与燃气或燃油排放的烟尘。分析表明，工业废气的主要有害成分有二氧化碳、二硫化碳、硫化氢、氟化物、氮氧化物、氯、氯化氢、一氧化碳、硫酸（雾）、铅汞、铍化物、烃类化合物等。流动源主要是各类交通工具在运行过程中使用燃料时向大气中排放的尾气，其主要污染物有烃类化合物、氮氧化合物、一氧化碳、二氧化硫、含铅化合物等。如苯并芘，其化学式为 $C_{20}H_{12}$，英文为 benzoapyrene，缩写为 BaP，是工业废气、汽车尾气及香烟烟雾中一种有机化合物，是一种常见的高活性间接致癌物和突变原，该物质释放到大气中以后，总是和大气中各种类型微粒所形成的气溶胶结合在一起，与 PM2.5 相结合吸入肺部的比率较高，经呼吸道吸入肺部，进入肺泡甚至血液，导致肺癌和心血管疾病。尽管 BaP 被认为是高活性致癌剂，但并非直接致癌物，必须经细胞微粒体中的混合功能氧化酶激活才具有致癌性。PM2.5 可以由硫和氮的氧化物转化而成，这些氧化物与空气中的水蒸气和氧气及其日光发生化合反应或光化学反应生成细微颗粒物。而这些气体污染物往往是人类对化石燃料（煤、石油等）和垃圾的燃烧造成的。在发展中国家，煤炭燃烧是家庭取暖和能源供应的主要方式。没有先进废气处理装置的柴油汽车也是颗粒物的来源。燃烧柴油的卡车，排放物中的杂质导致颗粒物较多。在室内，二手烟是颗粒物最主要的来源。颗粒物的来源是不完全燃烧，因此只要是燃烧的烟草产品，都会产生具有严重危害的颗粒物。

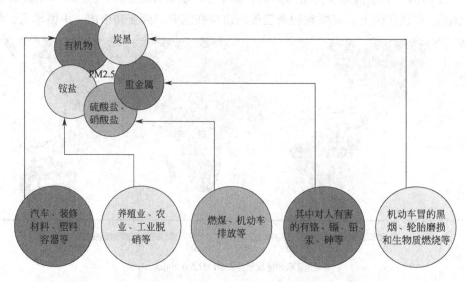

图 12-2　PM2.5 主要成分示意图

除自然源和人为源之外，大气中的气态前驱污染物会通过大气化学反应生成二次颗粒物，实现由气体到粒子的相态转换。例如：

$$H_2SO_4 + NH_3 \longrightarrow NH_4HSO_4$$

$$H_2SO_4 + 2NH_3 \longrightarrow (NH_4)_2SO_4$$

$$HNO_3 + NH_3 \longrightarrow NH_4NO_3$$

其中气态硫酸来自 OH 自由基氧化二氧化硫（SO_2）的气态反应。

此外，粉体材料制备与加工行业则是人为造成细微颗粒物的直接来源，随着人们对新材料的研究，人们发现当颗粒尺寸减小到微米乃至纳米级，材料的性能会提高甚至增加新的功能，因此人们有意识地研究各种制备与加工手段制取附加值高的细微颗粒产品，如果这些细微颗粒产品在制备、储存及使用过程中处置不当，则极有可能对大气和使用水造成污染。特别是随着纳米技术研究与产业化的不断发展，纳米颗粒引发的安全性问题越来越引起人们的重视。

细微颗粒的危害性大小取决于其自身的化学成分、结构形态等。

如原本具有毒性的重金属或非金属颗粒物（铬、锰、镉、铅、汞、砷等）或有机颗粒物进入人体后，会很快引起中毒以致死亡。吸入铬尘能引起鼻中隔溃疡和穿孔，使肺癌发病率增加；吸入锰尘会引起中毒性肺炎；吸入镉尘能引起肺气肿和骨质软化等。

化学组分无毒的细微颗粒进入人体，其危害性也很大。如大气中的颗粒物直径越小，进入呼吸道的部位越深，$10\mu m$ 直径的颗粒物通常沉积在上呼吸道，通过呼气或痰液即可排出体外，危害性相对较小，$2.5\mu m$ 以下的细微颗粒物可深入到细支气管和肺泡，很难再排出体外，具有更大的危害性。细微颗粒物进入人体到肺泡后，直接影响肺的通气功能，使机体容易处在缺氧状态，会增加呼吸道感染、肺结核、肺癌等呼吸系统疾病的发病率。长期吸入一定量的粉尘，粉尘在肺内逐渐沉积，使肺部的进行性、弥漫性纤维组织增多，出现呼吸机能疾病，称为肺尘埃沉着病（旧称尘肺）。如吸入一定量的二氧化硅的粉尘，会导致肺组织硬化，发生硅沉着病（旧称硅肺）。

由于污染来源较多，加之细微颗粒物具有大的比表面积和多孔的特点，也可作为其他污染物的载体，吸附多种化学组分如有毒重金属或非金属离子、有机污染物、细菌和病毒等，多种成分富集在一起，从而具有更强的毒性，其危害性更大。

12.2 显微镜下的 PM2.5

图 12-3 为摄影师使用高倍光学显微镜拍摄的 PM2.5 照片，显示了大气中的细微颗粒物具有不同的形貌，有的呈椭球状，有的呈棒状，有的边缘呈海岸线状的不规则形貌，这种小的颗粒物表面均较为粗糙。

图 12-4 为代表性的 PM2.5 颗粒在扫描电子显微镜下的照片，通过在电镜不同放大倍数下的观测发现，PM2.5 大多是由尺寸更小的原级颗粒或聚集体颗粒通过颗粒间各种附着力结合在一起的具有多孔特征的凝聚体颗粒，因此 PM2.5 具有大的比表面积、较强的吸附特性。

图 12-5 为对 2013 年北京地区 PM2.5 取样，所进行的扫描电镜形貌观测及其元素成分的分析结果，具有一定的代表性。

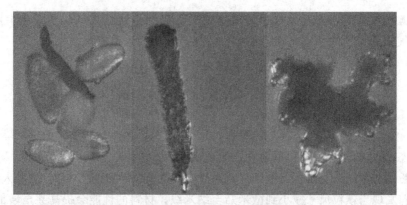

图 12-3　PM2.5 在高倍光学显微镜下的照片

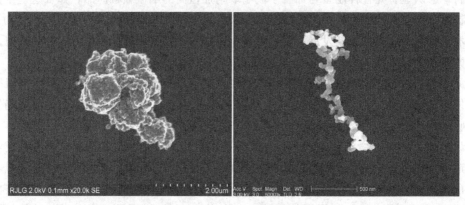

图 12-4　PM2.5 在扫描电子显微镜下的照片

梭形颗粒（PM2.5）

时间地点：2013 年 1 月 31 日，北京出现雾霾数天后，被 2013 年 1 月 31 日的一场小雪消除。
取样方式：校园内的积雪，取中间层的雪（不与地面接触的，也不要表层的雪），雪水浑浊，滴一滴在样品台的导
　　　　　电胶上，烘干。

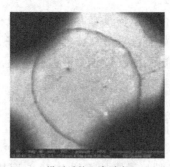

烘干后的一滴雪水

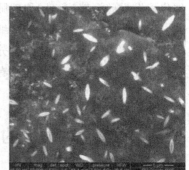

元素	质量分数 /%	体积分数 /%
O	74.45	86.05
Na	2.50	2.01
S	11.36	6.55
Ca	11.69	5.39

■ SEM 形态观察：PM2.5 梭形小颗粒的形态规则，大小相似。
■ EDS 元素分析：以 S、Ca 为主，成分较单一，可能的来源如下：
　　· 工业烟尘和汽车尾气等排放性污染造成的一次颗粒（多含 SO_2、NO、CO、C 等）；
　　· 大气化学工程产生的二次颗粒，如 SO_2 等。

图 12-5　对北京地区 PM2.5 形态观察和元素分析结果

12.3 细微颗粒物的危害性及其机制

空气和水中细微颗粒物对人类及其生存环境的危害性主要表现在以下三个方面。

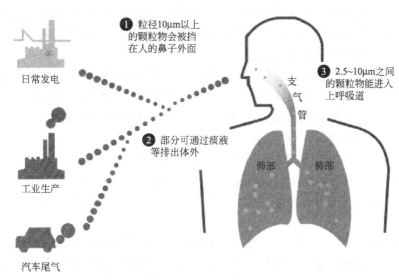

图 12-6 空气中颗粒物进入人体呼吸系统的路线示意图

12.3.1 对人体健康的危害性

空气和水中的细微颗粒物可通过呼吸系统、消化系统或皮肤进入人体，从而对人体健康造成伤害。图 12-6 反映了空气中的颗粒物进入人体呼吸系统的路线，粒径大于 $10\mu m$ 的颗粒会被鼻腔遮挡，小于 $10\mu m$ 的颗粒会进入气管和肺部，粒径在 $2.5\sim10\mu m$ 之间的颗粒主要停留在上呼吸道，部分颗粒可通过痰液等排出体外，更为细小的 PM2.5 则深入到肺部肺泡，已无法再由呼吸道排出体外，这就是为什么 PM2.5 危害更大的原因。颗粒物对人体呼吸系统的危害主要表现在以下几个方面。

（1）对呼吸道黏膜的局部刺激作用　沉积于呼吸道内的颗粒物，产生诸如黏膜分泌机能亢进等保护性反应，继而引起一系列呼吸道炎症，严重时引起鼻黏膜糜烂、溃疡。

（2）中毒　颗粒物在环境中的迁移过程可能吸附和富集空气中的其他化学物质或与其他颗粒物发生表面组分交换。表面的化学毒性物质主要是重金属和有机废物，在人体内直接被吸收产生中毒作用。

（3）变态反应　有机粉尘如棉、麻等及吸附着有机物的无机颗粒物，能引起支气管哮喘和鼻炎等。

（4）感染　在空气中长时间停留的细微颗粒物，会携带多种病原菌，经吸入引起人体感染。

（5）致纤维化　长期吸入硅尘、石棉尘可引起进行性、弥漫性的纤维细胞和胶原纤维增生为主的肺间质纤维化，从而导致尘肺病。这是粉尘生产现场人员最容易罹患的职业病之一，也是人们比较了解和普遍关心的粉尘导致的疾病。目前，肺被认为是与许多新陈代谢活动相关的主要场所，这可称为肺的非呼吸性功能。肺部一旦被损害，则很难恢复或只能在有限程度上得以恢复，引发许多并发症。如游离硅尘石英及硅酸盐粉尘等会产生多种多样的毒性作用已被研究所证实。

沉积在肺泡区的纳米颗粒能被转运至血液和淋巴系统，进而到达靶器官，如骨髓、淋巴结、肝脏、脾脏、肾脏和心脏，从而对人体其他器官造成伤害。

研究表明，水中的纳米颗粒物经消化道吸收取决于颗粒大小和表面化学特性，小尺寸、具有较高的脂溶性及表面带正电的纳米颗粒可较容易地跨越胃肠道黏膜，进入黏膜下层组织，经淋巴和血液循环转运并损伤人体。

皮肤是机体屏蔽外界环境损害较好的屏障，有明显的防御作用。皮肤并不具有高度通透性，但纳米颗粒由于粒径小及表面性质的改变可穿透皮肤进入人体，如皮肤因化学或物理因素受损，也可能会促进纳米颗粒通过皮肤进入人体。如果纳米颗粒进入真皮，会被淋巴吸收，也可能被巨噬细胞吞噬，产生后续反应。

2012 年联合国环境规划署公布的《全球环境展望》指出，每年有 70 万人死于因臭氧导致的呼吸系统疾病，有近 200 万的过早死亡病例与颗粒物污染有关。《美国国家科学院院刊》（PNAS）也发表了研究报告，报告中称，人类的平均寿命因为空气污染很可能已经缩短了 5 年半。

2013 年 10 月 17 日，世界卫生组织下属国际癌症研究机构发布报告，首次指认大气污染对人类致癌，并且视其为普遍和主要的环境致癌物。然而，虽然空气污染作为一个整体致癌因素被提出，但它对人体的伤害可能是由其所含的几大污染物同时作用的结果。

对颗粒的长期暴露可引发心血管疾病和呼吸道疾病以及肺癌。当空气中 PM2.5 的浓度长期高于 $10\mu g/m^3$，就会带来死亡风险的上升。浓度每增加 $10\mu g/m^3$，总死亡风险上升 4%，心肺疾病带来的死亡风险上升 6%，肺癌带来的死亡风险上升 8%。此外，PM2.5 极易吸附多环芳烃等有机污染物和重金属，使致癌、致畸、致突变的概率明显升高。据 2014 年国家卫生计生委的统计数据显示，我国的肺癌发病率以每年 26.9% 的速度增长，近几十年来，每 10~15 年，肺癌的患者人数就会增加一倍。我国第三次居民死亡原因调查结果也显示，肺癌死亡率在过去 30 年间上升了 465%，取代肝癌成为中国致死率最高的恶性肿瘤。PM2.5 浓度的不断升高是致病的主要因素之一。

矿物纤维颗粒的生物活性及由此致病和致突变机制的复杂性，不同学者根据流行病学调查、动物试验、体外试验的研究成果提出了不同的致病假说。

建立在生物解剖学和颗粒空气动力学基础上的"纤维形态假说"强调矿物颗粒的纤维形态特征和机械刺入作用是其致病的重要因素，但该假说难以解释不同物质在同一长度和直径下致癌性或生物活性相差甚远的事实。

强调矿物纤维颗粒在生物体内的"持久性假说"则认为，矿物纤维颗粒持久性（耐蚀性）是解释可被吸入矿物纤维颗粒潜在致病作用的最重要指标，但未探讨矿物颗粒的生物持久性与矿物表面基团特性（电性、表面活性等）之间的关系。由于生物体内细胞本身就是带电体，其与带不同电性的矿物颗粒表面活性基团会产生相互作用而受损伤，其生物效应及其机理是矿物颗粒致病机理研究中的薄弱环节。

研究表明，大多数矿物原颗粒表面的 ξ 电位均为负值，这是因为这些矿物颗粒在中性水中释放的是表面的及可交换性的 Ca^{2+}、Mg^{2+}、K^+、Na^+ 等阳离子，尤其是具有一定阳离子交换能力的沸石、坡缕石、海泡石等的 ξ 电位负值较高，而经一定浓度 HCl 处理后的残

余物其 ξ 电位负值更高，说明在酸性介质中，进入溶液的阳离子越多，其表面带有越多的负电荷。

而蛇纹石及温石棉在水中易失去其表面的 OH^- 负离子基团，使 Mg^{2+} 被暴露在表面而带正电荷，所以在中性水中，蛇纹石及温石棉的 ξ 电位为正值。温石棉表面零电点 pH 值在 11.7 左右，当其处于 pH 值为 4～11.7 的溶液中时，随着 H^+ 浓度的增大，其表面的 OH^- 进入溶液越多，裸露出的 Mg^{2+} 也越多，ξ 电位正值越大；当 pH 值小于 4 时，随着表面 OH^- 的大量溶出，在结构中的 Mg^{2+} 不稳定，也就进入溶液，ξ 电位急剧降低，当 $Mg(OH)^+$ 全部被剥离，留下 SiO_2 的水化物，使其表面 ξ 电位就变为负值，所以当用 0.5mol/L HCl（比人体消化系统和呼吸系统的酸性强）处理后的温石棉表面 ξ 电位为 $-30mV$，阳起石石棉原颗粒在中性水中的 ξ 电位为 $-17.4mV$，因为阳起石石棉在水中释放出的是表面的 Ca^{2+}、Mg^{2+}、Na^+ 等阳离子，当处于酸性介质中时，进入介质中的表面阳离子会增多，使其表面带有更多的负电荷。

硅灰石原颗粒的 ξ 电位在 $-20mV$ 左右，当用 0.6mol/L HCl 处理后，其 ξ 电位变为 $-31.6mV$，这是因为处于 HCl 水溶液中的硅灰石（$CaSiO_3$），其 Ca^{2+} 大量进入溶液，使其残余物（SiO_2 水化物）表面带更多的负电荷。纤维坡缕石的 ξ 电位原颗粒为 $-14.1mV$，被 4mol/L HCl 溶蚀后，其表面 ξ 电位降至 $-23.9mV$，原理同上。

由此可以看出，矿物原颗粒在中性水中的 ξ 电位大多为负值，少数为正值，而用不同浓度的 HCl 处理后，ξ 电位大多有所降低，甚至原来 ξ 电位为正值的温石棉也变为负值。

颗粒表面 ξ 电位引起的生物学危害机理可从以下几方面解释。

(1) 人的消化、呼吸系统均为酸性环境，胃液的 pH 值为 0.1～1.9，肺泡拥有巨大的比表面积，是 CO_2 交换的主要场所，其 P_{CO_2} 为 $(4.80～5.87)\times10^3$ Pa，能够形成足够的 HCO_3^-、CO_3^{2-} 和 H^+，也是较强的酸性环境，进入呼吸系统和消化系统的矿物纤维颗粒其 ξ 电位是负值，而生物大分子如蛋白质大分子在酸性环境中带有较多的正电荷，细胞膜外表面电性也为正（内为负），因此，带负电荷的矿物纤维颗粒会与带正电荷的蛋白质、细胞膜等大分子物质发生静电吸引作用，进而发生细胞膜上脂质的过氧化反应。如海泡石经溶血试验后，残余物的 ξ 电位值比原颗粒的 ξ 电位值低，说明海泡石表面的阴离子基团可结合红细胞膜表面的季铵阳离子基团，改变膜脂构型导致溶血，从而破坏红细胞膜而致病。

(2) 蛋白质在一定的 pH 值溶液中带有同性电荷，同性电荷是相互排斥的，因此，蛋白质在溶液中借水膜和电性两种因素维护其稳定性。当带负电荷的矿物纤维颗粒与蛋白质作用时，维护蛋白质稳定性的电性则被中和，即易相互凝聚形成沉淀，使蛋白质发生变性，失去其生物活性，导致生物膜等的损伤而致病。

(3) 耐久（酸）性较强的矿物纤维在人体酸性环境中其形态（纤维性）、物性（弹性、脆性）较稳定，不易丧失，被细胞膜静电吸附后易刺伤细胞膜，进一步与细胞中的亲电子物质缓慢作用产生 OH^-、$OH\cdot$、O^{2-} 等自由基及 H_2O_2，引发脂质过氧化，脂质过氧化的细胞，其膜的完整性被破坏，溶酶体膜也被破坏，通透性增大，细胞崩解。如耐久性特强而表面 ξ 电位为负值的蓝石棉，其生物毒性（致癌性）比耐久性差、在中性或弱酸介质中表面 ξ 电位为正值的温石棉强烈得多。

12.3.2 对生物的危害性

科学家的最新研究指出，汽车排放的尾气等污染物可以迷惑昆虫，阻止它们对植物授粉。伴随汽车尾气等污染物质混入空气，飞蛾和其他昆虫灵敏的鼻子也将逐渐失效，这种效应带来的重大问题是导致蜜蜂等昆虫无法对植物授粉。

这项最新研究报告发表在《科学》杂志上，美国华盛顿大学的科学家将烟草蛾放在试验室风洞进行试验，将它暴露在汽车、卡车尾气和植物芳香混合气味中，人类活动对环境造成的污染破坏了烟草蛾发现花卉的能力，并且改变了烟草蛾大脑嗅觉神经对花卉气味的处理过程。

图 12-7　烟草蛾对曼陀罗花授粉

烟草蛾是一种大型夜间活动昆虫，翼展可达到10cm，主要分布在加拿大至中美洲，它们最喜欢的花卉是曼陀罗花。图 12-7 为科学家对烟草蛾对曼陀罗花授粉进行试验，在风洞测试和计算机控制气味刺激系统中，研究人员观察烟草蛾如何区分不同浓度曼陀罗花气味，同时，他们在气味中混合了车辆尾气，研究人员跟踪分析放置在烟草蛾触角神经叶上电极激活的神经路径，它的触角相当于昆虫的鼻子，触角神经叶相当于部分大脑，能够处理触角感知的气味。它们探测花卉的能力受到车辆排放尾气的影响，难以找到植物花卉进行授粉。

华盛顿大学杰弗里·里佛尔（Jeffrey Riffell）教授说："像蜜蜂、蝴蝶和飞蛾等授粉者，它们使用嗅觉远距离定位花卉，但是我们发现受交通车辆尾气影响，将破坏昆虫授粉者的嗅觉能力，即使附近存在着花卉，它们也无法探测到。现在一些飞蛾即使远距离飞行，也无法充分嗅闻到花卉味道，不知道花卉的所在位置。"

人们还需要进行更多的试验来判断，空气污染是否会破坏其他昆虫授粉者的嗅觉能力，例如蜜蜂，这对于农业将是非常重要的。

12.3.3　对空气能见度及气候的影响

悬浮在大气中的细微颗粒物对光的散射会使大气的能见度大大降低，这是一种大气污染现象，在人口和工厂密集度较高的城市中，这种污染尤为严重，严重影响了人类的生活质量。

人们一般认为，PM2.5 只是空气污染。其实，PM2.5 对整体气候的影响可能更大。PM2.5 能影响成云和降雨过程，间接影响气候变化。大气中雨水的凝结核，除了海水中的盐分，细微颗粒物 PM2.5 也是重要的来源。有些条件下，PM2.5 太多了，可能"分食"水分，使天空中的云滴都长不大，云层就变得比以前更少；有些条件下，PM2.5 会增加凝结核的数量，使天空中的雨滴增多，极端时可能发生暴雨。

12.3.4　对粉尘自燃和爆炸的影响

空气中细微颗粒物的存在及其含量不断增加会大大提高粉尘自燃和爆炸的概率。物体被粉磨成粉状物料时，总表面积和系统的自由表面能均显著增大，从而提高了粉尘颗粒的化学活性，特别是提高氧化生热的能力，在一定情况下会转化成燃烧状态，此即粉尘的自燃性。颗粒的粒度越小，自燃发生的可能性就越大。自燃性粉尘造成火灾的危险非常大，必须引起人们高度的重视。

可燃性悬浮粉尘在密闭空间内的燃烧会导致化学爆炸，这就是粉尘的爆炸性。发生粉尘爆炸的最低粉尘浓度和最高粉尘浓度分别称为粉尘爆炸的下限浓度和上限浓度。处于上、下限浓度之间的粉尘属于有爆炸危险的粉尘。

粉尘爆炸的发生需要具备四个必要条件：一定浓度的可燃性粉尘云、一定能量的点火源、足够的空气（氧气量）、相对密闭的空间。其中一定浓度的粉尘云是发生粉尘爆炸的关键，所谓粉尘云是指具有一定密度和粒度的粉尘颗粒在空气中受到的重力与空气的阻力和浮力相平衡时，就会悬浮或浮游在空气中而不会沉降下来，这种粉尘与空气的混合物称为粉尘云。粉尘云首先是粉尘颗粒通过扩散作用均匀分布于空气中形成的悬浊体；其次，粉尘云中的粉尘颗粒一般都是细微颗粒，这些细微颗粒的表面能较大，表面不饱和电荷较多，易于发生强烈的静电作用；另外，由于粉尘云中的固体粉尘颗粒与空气充分接触，如果燃烧条件满足，一旦发生燃烧，其燃烧速率非常快。

对于可燃性粉尘形成的粉尘云，当其中的粉尘浓度达到一定值后，就有可能发生燃烧并爆炸。可以被氧化的粉尘如煤粉、化纤粉、金属粉、面粉、木粉、棉、麻、毛等，在一定条件下均能发生着火或爆炸。因此，粉尘爆炸的危险性广泛存在于冶金、石油化工、煤炭、轻工、能源、粮食、医药、纺织等行业。

爆炸危险最大的粉尘（如砂糖、胶木粉、硫及松香等），爆炸的下限浓度小于 $16g/m^3$；有爆炸危险的粉尘（如铝粉、亚麻、页岩、面粉、淀粉等），爆炸下限浓度为 $14\sim65g/m^3$。

如前所述，可燃性粉尘在燃烧时会释放出能量，而能量的释放速率即燃烧的快慢除与其本身的相对可燃性有关外，还取决于其在空气中的暴露面积，即粉尘颗粒的粒度。对于一定成分的尘粒来说，粒度越小，表面积越大，燃烧速率也就越快。如果微细尘粒的粒度小至一定值且以一定浓度悬浮于空气中，其燃烧过程可在极短时间内完成，致使瞬间释放出大量能量，这些能量在有限的燃烧空间内难以及时逸散至周围环境中，结果导致该空间的气体因受热而发生急剧的近似绝热膨胀。同时，粉体燃烧时还会产生部分气体，它们与空气的共同作用使燃烧空间形成局部高压。气体瞬间产生的高压远超过容器或墙壁的强度，因而对其造成严重的破坏或摧毁。因此粉尘爆炸的定义是指粉尘在爆炸极限范围内，遇到热源（明火或温度），火焰瞬间传播于整个混合粉尘空间，化学反应速率极快，同时释放大量的热，形成很高的温度和很大的压力，系统的能量转化为机械功以及光和热的辐射，具有很强的破坏力。

粉尘爆炸具有以下特点。

（1）发生频率高，破坏性强　粉尘爆炸机理相对于气体爆炸机理更复杂，所以，粉尘爆炸过程相对于气体爆炸过程也复杂得多，表现为粉尘的点火温度、点火能普遍比气体的点火温度和点火能都要大，这决定了粉尘不如气体容易点燃。一方面，在现有工业生产状况下，粉尘爆炸的频率低于气体爆炸的频率。另一方面，随着大生产机械化程度的提高，粉体产品增多，加工深度增大，特别是粉体生产、干燥、运输、储存等工艺的连续化和生产过程中收尘系统的出现，使得粉尘爆炸事故在世界各国的发生频率日趋增大。

粉尘的燃烧速率虽比气体燃烧速率慢，但因固体的分子量一般比气体的分子量大得多，单位体积中所含的可燃物的量就较多，一旦发生爆炸，产生的能量高，爆炸威力也就大。爆炸时温度普遍高达 $2000\sim3000℃$，最大爆炸压力可达近 $700kPa$。

（2）粉尘爆炸的感应期长　粉尘着火的机理分析表明，粉尘爆炸首先要使粉尘颗粒受热，然后分解、蒸发出可燃气体，粉尘从点火到被点着之间的时间间隔称为感应期，它的长短是由粉尘的可燃性及点火源的能量大小所决定的。一般粉尘的感应期约为14s，利用这个时段即可探测出粉体将要发生粉尘爆炸。

（3）易造成"二次爆炸" 粉尘爆炸发生时很容易扬起沉积的或堆积的粉尘，其浓度往往比第一次爆炸时的粉尘浓度还要大。另外，在粉尘爆炸中心，有可能形成瞬时的负压区，新鲜空气向爆炸中心逆流与新扬起的粉尘重新组成爆炸性粉尘而发生第二次爆炸、第三次爆炸等，由于粉尘浓度大，所以随后的爆炸压力比第一次还大，破坏性就更严重。

（4）爆炸产物容易是不完全燃烧产物 与一般气体的爆炸相比，由于粉尘中可燃物的量相对较多，粉尘爆炸时燃烧的是分解出来的气体产物，灰分是来不及燃烧的。

（5）爆炸会产生两种有毒气体 粉尘爆炸时一般会产生两种有毒气体：一种是一氧化碳；另一种是爆炸产物（如塑料）自身分解的有毒气体。

粉尘爆炸的威力常常超过炸药和可燃气体的爆炸，原因在于炸药和可燃气体的爆炸是一次性完成的，而粉尘爆炸是连续的、跳跃式的爆炸。当一点粉尘遇火源爆炸后，所产生的高温或热源会引起另一点已达到爆炸浓度极限的粉尘爆炸，这如同原子反应传递一样。另外，粉尘爆炸产生的冲击波和震动会使处于沉积的粉尘飘浮起来形成新的爆炸混合物，在高温作用下发生新的爆炸，这种连续多次的爆炸时间间隔极短，人们感觉中就好像只发生过一次爆炸。

一般比较容易发生爆炸或事故的粉尘大致有铝粉、锌粉、硅铁粉、镁粉、铁粉、铝材加工研磨粉、各种塑料粉末、有机合成药品的中间体、小麦粉、糖、木屑、染料、胶木灰、奶粉、茶叶粉末、烟草粉末、煤尘、植物纤维尘等。这些物料的粉尘易发生爆炸或燃烧的原因是都有较强的还原剂 H、C、N、S 等元素存在，当它们与过氧化物和易爆粉尘共存时，便发生分解，由氧化反应产生大量的气体，或者气体量虽小，但释放出大量的燃烧热。例如，铝粉只要在二氧化碳气氛中就有爆炸的危险。

粉尘爆炸的难易与粉尘的物理、化学性质和环境条件有关。一般认为燃烧热越大的物质越容易爆炸，如煤尘、炭、硫黄等。氧化速率快的物质容易爆炸，如镁粉、铝粉、氧化亚铁、染料等。容易带电的粉尘也很容易引起爆炸，如合成树脂粉末、纤维类粉尘、淀粉等。这些导电不良的物质由于与机器或空气摩擦产生的静电积聚起来，当达到一定量时，就会放电产生电火花，构成爆炸的火源。

通常不易引起爆炸的粉尘有土、砂、氧化铁、研磨材料、水泥、石英粉尘以及类似于燃烧后的灰尘等。这类物质的粉尘化学性质比较稳定，所以不易燃烧。但是如果这类粉尘产生在油雾以及 CO、CH₄、煤气之类可燃气体中，也容易发生爆炸。

发生在我国的粉尘爆炸典型案例有：1942 年我国本溪煤矿曾发生世界上最大的煤尘爆炸事故，死亡 1549 人，重伤 246 人。1987 年哈尔滨亚麻厂发生的亚麻尘爆炸事故，死亡 58 人，轻重伤 177 人。2014 年 8 月 2 日江苏昆山开发区中荣金属制品有限公司汽车轮毂（主要成分为铝合金）抛光车间发生的粉尘爆炸事故，致 75 人死亡，近 200 人受伤。

12.4 细微颗粒物的监测技术

12.4.1 PM2.5 与空气质量标准

大气中细微颗粒物的标准，是由美国在 1997 年提出的，如表 12-1 所示，主要是为了更有效地监测随着工业化日益发达而出现的且在旧标准中被忽略的对人体有害的细小颗粒物。细微颗粒物指数已经成为一个重要的测控空气污染程度的指数。

表 12-1　1997 年美国提出的空气质量新标准

空气质量等级	24h PM2.5 平均值标准值	空气质量等级	24h PM2.5 平均值标准值
优	$0 \sim 35 \mu g/m^3$	中度污染	$115 \sim 150 \mu g/m^3$
良	$35 \sim 75 \mu g/m^3$	重度污染	$150 \sim 250 \mu g/m^3$
轻度污染	$75 \sim 115 \mu g/m^3$	严重污染	大于 $250 \mu g/m^3$ 及以上

到 2010 年底为止，除美国和欧盟一些国家将细微颗粒物纳入国标并进行强制性限制外，世界上大部分国家都还未开展对细微颗粒物的监测，大多通行对 PM10 进行监测。截至目前，我国各大中城市已陆续完成 PM2.5 仪器安装调试并运行，开始正式对 PM2.5 进行监测并发布数据。

目前，我国的 PM2.5 标准值为 24h 平均浓度小于 $75 \mu g/m^3$ 为达标，这一数值与 PM2.5 国际标准相比，还相差甚远，仅仅是达到世卫组织（WHO）设定的最宽标准。世界卫生组织认为，PM2.5 标准值为小于 $10 \mu g/m^3$，年均浓度达到 $35 \mu g/m^3$ 时，人患病并致死的概率将大大增加。而以世卫组织数据为准的话，PM2.5 国际标准分别为准则值，24h 小于 $25 \mu g/m^3$；过渡期目标 1，24h 小于 $75 \mu g/m^3$；过渡期目标 2，24h 小于 $50 \mu g/m^3$；过渡期目标 3，24h 小于 $37.5 \mu g/m^3$。

12.4.2　PM2.5 监测技术

测定 PM2.5 的浓度主要是两个步骤，即把 PM2.5 与较大的颗粒物分离，然后测定分离出来的 PM2.5 的质量。国内外分离 PM2.5 的方法基本一致，均由具有特殊结构的切割器及其产生的特定空气流速达到分离效果。其基本原理是：在抽气泵的作用下，空气以一定的流速流过切割器，较大的颗粒因为惯性大而被涂了油的部件截留，惯性较小的细颗粒绝大部分随着空气流而通过。

目前，国际上广泛采用的 PM2.5 监测技术有以下几种。

12.4.2.1　滤膜称重法

滤膜称重法（亦称重量法或手工法）为国家标准分析方法（HJ 618—2011）。通过采样器以恒定速度抽取一定体积量空气，将空气中的细微颗粒物截留在滤膜上，再用天平进行滤膜称重得到采样前后其质量变化，结合采样空气体积，计算出浓度。该法对细小颗粒物截留效率高，测定结果准确，可认为是最直接、最可靠的测试方法，并且作为验证其他测量方法的结果是否准确的参比。但该法室外采样然后实验室称重，操作过程烦琐，测试结果具有滞后性。

该方法使用的主要仪器和设备有：采样器，具有切割特性，其切割粒径 D_{a50} 为 $(2.5 \pm 0.2) \mu m$，收集效率的几何标准差 σ_g 为 $(1.2 \pm 0.1) \mu m$，采样器孔口装有流量计；滤膜，根据样品采集目的可选用玻璃纤维滤膜、石英滤膜等无机滤膜或聚氯乙烯、聚丙烯、混合纤维素等有机滤膜。滤膜对 $0.3 \mu m$ 粒子的截留效率不低于 99%。空白滤膜先进行平衡处理至恒重，称量后，放入干燥器中备用。分析天平，其感量为 0.1mg 或 0.01mg。恒温恒湿箱（室），箱（室）内空气温度在 $15 \sim 30 ℃$ 范围内可调，控温精度为 $\pm 1 ℃$，箱（室）内空气相对湿度应控制在 $(50 \pm 5)%$，恒温恒湿箱（室）可连续工作。

干燥器内盛变色硅胶。

采样时，采样器入口距地面高度不得低于 1.5m，采样不宜在风速大于 8m/s 等天气条件下进行。采样点应避开污染源及障碍物。如果测定交通枢纽处，采样点应布置在距人行道边缘外侧 1m 处。采样时，将已称重的滤膜用镊子放入洁净采样夹内的滤网上，滤膜毛面应朝进气方向。将滤膜牢固压紧至不漏气。如果测定任何一次浓度，每次需更换滤膜；如测日平均浓度，样品可采集在一张滤膜上。采样结束后，用镊子取出。将有尘面两次对折，放入样品盒或纸袋，并且做好采样记录，滤膜采样后，如不能立即称重，应在 4℃ 条件下冷藏保存。

测定的 PM2.5 浓度按下式计算可得：

$$\rho = \frac{w_2 - w_1}{V} \times 1000$$

式中，ρ 为 PM2.5 浓度，$\mu g/m^3$；w_2 为采样后滤膜的质量，mg；w_1 为采样前空白滤膜的质量，mg；V 为换算成标准状态下的采样气体体积，m^3。

12.4.2.2 压电晶体频差法

压电晶体频差法的工作原理是恒定流量空气经过一个切割器后进入静电采样器，气流中的颗粒物因高压电晕的放电作用而在测量谐振器电极表面上聚集，引起其振荡频率变化，从而可测定颗粒物的质量浓度。石英谐振器起到超微量天平的作用，该法可以实现实时在线监测颗粒物浓度。

12.4.2.3 光散射法

光散射法主要是结合米氏散射理论和颗粒物的相关参数来反推颗粒物质量浓度，其系统结构如图 12-8 所示。当光照射在空气中悬浮的细颗粒物上时，产生散射光。在颗粒物性质保持一定的前提下，颗粒物的散射光强度和其自身的质量浓度存在正比关系。再利用质量浓度的转换系数（K 值）就可最终获得颗粒物的质量浓度。

该方法也可实现实时在线的非接触监测，直接得到测量数据，但实际应用中颗粒物重叠、形状、携带电荷等许多相关因素会引起测量结果误差。此外，监测结果也易受颗粒物粒径、组成和结构、光折射性等影响。因此国内外较少单独采用此方法来测量 PM2.5，通常是与其他方法结合应用，以提升测量结果的准确性。

12.4.2.4 β射线吸收法

该方法已发展成为一种较为成功的在线监测 PM2.5 的技术，得到了美国环保署的认可。β射线法 PM2.5 颗粒物监测仪由 PM10 采样头、PM2.5 切割器、样品动态加热系统、采样泵和仪器主机组成。流量为 $1m^3/h$ 的环境空气样品经过 PM10 采样头和 PM2.5 切割器后，成为符合技术要求的 PM2.5 颗粒物样品气体。在样品动态加热系统中样品气体的相对湿度被调整到 35% 以下，样品进入仪器主机后，颗粒物被收集在可以自动更换的滤膜上。在仪器中，滤膜的两侧分别设置了 β射线源和 β射线检测器。由于 β射线检测器的输出信号能直接反映采集样品前后的滤膜上颗粒物的质量变化，仪器通过分析 β射线检测器的信号变化得到一定时段内采集的颗粒物质量数值，结合相同时段内采集的样品的体积，最终报告出采样时段的颗粒物浓度。β射线法 PM2.5 颗粒物监测仪可以分为步进式和连续式。

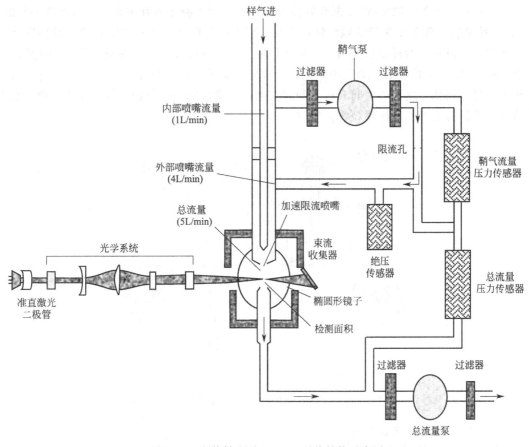

图 12-8 光散射法测 PM2.5 系统结构示意图

(1) 步进式 β 射线法 PM2.5 颗粒物监测仪 该监测仪的采样室和传感器是在不同的位置,滤膜需要在两个位置来回移动,样品采集和分析是在不同的时段进行,仪器在采样结束后才进行测量得到采样时段的颗粒物平均浓度。需要得到小时平均数据时,每 1h 就要使用一段滤膜,一般环境条件下一卷滤膜使用约 2 个月。图 12-9 是步进式 β 射线法 PM2.5 颗粒物监测仪的结构。

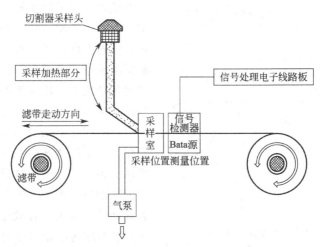

图 12-9 步进式 β 射线法 PM2.5 颗粒物监测仪结构示意图

（2）连续式β射线法PM2.5颗粒物监测仪　该仪器的测量室和采样室是叠加在一起的，β射线传感器实时测量采集到的颗粒物，样品滤膜不需要在分开布置的测量室和采样室之间来回移动，所以不会给样品带来损失，从而保证了颗粒物连续实时的测量。图12-10是连续式β射线法PM2.5颗粒物监测仪的结构。40m的过滤膜一般可以使用9个月。仪器安装极其简单，没有需要过度消耗时间和精力的复杂部件。常规的例行维护一年只需要一次，是当前市场上维护量最低的连续颗粒物监测仪。

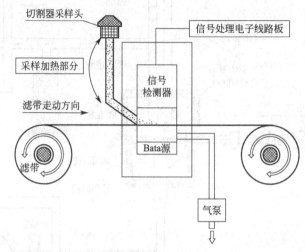

图12-10　连续式β射线法PM2.5颗粒物监测仪结构示意图

12.4.2.5　β射线光浊度法

β射线吸收法对颗粒物测量具有准确度高及传感器信号和颗粒物质量关联度高的特点，但其响应速度比较慢，因而通常只使用它的小时平均值。对于需要了解短时间内颗粒物浓度变化情况的应用，可以选用β射线光浊度法的颗粒物监测仪。该监测仪是一种同时运用光浊度法和β射线吸收法对颗粒物质量浓度进行连续实时测量的仪器。光浊度法对颗粒物测量具有精度高、响应速度快及传感器信号和颗粒物光学特性关联度高的特点。β射线光浊度法颗粒物监测仪结合了光浊度计法和β射线吸收法的优点，高灵敏度的光浊度计的测量结果被β射线传感器的时间平均测量值连续地修正，仪器在保持了β射线吸收法具有的长期数据准确性的基础上，具有很高的短期数据精度和准确度，监测数据的时间分辨率达到1min。具体测量过程是：光学传感器测量颗粒物经过880nm波长的光路时产生的散射光，光学传感器的响应和颗粒物的浓度呈线性关系，可以连续计算出1min的移动平均值和动态平均值。随后，颗粒物会沉积在玻璃纤维滤带上。在滤带收集颗粒物期间，采用β射线传感器对已知面积的样品区域的颗粒物质量进行测量。另外，β射线传感器

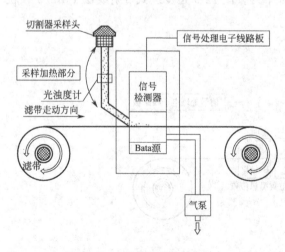

图12-11　β射线光浊度法PM2.5
颗粒物监测仪结构示意图

还测量来自于已采集颗粒物的 α 射线，进而消除了由于氡气衰退出现的子核素产生的 β 射线造成的负质量的假象，从而达到完美的质量测量。仪器用测得的颗粒物质量和样品体积就可以输出一个连续的颗粒物质量浓度。另外，β 射线光浊度法颗粒物监测仪还配有智能湿度控制系统，它既可以消除湿气的干扰，又可以保留挥发性颗粒物，保证了测量结果和标准方法的一致性。图 12-11 为 β 射线光浊度法 PM2.5 颗粒物监测仪的结构。

12.4.2.6 微量振荡天平法

微量振荡天平法 PM2.5 颗粒物监测仪由 PM10 采样头、PM2.5 切割器、滤膜动态测量系统、采样泵和仪器主机组成。流量为 $1m^3/h$ 的环境空气样品经过 PM10 采样头和 PM2.5 切割器后成为符合技术要求的 PM2.5 颗粒物样品气体。样品随后进入配置有滤膜动态测量系统（FDMS）的微量振荡天平法监测仪主机。在主机中测量样品质量的微量振荡天平传感器主要部件是一支一端固定、另一端装有滤膜的空心锥形管，样品气流通过滤膜，颗粒物被收集在滤膜上。图 12-12 为微量振荡天平传感器。在工作时空心锥形管是处于往复振荡的状态，它的振荡频率会随着滤膜上收集的颗粒物质量的变化发生改变，仪器通过准确测量频率的变化得到采集到的颗粒物的质量，然后根据收集这些颗粒物时采集的样品体积计算得出样品的浓度。配置有滤膜动态测量系统后，仪器能准确测量在测量过程中挥发掉的颗粒物，使最终报告数据得到有效补偿，更接近于真实值。图 12-13 为配置有滤膜动态测量系统（FDMS）的微量振荡天平法颗粒物监测仪的结构。它的工作流程是：来自于 PM2.5 切割器的 PM2.5 样品气样进入膜动态测量系统后首先会经过干燥器，在那里样品的相对湿度降到一定的范围，随后样品气体会根据系统切换阀的状态流向不同的部件。在测量的第一时段，PM2.5 样品会直接到达微量振荡传感器，样品中的颗粒物被收集在滤膜上，当第一时段结束时仪器可测得滤膜上的颗粒物的质量，计算出样品的质量浓度；在测量的第二时段，系统

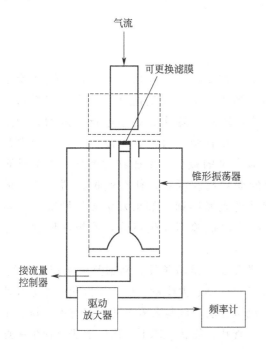

图 12-12 微量振荡天平传感器示意图

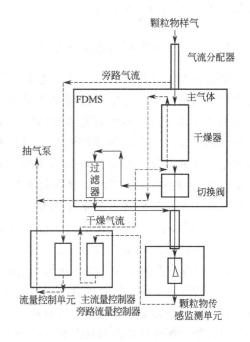

图 12-13 微量振荡天平法颗粒物监测仪（含滤膜动态测量系统 FDMS）结构示意图

切换阀将 PM2.5 样品气样导入滤膜动态测量系统的冷凝器，样品气体中的颗粒物和有机物等组分被冷凝并被安装在那里的过滤器截留，通过冷凝器之后的纯净气体再进入微量振荡传感器，由于此时气样中不含颗粒物，因此传感器上的滤膜不会增重，反而因滤膜上的已收集颗粒物中的挥发性或半挥发性颗粒物的持续挥发，而造成滤膜上已收集颗粒物的质量减少，在第二时段结束时仪器可测在测量周期内挥发掉的颗粒物的质量和浓度。最终仪器用第二时段测得的数据对第一时段测得的数据进行补偿输出测量结果。

总之，由于 PM2.5 颗粒物由多种物质组成，并且以不同的形态存在于环境空气中，在进行自动监测过程中需要排除由于颗粒物的吸水性带来的测量结果偏高和挥发性物质在分析过程中丢失造成的测量结果偏低的问题。经过美国环保署认证的 PM2.5 颗粒物监测仪都有固定的基本配置和工作参数设置来最大限度地保证数据的准确性。β 射线吸收法、β 射线光浊度法和微量振荡天平法分别满足了不同用户对 PM2.5 颗粒物质量浓度的监测需求：β 射线吸收法仪器可以提供 PM2.5 颗粒物的 1h 平均浓度；β 射线光浊度法除了能提供基本的 PM2.5 颗粒物的 1h 平均浓度以外，还可以提供高准确度和精度的 1min 平均浓度，同时它的维护量又是最低的；配置滤膜动态测量系统的微量振荡天平法仪器在被美国环保署认可的仪器中是唯一一款采用颗粒物质量直接测量的仪器，滤膜动态测量系统的运用使仪器能够测得分析过程中挥发掉的挥发性和半挥发性颗粒物的质量，经过补偿后的数据更接近于标准称重法的测量结果，它的数据是自动法 PM2.5 颗粒物监测仪中准确度最高的。经世界各国的权威检定机构及第三方监测机构的测试，微量振荡天平与滤膜动态测量系统联用技术与标准重量法数据的相关性最佳，在 94%～99% 之间。而 β 射线技术的相关性在 77%～90% 之间。因此，微量振荡天平技术成为目前世界各国正在使用的颗粒物自动监测的主流技术。我国 2012 年制定的环境空气质量新标准（GB 3095—2012）也把微量振荡天平法和 β 射线法作为 PM2.5 自动分析的标准方法。

12.4.3　粉尘爆炸监测技术

描述粉尘爆炸特性的一个重要参数是爆炸下限浓度，从安全角度来说，可燃性粉尘的爆炸下限浓度对实际生产过程是非常重要的。爆炸下限浓度是指悬浮在给定容积内可以被引燃并能维持火焰传播的最低粉尘浓度，该参数是在爆炸装置中进行测定的。测定时用压缩空气将一定量的试验粉尘均匀弥散并悬浮在管中，由电火花放电点火，粉尘是否发生爆炸的判断准则有容器内压力的升高、氧含量的减少、生成物的增加、火焰是否能够自维持传播等。由于测定氧含量及生成物的变化比较困难，往往通过容器内压力的变化情况或火焰的传播情况来作为是否发生爆炸的判断准则。如果发生爆炸则减少一定粉尘量再进行试验，直至在给定的粉尘量下连续 5 次试验不发生爆炸，此极限值就是爆炸下限浓度，浓度均采用质量分数。

粉尘爆炸参数的试验测定往往与所使用的仪器设备、试验条件、判据及定义密切相关。粉尘爆炸的所有参数，如点火温度、最低爆炸浓度、最小点火能量、爆炸压力和压力上升速度等都不是物质的基本参数，它们与环境条件、测试方法和试验者确定的判据有关。目前世界上研究粉尘爆炸的容器形状大致可以分为 3 种：管状、筒状、球形。国际上研究粉尘爆炸参数的设备大多采用长径比为 4.26 的 1.3L 哈特曼（Hartmanm）管、20L 的球罐以及 1m³ 的筒形容器。在我国有的研究者也使用 1.2L 的哈特曼管及 5.125L 的管状容器。图 12-14 为

1.2L 的哈特曼装置，试验装置主要由扬尘、控制、点火、测试和数据采集等系统组成。容器主体由一个内径为 69mm、高度为 296.5mm、壁厚为 9.5mm 的筒形容器及粉尘扩散装置组成，距容器主体底部 100mm 处装有点火电极。

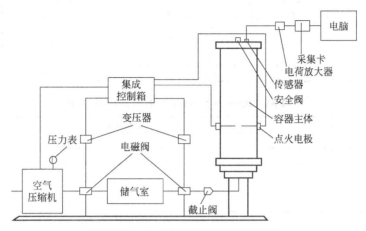

图 12-14　1.2L 的哈特曼装置示意图

（1）点火系统由点火电极、电源、高压变压器等组成。当把粉尘弥散到哈特曼管里时必须有足够能量的点火源才能发生爆炸。此套装置的点火源为交流点火，即高压通过电极，使电极之间的空气电离击穿产生电弧，以引燃哈特曼管里弥散的空气和粉尘混合物。

（2）扬尘系统主要由扬尘喷嘴、电磁阀、气路以及底座等组成。可将哈特曼管底的粉尘以一定扬尘压力吹起，均匀地分散在整个哈特曼管内空间，形成粉尘云。喷嘴是扬尘系统的重要组成部分，由喷嘴盖、喷嘴中板、喷嘴接管三部分组成。喷嘴中板的结构为环形，而且在环形中板上设置了 8 个 ϕ2mm 的气孔以排出压缩空气，喷嘴盖、喷嘴中板及喷嘴接管之间采用焊接。

（3）控制系统由电磁阀、气路、电路系统组成。主要通过电路、高压气流和气路控制管体封闭。在喷粉时，电磁阀迅速打开，高压气流经喷嘴进入管内，吹起哈特曼管底的粉尘，使其均匀地分散在整个管内空间。

（4）测试和数据采集系统由传感器、电荷放大器、采集卡、计算机等组成。由传感器接收爆炸压力信号，通过采集卡将数据传给计算机，经过计算程序，得到粉尘爆炸压力的数据和图形。

表 12-2 和表 12-3 是对不同粒径的市售工业黑索金（RDX）进行粉尘爆炸试验的结果。点火采用电火花放电点火的方式，点火电压为 10kV。参照 GB/T 16425—1996 粉尘云爆炸下限浓度测定方法，对黑索金粉尘的爆炸下限浓度进行测试，得出其爆炸下限。试验 RDX 选取 45μm 粒径和 120μm 粒径，其浓度从 100g/m³ 开始，表中"√"代表爆炸，"×"代表未爆炸。从测试结果可以得知，45μm 和 120μm 粒径的黑索金粉尘爆炸下限浓度分别为 37.5g/m³ 和 50g/m³。测试结果表明，RDX 的粒径越小，单位体积的表面积越大，与空气接触得也更加充分，化学活性更强，爆炸或燃烧容易进行。所以，RDX 的爆炸下限浓度随着粒度的减小而降低，下限浓度越低，其可爆范围越大，更可能发生爆炸，危险性更大。

表 12-2　45μm 粒径 RDX 的爆炸下限测试结果

浓度/(g/m³)	试验次数				
	1	2	3	4	5
100	√	√	√	√	√
83	√	√	√	√	√
67	√	√	√	√	√
50	√	√	√	×	√
42	√	√	√	√	√
37.5	×	×	×	×	×

表 12-3　120μm 粒径 RDX 的爆炸下限测试结果

浓度/(g/m³)	试验次数				
	1	2	3	4	5
100	√	√	√	√	√
83	√	√	×	√	√
67	√	√	√	√	√
50	×	×	×	×	×

参 考 文 献

[1]　陶珍东，郑少华. 粉体工程与设备 [M]. 第 2 版. 北京：化学工业出版社，2010.

[2]　华坚. 环境污染控制工程材料 [M]. 北京：化学工业出版社，2009.

[3]　徐云龙，赵崇军，钱秀珍. 纳米材料学概论 [M]. 上海：华东理工大学出版社，2008.

[4]　孙迎雪，田媛. 微污染水源饮用水处理理论及工程应用 [M]. 北京：化学工业出版社，2011.

[5]　宁爱民，文军浩，郑德智，樊尚春. PM2.5 监测技术及其比对测试研究进展 [J]. 计测技术，2013，33（4）：11-14.

[6]　欧阳松华. PM2.5 在线监测技术概述 [J]. 中国环保产业，2012，4：14-18.

[7]　郭辰，刘涛，赵晓红. 大气细颗粒物的健康危害机制及拮抗作用研究进展 [J]. 环境与健康杂志，2014，31（2）：185-188.

[8]　张文丽，徐东群，崔九思. 空气细颗粒物（PM2.5）污染特征及其毒性机制的研究进展 [J]. 中国环境监测，2002，18（1）：59-63.

[9]　刘元方，陈欣欣，王海芳. 纳米材料生物效应研究和安全性评价前沿 [J]. 自然杂志，2013，33（4）：192-197.

[10]　张浩，黄新杰，刘秀玉，朱庆明，刘影，林晓飞. 纳米材料安全性的研究进展及其评价体系 [J]. 过程工程学报，2013，13（5）：893-900.

[11]　黄元龙，杨新. 大气细颗粒物对大气能见度的影响. 科学通报 [J]. 2013，58（13）：1165-1170.

[12]　张丽芳. 可燃粉尘爆炸下限浓度的测试研究 [J]. 机械工程与自动化，2009，156（5）：97-98.

激光衍射法粒度测试中各种材料的折射率

英文名称	中文名称	化学式/特征描述	折射率		波长 /μm
			实部	虚部	
acetic anhydride	乙酸酐,无水乙酸		1.39		589
acetylene soot	乙炔		1.56～1.99	0.3～0.5	633
actinolite	阳起石		1.618～1.641		589
adularia (moonstone)	冰长石(月长石)		1.525		589
aventurine(feldspar)	砂金石(长石)		1.532～1.542		589
aventurine(quartz)	砂金石(石英)		1.544～1.553		589
agalmatolite(agalmatolite)	寿山石,冻石		1.55		589
agate	玛瑙	SiO_n	1.544～1.553		589
ailicate		$Al_2O_3 \cdot SiO_2$	1.66		589
alabandite	硫锰矿	MnS	2.7		589
albite(feldspar)	钠长石(长石)	$NaAlSi_3O_8$	1.525～1.536		589
albite(moonstone)	钠长石(月长石)	$NaAlSi_3O_8$	1.535		589
alexandrite	紫翠玉	$BeAl_2O_4$	1.744～1.755		589
alginic acid,sodium salt	藻蛋白酸,钠,食盐		1.334		589
almandite	贵榴石,铁铝榴石		1.79		589
alumina(α)	氧化铝	Al_2O_3	1.765		589
alumina(γ)	氧化铝	Al_2O_3	1.7		589
aluminite	矾石,铝氧石	$Al_2(SO_4)(OH)_4 \cdot 7H_2O$	1.46～1.47		589
aluminum	铝	Al	1.48	3.9	657
aluminum	铝	Al	2.143		729
aluminum	铝	Al	0.598		443
aluminum	铝	Al	1.304		620
aluminum	铝	Al	2.237		886
aluminum chloride	氯化铝	$AlCl_3 \cdot 6H_2O/Al_2Cl_6$	1.56		589
aluminum nitrate	硝酸铝	$Al(NO_3)_3 \cdot 9H_2O$	1.54		589
aluminum oxide	氧化铝	Al_2O_3	1.768		589

英文名称	中文名称	化学式/特征描述	折射率		波长
			实部	虚部	/μm
aluminum oxide	氧化铝	$Al_2O_3 \cdot H_2O$	1.624		589
alunite	明矾石	$(K,Na)Al_3(SO_4)_2(OH)_6$	1.57~1.59		589
amazonite(feldspar)	天河石,绿长石(长石)		1.525		589
amber	琥珀		1.54		589
amblygonite	锂磷铝石		1.611~1.637		589
amethyst	紫水晶	$SiO_2 \cdot nH_2O$	1.533~1.553		589
aluminium ammonium sulfate	硫酸铝铵	$NH_4Al(SO_4)_2 \cdot 12H_2O$	1.459		589
ammonium calcium phosphate	磷酸钙铵	$NH_4CaPaO_4 \cdot 7H_2O$	1.561		589
ammonium chloride	氯化铵	NH_4Cl	1.642		589
ammonium ditartrate	酒石酸铵	$(NH_4)_2C_4H_4O_5$	1.55~1.58		589
ammonium hydrocarbonate	碳酸氢铵	NH_4HCO_3	1.423		589
ammonium hydrogen tartrate	酒石酸氢铵	$NH_4HC_4H_4O_5$	1.561		589
ammonium hydrosulfate	硫酸氢铵	$NH_4H_2SO_4$	1.473		589
ammonium hydrosulfide	氢硫化铵	NH_4HS	1.74		589
ammonium nitrate	硝酸铵	NH_4NO_3	1.41		589
ammonium perchlorate	高(过)氯酸铵	NH_4ClO_4	1.482		589
ammonium sulfite	亚硫酸铵	$(NH_3)_2SO_3 \cdot H_2O$	1.515		589
ammonium zinc sulfate	亚硫酸锌铵	$(NH_4)_2SO_4 \cdot ZnSO_4 \cdot 6H_2O$	1.493		589
analcite	方沸石	$NaAlSi_2O_6 \cdot H_2O$	1.48~1.49		589
anatase	锐钛矿	TiO_2	2.49~2.56		589
andalusite	红柱石	Al_2OSiO_4	1.63~1.65		589
anhydrite	无水石膏	$CaSO_4$	1.57~1.61		589
anglesite	硫酸铅矿	$PbSO_4$	1.87		589
anorthite	钙长石	$CaAl_2Si_2O_3/CaAl_2O_3 \cdot 2SiO_3$	1.583		589
anorthoclase	斜长石	$(K,Na)AlSi_3O_8$	1.52~1.53		589
antimony bromide	溴化锑	$SbBr_3$	1.74		589
antimony pentachloride	五氯化锑	$SbCl_5$	1.601		589
antimony tetraoxide	四氧化锑	$Sb_2O_4/Sb_2O_3 \cdot Sb_2O_5$	2.0		589
antimony trisulfide	三硫化锑	Sb_2O_3	4.064		589
antimony trioxide	三氧化锑	Sb_2O_3/Sb_4O_4	2.087~2.180		589
apatite	磷灰石	$CaS(PO_4)_3(OH,F,Cl)$	1.63~1.67		589
apophyllite	鱼眼石		1.536		589
aquamarine	绿玉		1.577~1.583		589
aragonite	霞石,文石	CaO_3	1.53~1.69		589
arsenic triiodide	三碘化砷	AsI_3	2.23~2.59		589
arsenic trioxide	砒霜,三氧化二砷	As_2O_3/As_4O_6	1.76~1.90		589
arsenic trisulfide	三硫化二砷	As_2S_3	2.5976	0.42	644
arsenic trisulfide	三硫化二砷	As_2S_3	2.5586	0.13	701
artinite	水纤菱镁矿	$MgCO_3 \cdot Mg(OH)_2 \cdot H_2O$	1.489		589

续表

英文名称	中文名称	化学式/特征描述	折射率		波长 /μm
			实部	虚部	
augelite	光彩石		1.574～1.588		589
azurite	蓝铜矿	$2CuCO_3 \cdot Cu(OH)_2$	1.73		589
baddeleyite	斜锆石,二氧化锆	ZrO_2	2.17		589
barite	重晶石,硫酸钡	$BaSO_4$	1.64～1.65		589
barium acetate	乙酸钡	$Ba(C_2H_3O_2)_2 \cdot H_2O$	1.52		589
barium chloride(α)	二氯化钡	$BaCl_2$	1.73		589
barium dithionate	过二硫酸钡	$Ba(SO_3)_2 \cdot 2H_2O$	1.58		589
barium fluoride	氟化钡	BaF_2	1.484		404
barium fluoride	氟化钡	BaF_2	1.476		546
barium fluoride	氟化钡	BaF_2	1.474		589
barium fluoride	氟化钡	BaF_2	1.473		656
barium fluoride	氟化钡	BaF_2	1.472		706
barium fluoride	氟化钡	BaF_2	1.469		894
barium formate	甲酸钡	$Ba(CHO_2)_2$	1.59		589
barium hydroxide	氢氧化钡,羟化钡	$Ba(OH)_2 \cdot 8H_2O$	1.47		589
barium oxide	氧化钡	BaO	1.9		589
barium selenide	硒化钡	$BaSe$	2.26		589
barium sulfide	硫化钡	BaS	2.15		589
barium titanate	钛酸钡	$BaTiO_3$	2.4		589
barium yellow	铬酸钡	$BaCrO_4$	1.94～1.98		589
basic artinite	碱性水纤菱镁矿	$MgCO_3 \cdot Mg(OH)_2 \cdot 3H_2O$	1.534		589
bastnaesite	碳酸铁铈	$CeFeCO_3$	1.717		589
bauxite	矾土,铁铝氧石	$AlO(OH)$	1.56～1.75		589
bayerite	拜耳石	$Al_2O_3 \cdot 3H_2O$	1.583		589
beeswax (white)	蜂蜡(白色)		1.45～1.47		589
beryl	绿玉绿宝石		1.577～1.583		589
beryl(white, colorless)	绿宝石(白色,无色)		1.577～1.583		589
beryllium aluminate	铝酸铍		1.75		589
beryllium aluminum silicate	硅酸铝铍	$Be_3Al_2(SiO_3)_6$	1.580		589
beryllonite	磷酸钠铍石		1.553～1.562		589
bieberite	钴矾	$CoSO_4 \cdot 7H_2O$	1.47		589
bischofite	水氯镁石	$MgCl_2 \cdot 6H_2O$	1.495		589
bismuth trioxide	三氧化二铋	Bi_2O_3	1.9		589
bisphenol-A polycarbonate	双酚-聚碳酸酯		1.586		589
bloedite(blodite)	硫酸镁钠	$Na_2SO_4 \cdot MgSO_4 \cdot 4H_2O$	1.486		589
boehmite	勃姆石,一水软铝石	$AlO(OH)$	1.64～1.67		589
bone ash	骨灰		1.60～1.66		589
boracio acid	硼酸	H_3BO_3	1.337～1.462		589
boron oxide	氧化硼	B_2O_3	1.63		589

英文名称	中文名称	化学式/特征描述	折射率		波长
			实部	虚部	/μm
borax	硼砂	$Na_2B_4O_7 \cdot 10H_2O$	1.45~1.47		589
boric acid	偏硼酸	HBO_2	1.62		589
hydrargillite	磷铝钠石,银星石		1.603~1.623		589
bromellite	铍石,氧化铍	BeO	1.720~1.735		589
brochantite	水胆矾,水硫酸铜	$CuSO_4 \cdot 3Cu(OH)_2$	1.771		589
bromyrite	溴银矿	$AgBr$	2.253		589
brookite	板钛矿	TiO_2	2.58~2.70		589
brucite	水镁石,氢氧化镁	$Mg(OH)_2$	1.56~1.60		589
brushite	钙磷石	$CaHPO_4 \cdot 2H_2O$	1.557		589
nickel oxide	氧化镍	NiO	2.182		589
butyl rubber (unvulcanized)	丁基橡胶(未硫化的)		1.508		589
butylphenol formaldehyde resin	甲醛丁基苯酚树脂		1.66		589
cadmium	镉	Cd	1.13		589
cadmium fluoride	氟化镉	CdF_2	1.56		589
cadmium metasilicate	硅酸镉	$CdSiO_3$	1.739		589
cadmium oxide	氧化镉	CdO	2.49		589
cadmium sulfate	硫酸镉	$3CdSO_4 \cdot 8H_2O$	1.565		589
cadmium yellow	硫化镉	CdS	2.35~2.53		589/625
calcite	方解石	$CaCO_3$	1.49~1.66		589/643
calcium acetate	乙酸钙	$Ca(C_2H_3O_2)_2$	1.55		589
calcium aluminate	铝酸钙	$CaAl_2O_4/CaO \cdot Al_2O_3$	1.643		589
calcium aluminosilicate	铝硅酸钙	$2CaAl_2O_3 \cdot SiO_2$	1.669		589
calcium carbide	碳化钙	CaC_2	1.75		589
calcium carbonate	碳酸钙	$CaCO_3$	1.486~1.681		589
calcium chloride	氯化钙	$CaCl_2$	1.52		589
calcium chloride	氯化钙	$CaCl_2 \cdot 6H_2O$	1.417		589
calcium fluoride	氟化钙	CaF_2	1.437		486
calcium fluoride	氟化钙	CaF_2	1.436		500
calcium fluoride	氟化钙	CaF_2	1.434		587
calcium fluoride	氟化钙	CaF_2	1.432		656
calcium fluoride	氟化钙	CaF_2	1.431		728
calcium fluoride	氟化钙	CaF_2	1.430		884
calcium hydroxide	氢氧化钙	$Ca(OH)_2$	1.574		589
calcium hypochlorite	次氯酸钙	$Ca(ClO)_2$	1.545~1.690		589
calcium magnesium carbonate	碳酸镁钙	$CaCO_3 \cdot MgCO_3$	1.681		589
calcium magnesium metasilicate	硅酸镁钙	$CaO \cdot MgO \cdot 2SiO_2$	1.655		589
calcium metaborate	硼酸钙	$Ca(BO_3)_2$	1.55~1.66		589
calcium metaphosphate	偏磷酸钙	$Ca(PO_3)_2$	1.588		589
calcium orthophosphate	正磷酸钙	$Ca_3(PO_4)_2$	1.629		589
calcium peroxide	过氧化钙		1.895		589
calcium phosphate	磷酸钙	$Ca(H_2PO_4)_2$	1.529		589

续表

英文名称	中文名称	化学式/特征描述	折射率		波长 /μm
			实部	虚部	
calcium phosphate	磷酸钙	$Ca(H_2PO_4)_2 \cdot 2H_2O$	1.439		589
calcium phosphate	磷酸钙	$Ca_3(PO_4)_2$	1.60~1.66		589
calcium pyrophosphate	焦磷酸钙	$Ca_2P_2O_7$	1.585		589
calcium stearate	硬脂酸钙	$Ca(C_{18}H_{35}O_2)_2$	1.46		589
calcium sulfate	硫酸钙	$CaSO_4 \cdot 2H_2O$	1.521		589
calcium sulfate (anhydrite)	石膏(硬石膏)	$CaSO_4$	1.569		589
calcium trialuminate	三铝酸钙	$Ca_3Al_2O_6/3CaO \cdot Al_2O_3$	1.71		589
camauba wax	蜡		1.47		589
cancrinite	灰(钙)霞石		1.491~1.524		589
carbon black	炭黑	C	1.6~2.0	0.3~0.8	633
celestite	天青石(硫酸锶)	$SrSO_4$	1.622~1.631		589
celite	C 盐、寅式盐/次乙酰塑料		1.98		589
cellulose	纤维素		1.54		589
cellulose acetate	醋酸纤维		1.475		589
cellulose acetate butyrate	醋酸丁酸纤维		1.475		589
cellulose nitrate	硝酸纤维		1.51		589
ceragyrite	氯化银	AgCl	2.071		589
cerium fluoride	氟化铈	$CeF_4 \cdot 2H_2O$	1.614		589
cerium molybdate	钼酸铈	$Ce_2(MoO_4)_3$	2.019		589
cerusite	白铅矿(碳酸铅)	$PbCO_3$	2.076		589
cesium aluminum sulfate	硫酸铝铯	$CsAl(SO_4)_2 \cdot 12H_2O$	1.45		589
cesium borohydride	氢化硼铯	$CsBH_4$	1.49		589
cesium bromide	溴化铯	CsBr	1.69		589
cesium bromide	溴化铯	CsBr	1.709		500
cesium chloride	氯化铯	CsCl	1.69		589
cesium iodide	碘化铯	CsI	1.806		500
cesium iron sulfate	硫酸铁铯	$Cs_2SO_4 \cdot FeSO_2 \cdot 6H_2O$	1.565		589
cesium selenate	硒酸铯	Cs_2SeO_4	1.59		589
cesium sulfate	硫酸铯	Cs_2SO_4	1.56		589
chalcedony	玉髓	SiO_n	1.53~1.54		589
chalcedony	玉髓		1.535~1.539		589
chalk	粉笔(碳酸钙)	$CaCO_3$	1.51~1.65		589
chlorocalcite	绿方解石	$KCl \cdot CaCl$	1.52		589
chloromanganokalite	氯酸钾锰	$4KCl \cdot MnCl_2$	1.5		589
chromium	铬	Cr	1.8		443
chromium	铬	Cr	3.48		620
chromium	铬	Cr	3.84		701
chromium	铬	Cr	4.42		912
chromium orthophosphate	正磷酸铬	$CrPO_4 \cdot 6H_2O$	1.56		589
chromium oxide	氧化铬	Cr_2O_3	2.55		589

英文名称	中文名称	化学式/特征描述	折射率		波长
			实部	虚部	/μm
chromium sulfate	硫酸铬	$Cr_2(SO_4)_3 \cdot 8H_2O$	1.56		589
chrysoberyl	金绿玉		1.746~1.755		589
chrysocolla	硅孔雀石		1.5		589
chrysoprase	绿玉髓		1.534		589
citrine	黄水晶		1.55		589
cobalt ammonium cobal-tate tetranitrodiamine	四脂酸铵钴铵	$NH_4[Co(NH_3)_2(NO_2)_4]$	1.7		589
cobalt chloride	氯化钴	$CoCl_2 \cdot H_2O$	1.6		589
cobalt nitrate	铵酸钴	$Co(NO_3)_2 \cdot 6H_2O$	1.55		589
cobalt selenate	硒酸钴		1.52		589
cobalt acetate	乙酸钴	$Co(C_2H_3O_2) \cdot 4H_2O$	1.54		589
cobalt (single crystal E⊥C)	钴(单晶)	Co	1.72		442
cobalt(single crystal E⊥C)	钴(单晶)	Co	2.13		590
cobalt(single crystal E⊥C)	钴(单晶)	Co	2.83		729
cobalt(single crystal E⊥C)	钴(单晶)	Co	3.55		886
cobalt(single crystal E∥C)	钴(单晶)	Co	1.66		443
cobalt(single crystal E∥C)	钴(单晶)	Co	2.13		590
cobalt(single crystal E∥C)	钴(单晶)	Co	2.66		701
cobalt(single crystal E∥C)	钴(单晶)	Co	3.37		886
colemanite	硬硼钙石		1.586~1.614		589
common salt(halite)	氯化钠	NaCl	1.544		589
copper	铜	Cu	1.17		443
copper	铜	Cu	0.47		590
copper	铜	Cu	0.22		729
copper	铜	Cu	0.26		827
copper carbonate	碳酸铜	$CuCO_3$	1.655		589
copper perchlorate	高(过)氯酸铜	$Cu(ClO_4)_2$	1.495		589
copper chloride (ous)	氯化铜	$CuCl/Cu_2Cl_2$	1.495		589
copper sulfate	硫酸亚铜	Cu_2SO_4	1.724		589
copper sulfate	硫酸铜	$CuSO_4$	1.733		589
coral	珊瑚		1.486~1.658		589
cordierite	堇青石		1.54		589
corning pyrex cylinder	麻粒硼硅酸圆柱体		1.47		633
corundum	刚玉,金刚石,氧化铝	Al_2O_3	1.76~1.77		589/668
palladium chloride	氯化钯	$PdCl_2$	2.199		589
covellite	蓝铜,硫化铜	CuS	1.45		589
cristobalite	方晶(石英、白硅)石,二氧化硅	SiO_2	1.48		589
cuprite	赤铜矿	Cu_2O	2.705		589
stannic oxide	二氧化锡	SnO_2	1.997		589
danburite	赛黄晶		1.633		589
diamond	金刚石,钻石	C	2.41~2.42		589/644

续表

英文名称	中文名称	化学式/特征描述	折射率 实部	折射率 虚部	波长/μm
diaspore	水铝石,水矾石,一水硬铝石	AlO(OH)	1.68～1.75		589
diopside	透辉石	CaCO$_3$ · MgCO$_3$	1.817		589
dolomite	白云石,大理石	CaMg(CO$_3$)$_2$	1.50～1.68		589
ekanite	硅钙铁铀钍矿		1.6		589
elaeolite	脂光石		1.532～1.549		589
emerald	翡翠	Be$_3$Al$_2$Si$_6$O$_{18}$	1.56～1.60		589
epsomite	硫酸镁,泻盐	MgSO$_4$ · 7H$_2$O	1.433		589
enstatite	顽辉(火)石		1.663～1.673		589
eriochaleite	氯化铜	CuCl$_2$ · 2H$_2$O	1.644		589
ethyl cellulose	乙基纤维		1.479		589
euclase	蓝柱石		1.652～1.672		589
eulytite	闪铋石	2Bi$_2$O$_3$ · 3SiO$_2$	2.05		589
feldspar	长石	KAlSi$_3$O$_3$/K$_2$O · Al$_2$O$_3$ · 6SiO$_2$	1.525		589
ferberite	钨铁矿	FeWO$_4$	2.4		589
fibrolite	低盐纤维		1.659～1.680		589
fluorite	氟化钙	CaF$_2$	1.43～1.44		589/644
formazine	福尔马肼		1.85		589
gaAs	砷化镓		4.3		589
galena	方铅矿,硫化铅	PbS	3.921		589
garnet	石榴石,金刚砂		1.71～1.89		589
gaylussite	单斜钠钙石		1.517		589
gallium oxide	氧化镓	Ga$_2$O$_3$	1.92		589
germanium oxide	氧化锗	GeO	1.65		589
germanium tetrabromide	四溴化锗	GeBr$_4$	1.626		589
gibbsite	三水铝矿	Al$_2$O$_3$ · 3H$_2$O	1.577		589
gibbsite	三水铝矿,水铝氧	Al(OH)$_3$	1.56～1.60		589
glass	玻璃		1.44～1.90		589
glass borosilicate	硼硅玻璃,光学(硅酸硼)玻璃	NIST-SRM 1820	1.487		436
glass heavy silicate flint	重硅酸火石玻璃		1.65		589/656
glass soda lime	碱石灰玻璃	NIST-SRM 1822	1.529		436
glass very heavy silicate flint	超重硅酸火石玻璃		1.89		589/656
glauber's salt	硫酸钠,芒硝	NaSO$_4$ · 10H$_2$O	1.394		589
goethite	针铁矿	FeO(OH)	2.26～2.52		589
gold	金	Au	0.28	2.2	600
gold	金	Au	0.31	2.7	650
gold(electroplisted)	金[电(解)抛光]	Au	1.46		443
gold(electroplisted)	金[电(解)抛光]	Au	0.18		590
gold(electroplisted)	金[电(解)抛光]	Au	0.08		774
gold(electroplisted)	金[电(解)抛光]	Au	0.08		886
graham's salt	磷酸钠	(NaPO$_3$)$_6$	1.482		589
graphite	石墨	C	1.8	0.6～0.8	633
graphite	石墨	C	2.5	1.5	589

续表

英文名称	中文名称	化学式/特征描述	折射率		波长
			实部	虚部	/μm
greenockite	硫化镉	CdS	2.51~2.53		589
grossularite	钙铝榴石		1.73~1.75		589
gypsum	石膏,硫酸钙	$CaSO_4 \cdot 2H_2O$	1.52~1.53		589
hafnium fluoride	氟化铪	HfF_4	1.56		589
hafnium (single crystal E//C)	铪(单晶)	Hf	2.54		443
hafnium (single crystal E//C)	铪(单晶)	Hf	3.64		590
hafnium (single crystal E//C)	铪(单晶)	Hf	3.52		729
hafnium (single crystal E⊥C)	铪(单晶)	Hf	3.72		886
hafnium (single crystal E⊥C)	铪(单晶)	Hf	2.31		443
hafnium (single crystal E⊥C)	铪(单晶)	Hf	3.35		590
hafnium (single crystal E⊥C)	铪(单晶)	Hf	3.63		729
hafnium (single crystal E⊥C)	铪(单晶)	Hf	3.61		886
halite	氯化钠,天然岩盐	NaCl	1.544		589
hambergite	硼铍石		1.559~1.631		589
hausmannite	黑锰矿,四氧化三锰	Mn_3O_4	2.46		589
hausmannite	黑锰矿,四氧化三锰	Mn_3O_4	2.1~2.5		671
hauynite	蓝方石		1.502		589
latialite	赤(红)铁矿,三氧化铁锈层	Fe_2O_3	2.9~3.2	0.01	589
hemimorphite	异极矿	$2ZnO \cdot SiO_2 \cdot H_2O$	1.614~1.636		589
hiddenite	翠绿锂辉石		1.655~1.680		589
hopeite	磷锌矿	$Zn_3(PO_4)_2 \cdot 4H_2O$	1.572~1.574		589
howlite	硅硼钙石		1.586~1.609		589
hydroxyapatite	氢氧磷盐石	$Ca_{10}(PO_4)_2 \cdot B_6H_2$	1.63		589
aluminium oxide	三氧化二铝	$Al_2O_3 \cdot 3H_2O$	1.595		589
hydromagnesite	水菱镁矿	$3MgCO_3 \cdot Mg(OH)_2 \cdot 3H_2O$	1.527		589
hydroxypropyl cellulose	氢氧丙酸纤维素		1.337		589
ice cylinders	冰,油缸冰	H_2O	1.308		589
idemitsu polycarbonate	日本聚碳酸酯		1.585		589
illite(clay)	伊利石,黏土		1.54~1.61		589
iodyrite	碘银矿	AgI	1.21		589
iolite	堇青石		1.548		589
iridium	铱	Ir	1.81		443
iridium	铱	Ir	2.4		590
iridium	铱	Ir	2.69		729
iridium	铱	Ir	2.72		886
iron	铁	Fe	2.12		443
iron	铁	Fe	2.8		590
iron	铁	Fe	1.7	1.8	668
iron	铁	Fe	2.98		729
iron	铁	Fe	3.12		886

续表

英文名称	中文名称	化学式/特征描述	折射率		波长 /μm
			实部	虚部	
iron oxide magnetite	磁铁矿,四氧化三铁锈层	Fe_3O_4	2.42		589
iron perchlorate	氯酸铁	$Fe(ClO_4)_2 \cdot 6H_2O$	1.493		589
iron oxide	氧化亚铁	FeO	2.32		589
iron sulfate	硫酸铁	$Fe_2(SO_4)_3$	1.814		589
iron sulfate	硫酸铁	$FeSO_4 \cdot 4H_2O$	1.533		589
ivory	象牙		1.54		589
jadeite	翡翠,硬玉		1.660~1.668		589
jarosite	氢氧碳酸铁钾	$KFe_3(SO_4)_2(OH)_6$	1.72~1.82		589
jasper	碧玉		1.54		589
jet	煤玉,黑色大理石		1.66	0.42	589
aluminium potassium sulfate	硫酸铝钾	$KAl(SO_4)_2 \cdot 12H_2O$	1.454	0.13	589
kaliophylite	钾霞石	$KAlSiO_4$	1.532		589
kaolin clay	陶瓷黏土		1.64		589
kaolinite	高岭石(土)	$Al_4Si_4O_{10}(OH)_8$	1.53~1.57		589
kieserite	水(硫)矾	$MgSO_4 \cdot H_2O$	1.52~1.58		589
kornerupine	柱晶石,钠柱晶石		1.665~1.682		589
krausite	钾铁矾	$K_2SO_4 \cdot Fe_2(SO_4)_3 \cdot 24H_2O$	1.482		589
kunzite	紫锂辉石		1.665~1.680		589
labradorite(feldspar)	曹灰长石,拉长岩(长石)		1.565		589
lanarkite	黄铅矿	$PbSO_4 \cdot PbO$	1.93		589
lansfordite	碳酸镁	$MgCO_3 \cdot 5H_2O$	1.456		589
lanthanum fluoride	氯化镧	LaF_3	1.613		435
lanthanum fluoride	氯化镧	LaF_3	1.602		546
lanthanum sulfate	硫酸镧	$La_2(SO_4)_3 \cdot 9H_2O$	1.564		589
lapis(gem)	天青石(珍宝)		1.5		589
lawrencite	氯化铁	$FeCl_2$	1.567		589
lazulite	天蓝石		1.615~1.645		589
lead	铅	Pb	2.6		589
lead dioxide	二氧化铅	PbO_2	2.3		589
lead dithionate	过二硫化铅	$PbS_2O_6 \cdot 4H_2O$	1.635		589
lead nitrate	硝酸铅	$Pb(NO_3)_2$	1.782		589
lechatelierite	二氧化硅	SiO_2	1.45		589
leonite	钾镁矾	$K_2SO_4 \cdot MgSO_4 \cdot 4H_2O$	1.483		589
leucite	白榴石	$KAlSi_2O_6$	1.508		589
lead orthophosphate	正磷酸铅	$Pb(PO_4)_2$	1.97		589
lead oxides	氧化铅	PbO,Pb_3O_4,PbO_2	2.3~2.7		589
lime	石灰,氧化钙	CaO	1.838		589
lithium acetate	乙酸锂	$LiC_2H_3O_2 \cdot 2H_2O$	1.43~1.54		589
lithium carbonate	碳酸锂	Li_2CO_3	1.42		589
lithium fluorite	氟化锂	LiF	1.399		400
lithium fluorite	氟化锂	LiF	1.394		500

英文名称	中文名称	化学式/特征描述	折射率		波长
			实部	虚部	/μm
lithium fluorite	氟化锂	LiF	1.392		600
lithium fluorite	氟化锂	LiF	1.39		700
lithium fluorite	氟化锂	LiF	1.389		800
lithium fluorite	氟化锂	LiF	1.388		900
lithium fluosilicate	氟硅酸锂	$Li_2SiF_6 \cdot 2H_2O$	1.3		589
lithium hydroxide	氢氧化锂	LiOH	1.46		589
lithium oxide	氧化锂	LiO_2	1.64		589
lithopone	锌钡白,硫化亚铅		1.84		589
manganite	水锰矿	MnOOH	2.24		589
magnesite	碳酸镁,菱镁矿	$MgCO_3$	1.51~1.78		589
magnesium acetate	乙酸镁	$Mg(C_2H_3O_2)_2 \cdot 4H_2O$	1.4		589
magnesium chloride	氯化镁	$MgCl_2$	1.675		589
magnesium fluorite	氟化镁	MgF_2	1.39		400
magnesium fluorite	氟化镁	MgF_2	1.385		546
magnesium fluorite	氟化镁	MgF_2	1.382		700
magnesium silicate	硅酸镁	$MgSiO_3$	1.65		589
magnesium sulfate	硫酸镁	$MgSO_4$	1.568		589
magnesium sulfide	硫化镁	MgS	2.271		589
magnesium sulfite	亚硫酸镁	$MgSO_3 \cdot 6H_2O$	1.511		589
magnetite	磁铁矿,四氧化三铁	Fe_3O_4	2.42		589
malachite	碳酸氢氧铜,孔雀石	$Cu_2(OH)_2CO_3$	1.65~1.91		589
manganese	锰	Mn	2.11		451
manganese	锰	Mn	2.47		582
manganese	锰	Mn	2.7		756
manganese	锰	Mn	2.97		892
manganese fluosilicate	氟硅酸锰	$MnSiF_6 \cdot 6H_2O$	1.357		589
manganese pyrophosphate	焦磷酸锰	$Mn_2P_2O_7$	1.695		589
manganese sulfate	硫酸锰	$MnSO_4 \cdot 5H_2O$	1.495		589
manganese tantalate	钽酸锰	$Mn(TaO_3)_2$	2.22		589
mascagnite	硫酸铵,铵矾	$(NH_4)_2SO_4$	1.52~1.53		589
massicot	铅黄,氧化铅	PbO	2.51		589
meerschaum	海泡石		1.53		589
melamine	蜜胺,三聚氰(酰)胺		1.87		589
melanterite	硫酸亚铁	$FeSO_4 \cdot 7H_2O$	1.47		589
mercallite	硫酸氢钾	$KHSO_4$	1.48		589
mercury	汞	Hg	1.8		589
mercury chloride	氯化汞	$HgCl_2$	1.8		589
mercury iodide	碘化汞	HgI_2	2.5		589
Mn rankinite	镁硅钙石	$3CaO \cdot MgO \cdot SiO_2$	1.708		589
mica	云母		1.53~1.70		589
microcline	微斜长石	$K_2O \cdot Al_2O_3 \cdot 6SiO_2$	1.522		589

续表

英文名称	中文名称	化学式/特征描述	折射率		波长 /μm
			实部	虚部	
moissanite	碳化硅,碳硅石	SiC	2.65~2.69		589
moldavite	莫尔道熔融石,黑地蜡		1.5		589
molybdenum	钼	Mo	3.08		443
molybdenum	钼	Mo	3.68		590
molybdenum	钼	Mo	3.84		729
molybdenum	钼	Mo	3.15		886
edwardite	正磷酸铈,独居石,磷铈镧矿	$CePO_4$	1.795		589
moss agate	藓纹玛瑙		1.54~1.55		589
muscovite	优质白云母	$K_2O \cdot Al_2O_3 \cdot 6SiO_2$	1.551		589
nantokite	铜盐	CuCl	1.93		589
naphthalene-formaldehyde rubber	甲醛萘橡胶		1.696		589
natrolite	钠沸石		1.480~1.493		589
neodymium sulfate	硫酸铵	$Nd_3(SO_4)_3 \cdot 8H_2O$	1.41		589
nephelite	霞石	$Na_2O \cdot Al_2O_3 \cdot 2SiO_2$	1.537		589
nephrite	软玉		1.60~1.63		589
nesquehonite	三水菱镁矿	$MgCO_3 \cdot 3H_2O$	1.495		589
nickel	镍	Ni	1.63		443
nickel	镍	Ni	1.85		590
nickel	镍	Ni	2.28		729
nickel	镍	Ni	2.65		886
niobium	铌	Nb	2.66		451
niobium	铌	Nb	2.89		605
niobium	铌	Nb	2.36		751
niobium	铌	Nb	1.76		918
nitrobarite	硝酸钡	$Ba(NO_3)_2$	1.57		589
obsidian	黑曜石		1.48~1.51		589
octahedrite anatase	二氧化钛	TiO_2	2.554		589
oligoclase(feldspar)	少长石(长石)		1.539~1.547		589
onyx	缟玛瑙		1.486~1.658		589
opal	蛋白石,猫眼石,乳色玻璃	$SiO_2 \cdot nH_2O$	1.41~1.46		589
optical sapphire	光蓝宝石	Al_2O_3	1.771		539
optical sapphire	光蓝宝石	Al_2O_3	1.765		653
optical sapphire	光蓝宝石	Al_2O_3	1.761		775
optical sapphire	光蓝宝石	Al_2O_3	1.758		886
orthoclase	正长石	$KAlSi_3O_8$	1.52~1.54		589
orthoclase feldspar	正长石(长石)		1.518~1.526		589
osmium(poly crystalline)	锇(多晶)	Os	5.07		443
osmium(poly crystalline)	锇(多晶)	Os	4.26		590
osmium(poly crystalline)	锇(多晶)	Os	3.7		729
osmium(poly crystalline)	锇(多晶)	Os	2.49		886

英文名称	中文名称	化学式/特征描述	折射率		波长 /μm
			实部	虚部	
palladium	钯	Pd	1.29		443
palladium	钯	Pd	1.67		590
palladium	钯	Pd	2.0		729
palladium	钯	Pd	2.34		886
paraffin oil	石蜡基石油		1.48		589
pearl	珍珠		1.530~1.686		589
periclase	氧化镁(方镁石)	MgO	1.735		589
peridot	橄榄石		1.654~1.690		589
Na feldspar	钠长石		1.525~1.536		589
perspex	有机玻璃		1.495		589
petalite	透锂长石		1.502		589
phenakite	似晶石,硅铍石		1.65~1.67		589
phenol-formaldehyde resin	甲醛苯酚树脂		1.7		589
phosphorus white	白磷	P_4	2.144		589
plastic	塑料,合成树脂		1.46~1.70		589
platinum	白金铂	Pt	1.83		443
platinum	铂	Pt	2.23		590
platinum	铂	Pt	2.2	2.1	663
platinum	铂	Pt	2.63		729
platinum	铂	Pt	3.1		886
polyacetal	聚(缩)醛树脂		1.51		589
polycarbonate	聚碳酸酯		1.59		687
polycarbonate resin	聚碳酸树脂		1.586		589
polyethylene	聚乙烯		1.51		589
polyhalite	杂卤石	$K_2Ca_2Mg(SO_4)_4 \cdot 2H_2O$	1.548		589
potassium acid oxalate	草酸钾	KHC_2O_4	1.382		589
potassium acid oxalate-oxalicacid	乙二酸草酸钾	$KHC_2O_4 \cdot H_2C_2O_4 \cdot 2H_2O$	1.56		589
potassium antimony tartrate	酒石酸锑钾	$KSbC_4H_2O_7 \cdot 0.5H_2O$	1.62		589
potassium bromide	溴化钾	KBr	1.572		486
potassium bromide	溴化钾	KBr	1.559		589
potassium bromide	溴化钾	KBr	1.556		643
potassium bromide	溴化钾	KBr	1.552		706
potassium carbonate	碳酸钾	K_2CO_3	1.531		589
potassium carbonate	碳酸钾	$K_2CO_3 \cdot 2H_2O$	1.38		589
potassium carbonate	碳酸钾	$K_2CO_3 \cdot 3H_2O$	1.38		589
potassium chloride	氯化钾	KCl	1.5		467
potassium chloride	氯酸钾	$KClO_3$	1.409		589
potassium chloride	氯化钾	KCl	1.488		627
potassium chloride	氯化钾	KCl	1.484		768
potassium chromate	铬酸钾	K_2CrO_4	1.74		589
potassium dichromate	重铬酸钾	$K_2Cr_2O_7$	1.738		589

续表

英文名称	中文名称	化学式/特征描述	折射率		波长 /μm
			实部	虚部	
potassium disilicate	重硅酸钾	$K_2Si_2O_5$	1.480~1.502		589
potassium fluoride	氟化钾	KF	1.363		589
potassium hydrocarbonate	碳酸氢钾	$KHCO_3$	1.482		589
potassium iodide	碘化钾	KI	1.718		546
potassium iodide	碘化钾	KI	1.677		589
potassium iodide	碘化钾	KI	1.649		768
potassium iron sulfate	硫酸铁钾	$KFe(SO_4)_3 \cdot 12H_2O$	1.452		589
potassium iron sulfate	硫酸铁钾	$K_2SO_4 \cdot FeSO_4 \cdot 6H_2O$	1.476		589
potassium metasilicate	硅酸钾	K_2SiO_3	1.502~1.528		589
potassium metaborate	硼酸钾		1.45		589
potassium oxalate	草酸钾,乙二酸钾	$K_2C_2O_4 \cdot H_2O$	1.44		589
potassium perchlorate	氯酸钾	$KClO_4$	1.471		589
potassium permanganate	高锰酸钾	$KMnO_4$	1.5		589
potassium phosphate	磷酸钾		1.5		589
potassium tetrasilicate	四硅酸钾	$K_2Si_4O_4 \cdot H_2O$	1.495~1.535		589
potassium sulfocyanide	硫氰酸钾	KNCS	1.66		589
prase	绿石英		1.540~1.553		589
praseodymium sulfate	硫酸镨	$Pr_2(SO_4)_3 \cdot 8H_2O$	1.54		589
prasiolite	绿堇云石		1.540~1.553		589
prehnite	葡萄石		1.61~1.64		589
pyrochroite	氢氧化锰	$Mn(OH)_2$	1.723		589
pyrope	铝镁榴石		1.746		589
quartz	石英,水晶	SiO_n	1.54~1.55		589/768
quartz	石英,水晶	a-SiO_2	1.45~1.47		589
quartz	石英,水晶	c-SiO_2	1.48		589
quartz(natural SiO_2)	石英,水晶(天然二氧化硅)	SiO_2	1.55		589
quartz(purple)	石英,水晶(紫色)		1.544~1.553		589
quartz(white,colorless)	石英,水晶(白色,无色)		1.544~1.553		589
quartz(crystal)	石英,水晶(晶体)	SiO_2	1.556		458
quartz(crystal)	石英,水晶(晶体)	SiO_2	1.552		515
quartz(crystal)	石英,水晶(晶体)	SiO_2	1.547		633
quartz(crystal)	石英,水晶(晶体)	SiO_2	1.543		755
quartz(yellow,golden)	石英,水晶(黄色,金黄色)		1.544~1.553		589
rhenium (single crystal E⊥C)	铼(单晶)	Re	3.57		443
rhenium (single crystal E⊥C)	铼(单晶)	Re	3.74		590
rhenium (single crystal E⊥C)	铼(单晶)	Re	3.38		729
rhenium (single crystal E⊥C)	铼(单晶)	Re	3.23		886
rhenium (single crystal E//C)	铼(单晶)	Re	2.89		443
rhenium (single crystal E//C)	铼(单晶)	Re	3.03		590
rhenium (single crystal E//C)	铼(单晶)	Re	2.7		729

续表

英文名称	中文名称	化学式/特征描述	折射率 实部	虚部	波长/μm
rhenium (single crystal E//C)	铼(单晶)	Re	2.44		886
rhodium	铑	Rh	1.8		459
rhodium	铑	Rh	2.05		590
rhodium	铑	Rh	2.42		729
rhodium	铑	Rh	3.01		886
rhodolite	镁铁榴石		1.76		589
rhodonite	硅酸锰	$MnSiO_3$	1.733		589
rinneite	钾铁盐	$3KCl \cdot NaCl \cdot FeCl_2$	1.589		589
rock crystal	无色水晶,石英		1.544~1.553		589
rock salt	石盐	NaCl	1.544/1.541		589/640
rubber	橡胶		1.591		589
rubidium bromide	溴化铷	RbBr	1.56		488
rubidium bromide	溴化铷	RbBr	1.55		590
rubidium bromide	溴化铷	RbBr	1.55		633
rubidium chloride	氯化铷	RbCl	1.5		488
rubidium chloride	氯化铷	RbCl	1.49		590
rubidium chloride	氯化铷	RbCl	1.49		633
rubidium fluoride	氟化铷	RbF	1.396		589
rubidium iodide	碘化铷	RbI	1.67		488
rubidium iodide	碘化铷	RbI	1.65		590
rubidium iodide	碘化铷	RbI	1.64		633
ruby	红宝石,红玉	Al_2O_3	1.76~1.77		589/688
ruthenium(single crystal E⊥C)	钌(单晶)	Ru	2.99		443
ruthenium(single crystal E⊥C)	钌(单晶)	Ru	4.21		590
ruthenium(single crystal E⊥C)	钌(单晶)	Ru	5.12		729
ruthenium(single crystal E⊥C)	钌(单晶)	Ru	4.86		886
ruthenium(single crystal E//C)	钌(单晶)	Ru	2.54		443
ruthenium(single crystal E//C)	钌(单晶)	Ru	3.69		590
ruthenium(single crystal E//C)	钌(单晶)	Ru	4.42		729
ruthenium(single crystal E//C)	钌(单晶)	Ru	4.02		886
rutile	金红石	TiO_2	2.56~2.90		589/691
sanidine	透长石,玻璃长石		1.522		559
sapphire	蓝宝石	Al_2O_3	1.774		458
sapphire	蓝宝石	Al_2O_3	1.764		590
sapphire	蓝宝石	Al_2O_3	1.757		755
sapphire	蓝宝石	Al_2O_3	1.752		980
scapolite	方柱石		1.54~1.56		589
scapolite(yellow)	方柱石(黄色)		1.555		589
scorodite	臭葱石	$FeAsO_4 \cdot 2H_2O$	1.765		589
selenium oxide	氧化硒	SeO_2	1.76		589
serpentine	蛇纹石	$Mg_3Si_2O_5(OH)_4$	1.53~1.57		589
shell	贝壳		1.530~1.686		589

续表

英文名称	中文名称	化学式/特征描述	折射率 实部	折射率 虚部	波长 /μm
siderite	碳酸铁	$FeCO_3$	1.875		589
siderotil	硫酸铁	$FeSO_4 \cdot 5H_2O$	1.526		589
silica	硅石,二氧化硅	SiO_2	1.466		450
silica	硅石,二氧化硅	SiO_2	1.458		600
silica	硅石,二氧化硅	SiO_2	1.454		750
silica	硅石,二氧化硅	SiO_2	1.452		900
silica	硅石(熔融的)	SiO_n	1.46		589/644
silicon	硅	Si	4.2	0.1	589
Silicon carbide	碳化硅	SiC	2.64~2.65		589/616
silicon nitride	氮化硅	Si_3N_4	1.97		589
sillimanite	硅线石		1.658~1.678		589
silver	银	Ag	0.23		413
silver	银	Ag	0.27		620
silver	银	Ag	0.2	19.5	630
silver	银	Ag	0.27		827
silver bromide	溴化银	$AgBr$	2.33		476
silver bromide	溴化银	$AgBr$	2.313		496
silver bromide	溴化银	$AgBr$	2.27		550
silver bromide	溴化银	$AgBr$	2.25		600
silver bromide	溴化银	$AgBr$	2.24		650
silver bromide	溴化银	$AgBr$	2.205		781
silver nitrate	硝酸银	$AgNO_3$	1.729		589
silver chloride	氯化银	$AgCl$	2.097		500
silver sulfate	硫酸银	Ag_2SO_3	1.758		589
smaragdite	绿闪石		1.608~1.630		589
soda niter	硝酸钠	$NaNO_3$	1.587		589
sodalite	方钠石		1.483		589
sodium	钠	Na	4.22		589
sodium acetate	乙酸钠	$NaC_2H_3O_2$	1.464		589
sodium acid tartrate	乙酸钠	$NaHC_4H_4O_6$	1.53		589
sodium aluminum sulfate	硫酸铝钠	$NaAl(SO_4)_2 \cdot 12H_2O$	1.439		589
sodium borohydride	氢硼化钠	$NaBH_4$	1.542		589
sodium bromide	溴化钠	$NaBr$	1.64		589
sodium chloride	氯化钠	$NaCl$	1.541		640
sodium chloride	氯化钠	$NaCl$	1.537		760
sodium chloride	氯化钠	$NaCl$	1.534		903
sodium cyanide	氰化钠	$NaCN$	1.452		589
sodium dithionate	连二硫酸钠	$NaS_2O_4 \cdot 2H_2O$	1.482		589
sodium fluoride	氟化钠	NaF	1.328		486
sodium fluoride	氟化钠	NaF	1.325		589
sodium fluoride	氟化钠	NaF	1.324		707
sodium fluoride	氟化钠	NaF	1.322		912

英文名称	中文名称	化学式/特征描述	折射率		波长
			实部	虚部	/μm
sodium fluosilicate	氟硅酸钠	Na_2SiF_6	1.312		589
sodium hypophosphate	连二磷酸钠	$Na_4P_2O_6 \cdot 10H_2O$	1.477		589
sodium iodide	碘化钠	NaI	1.744		589
sodium iron sulfate	硫酸铁钠	$3Na_2SO_4 \cdot Fe_2(SO_4)_3 \cdot 6H_2O$	1.558		589
sodium metaaluminate	铝酸钠	$NaAlO_2$	1.566		589
sodium orthophosphate	正磷酸钠	$Na_3PO_4 \cdot 12H_2O$	1.446		589
sodium perchlorate	氯酸钠	$NaClO_4$	1.46		589
sodium sulfate(anhydrous)	硫酸钠	Na_2SO_4	1.485		589
sodium sulfite	亚硫酸钠	Na_2SO_3	1.564		589
sodium tetraborate	四硼酸钠	$Na_2B_4O_7$	1.5		589
sodium thioarsenate	硫代砷酸钠	$NaAsS_4 \cdot 8H_2O$	1.68		589
sodium uranyl acetate	乙酸铀酰钠	$(C_2H_3O_2)_3NaUO_2$	1.501		589
soot	炭黑,煤烟		1.7	0.7	589
spessartite	斜煌石,锰铝榴矿		1.81		589
spinel	尖晶石	$MgAl_2O_4$	1.71~1.72		589/656
spodumene	锂辉石		1.65~1.68		589
starch	淀粉		1.53		589
stichtite	铬磷镁矿		1.52~1.55		589
stolzite	钨铅矿	$PbWO_4$	2.269		589
strontium carbonate	碳酸锶	$SrCO_3$	1.61		589
strontium chloride	氯化锶	$SrCl_2 \cdot 2H_2O$	1.594		589
strontium fluoride	氟化锶	SrF_2	1.442		589
strontium fluoride	氟化锶	SrF_2	1.439		550
strontium hydrosulfide	氢硫化锶	$Sr(HS)_3$	2.107		589
strontium nitrite	亚硝酸锶	$SrNO_2 \cdot H_2O$	1.588		589
strontium oxide	氧化锶	SrO	1.81		589
sugar(sucrose)	糖(蔗糖)		1.54		589
sugar of lead	糖化铅,铅结晶	$Pb(C_2H_3O_2)_2 \cdot 3H_2O$	1.567		589/644
sulfur	硫	S_6	1.957		589
sulfur	硫	S	1.96~2.25		589
sulfur dichloride	二氯化硫	SCl_2	1.557		589
sulfur monochloride	一氯化硫	S_2Cl_2	1.666		589
sylvite	钾盐,天然氯化钾	KCl	1.49		589
synthetic emerald(flux)	合成翡翠(精炼)		1.561~1.564		589
synthetic emerald(hydro)	合成翡翠(氯化)		1.568~1.573		589
szmikite	硫酸锰(锰矾)	$MnSO_4 \cdot H_2O$	1.562		589
tantalum	钽	Ta	2.85		443
tantalum	钽	Ta	2.1		590
tantalum	钽	Ta	1.24		729
tantalum	钽	Ta	1.04		887
tapiolite	钽酸铁	$Fe(TaO_3)_2$	2.27		589
tanzanite(purple/blue)	坦桑石(紫色或蓝色)		1.69~1.70		589

续表

英文名称	中文名称	化学式/特征描述	折射率 实部	折射率 虚部	波长 /μm
tellurium	碲	Te	1.002		589
tenorite	黑铜矿	CuO	2.63		589
thallium bromide	溴化铊	TlBr	2.652		438
thallium bromide	溴化铊	TlBr	2.418		589
thallium bromide	溴化铊	TlBr	2.35		750
thallium bromide-thallium chloride (KRS-6 crystal)	溴化铊-氯化铊	TlBr-TlCl	2.329		600
thallium bromide-thallium chloride (KRS-6 crystal)	溴化铊-氯化铊	TlBr-TlCl	2.298		700
thallium bromide- thallium chloride (KRS-6 crystal)	溴化铊-氯化铊	TlBr-TlCl	2.266		800
thallium bromide-thallium chloride (KRS-6 crystal)	溴化铊-氯化铊	TlBr-TlCl	2.251		900
thallium bromide-thallium iodide (KRS-5 crystal)	溴化铊-碘化铊	TlBr-TlI	2.681		540
thallium chloride	氯化铊	TlCl	2.4		436
thallium chloride	氯化铊	TlCl	2.247		589
thallium chloride	氯化铊	TlCl	2.198		750
thermonatrite	碳酸钠(水碱)	$Na_2CO_3 \cdot H_2O$	1.506		589
tiger eye	虎眼		1.544~1.553		589
titanium dioxide	二氧化钛	TiO_2	2.6~2.9		589
titanium tetrachloride	四氯化钛	$TiCl_4$	1.61		589
titanium(polycrystal-line)	钛(多晶)	Ti	2.54		729
titanium(polycrystal-line)	钛(多晶)	Ti	1.68		443
titanium(polycrystal-line)	钛(多晶)	Ti	2.01		590
titanium(polycrystal-line)	钛(多晶)	Ti	3.17		886
topaz	黄玉(矿),黄晶	$Al_2SO_3(OH,F)_2$	1.61~1.64		589
topaz(blue)	黄晶(蓝色)	$Al_2SO_3(OH,F)_2$	1.61		589
topaz(white,colourless)	黄晶(白色,无色)	$Al_2SO_3(OH,F)_2$	1.616~1.627		589
topaz(pink,yellow)	黄晶(粉红色,黄色)	$Al_2SO_3(OH,F)_2$	1.62		589
topaz(white)	黄晶(白色)	$Al_2SO_3(OH,F)_2$	1.63		589
tourmaline	电石		1.616~1.652		589
tremolite	透闪石		1.60~1.62		589
tridymite	氧化硅	SiO	1.469		589
tridymite	氧化硅	SiO_n	1.47~1.48		589
tungsten	钨	W	3.31		443
tungsten	钨	W	2.76	1.0	578
tungsten	钨	W	3.54		590
tungsten	钨	W	3.84		729
tungsten	钨	W	3.29		886
turquoise	绿松石		1.61~1.65		589
turquoise(gem)	绿松石(宝石玉)		1.61		589
ulexite	硼钠锈石,硼钠解石		1.49~1.52		589

续表

英文名称	中文名称	化学式/特征描述	折射率		波长
			实部	虚部	/μm
urea formaldehyde	脲(甲)醛		1.43		589
vanadium	钒	V	2.31		590
vanadium	钒	V	2.52		729
vanadium	钒	V	2.48		886
vanadium pentaoxide	五氧化二钒	V_2O_5	1.46		589
various glasses	多样玻璃	SiO_n	1.49～1.89		436～656
variscite	磷铝石		1.55～1.59		589
vaterite	碳酸钙(球霰石)	$CaCO_3$	1.55～1.65		589
verdigris	铜绿,碱性碳酸铜	$Cu(C_2H_3O_2)_2 \cdot H_2O$	1.545		589
vivianite	蓝铁矿		1.580～1.627		589
wardite	水磷铝钠石		1.590～1.599		589
washing soda	晶(洗濯)碱	$Na_2CO_3 \cdot 10H_2O$	1.405		589
witherite	毒重石,碳酸钡	$BaCO_3$	1.53～1.68		589
wollastonite	硅酸钙(硅灰石)	$CaSiO_3$	1.62～1.65		589
wurtzite	纤维锌矿,硫化锌	ZnS	2.35		589
yeast	酵母,发酵粉		1.49～1.53		589
yellow prussiate of soda	黄色亚铁,苏打	$Na_4Fe(CN)_6 \cdot 10H_2O$	1.519		589
yttrium sulfate	硫酸钇	$Y_2(SO_4)_3 \cdot 8H_2O$	1.543		589
zinc borate	硼酸锌		1.59		589
zinc acetate	乙酸锌	$Zn(C_2H_3O_2)_2 \cdot 2H_2O$	1.494		589
zinc bromate	溴酸锌	$Zn(BrO_3)_2 \cdot 6H_2O$	1.545		589
zinc chloride	氯化锌	$ZnCl_2$	1.681		589
zinc oxide	氧化锌	ZnO	2.029		589
zinc selenide	硒化锌	$ZnSe$	2.599		620
zinc selenide	硒化锌	$ZnSe$	2.542		740
zinc selenide	硒化锌	$ZnSe$	2.503		900
zinc sulfide	硫化锌	ZnS	2.449		467
zinc sulfide	硫化锌	ZnS	2.347		643
zinc sulfide	硫化锌	ZnS	2.317		780
zinc sulfide	硫化锌	ZnS	2.302		894
zinc sulfide	硫化锌	ZnS	2.297		940
zincite	红锌矿		2.008		589
zircon	硅酸锆,锆石	$ZrSiO_4$	1.92～2.02		589
zircon(colorless)(high)	硅酸锆(无色)		1.925～1.984		589
zircon(colorless)(medium)	锆石(土)(无色)		1.875～1.905		589
zirconium nitrate	硝酸锆	$Zr(NO_3)_4 \cdot 5H_2O$	1.6		589
zirconium silicate	硅酸锆		1.97		589
zirconium (polycrystalline)	锆(多晶)	Zr	1.4		443
zirconium (polycrystalline)	锆(多晶)	Zr	1.99		590
zirconium (polycrystalline)	锆(多晶)	Zr	2.68		729
zirconium (polycrystalline)	锆(多晶)	Zr	3.1		886
zoisite	黝帘石		1.691～1.704		589

配制悬浮液不同粉体材料所适用的液体介质及分散剂

材　料	液体介质	分散剂	材　料	液体介质	分散剂
铝氧粉刚玉	正丁醇、正丁胺、蓖麻油		碳化硅	水	六偏磷酸钠
铝粉	水、环乙醇、四氯化碳	六偏磷酸钠、酒石酸钠、草酸钠	三氧化锑	水	聚磷酸钠、六偏磷酸钠
碱盐	环乙醇		硫酸钡	水	六偏磷酸钠
氧化铝	水	聚磷酸钠	重晶石	水	六偏磷酸钠、聚磷酸钠
无烟煤	水	三硝基酸钠	氧化铬	水	焦磷酸钠
青铜粉	环乙醇		铬粉	环乙醇	聚磷酸钠
砷盐	水	聚磷酸钠	瓷土	水	聚磷酸钠
硫化镉	水、乙二醇	聚磷酸钠	玻璃粉	水	聚磷酸钠、硅酸钠
砷化镉	水+50%乙醇		高岭土	水、水+几滴氨水	
碳酸钙	水、二甲苯	聚磷酸钠	硅藻土	水	聚磷酸钠
钙化合物	水	六偏磷酸钠	铅粉	丙酮	六偏磷酸钠
氧化钙	乙二醇		铁粉	丙酮	
磷酸钙	水	聚磷酸钠	铜粉	环乙醇+50%乙醇	聚磷酸钠
甘汞	环乙醇		钼粉	乙醇、丙酮、甘油+水	
炭黑	水	三硝基酸钠、鞣酸	镁粉	乙二醇	三硝基酸钠、鞣酸
熟石膏	水、甘油、乙醇	柠檬酸钾	水泥	甲醇、乙醇、乙二醇、丁醇、苯、异丙醇	聚磷酸钠、柠檬酸钾
纸浆	水	硅酸钠	氧化锆	水	硅酸钠
石英	水		木炭粉	水	聚磷酸钠
硫化物	乙二醇		焦炭粉	乙二醇	
石灰石	水	六偏磷酸钠	褐煤	环乙醇	
磷酸三钙	水		滑石粉	水	六偏磷酸钠
碳化钨	乙二醇	聚磷酸钠	纤维素粉	苯	三硝基酸钠
氧化铀	甘油+水、异丁醇		有机粉	辛醇	
高炉矿渣	水	六偏磷酸钠	糖	异丁醇	
灰粉	水	聚磷酸钠	氢氧化铝	水	六偏磷酸钠

续表

材　料	液体介质	分散剂	材　料	液体介质	分散剂
磷酸二钙	水		氧化铅	水	聚磷酸钠
二氧化锰	水	聚磷酸钠	石灰	乙醇,异丙醇	
白铅矿	水	六偏磷酸钠	赤铁矿	水	
石墨粉	水	鞣酸	磷矿粉	水	六偏磷酸钠
一氧化铅	二甲苯		磷粉	水	硅酸钾
硅酸盐	水	聚磷酸钠	红磷粉	水	硅酸钠
磁铁矿	水、乙醇、甲醇		铅颜料	水	聚磷酸钠
锆粉	异丁醇		氧化砷	水	
钨粉	甘油＋水		镍粉	甘油＋水	
锡粉	丁醇	聚磷酸钠、六偏磷酸钠	淀粉	异丁醇、邻苯二甲酸二乙酯	
立德粉	水	鞣酸	煤	水、乙醇	聚磷酸钠